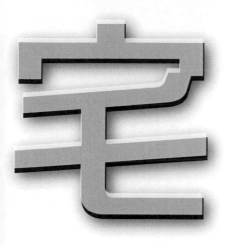

宅得安心

公寓大廈管理原理與
完整解決方案

饒後樂／著

LIFE

HOME

【推薦序】

　　後樂兄長期從事公寓大廈服務工作，欣聞其著作《宅得安心——公寓大廈管理原理與完整解決方案》即將問世，相信以其豐富的跨領域知識、實務經歷，以及對公寓大廈生態的長期瞭解，所撰內容將有別於坊間這類書籍只著重於法律層面的討論，而以更多元的角度（如管理學、經濟學……）去探討公寓大廈管理問題。對後樂兄能在忙碌之餘，還孜孜不倦地學習各領域的知識深感敬佩。

　　觀之台灣民眾居住型態的發展趨勢，「社區型的公寓大廈」已成為人民居住的主流型態，住戶間權利義務關係隨著居住型態的改變而變得錯綜複雜，雖有「公寓大廈管理條例」作為法律依據，但民眾多半不熟悉法規內容，以致許多問題接踵而生。諸如：承租戶可否參與區分所有權人會議？非屋主可否擔任管理委員？住戶不繳管理費，行政機關可否開罰？房屋漏水時住戶權益為何？種種問題可說是五花八門、千奇百怪，在解決方法上，又常要顧及鄰誼關係，實屬不易。

　　「崔媽媽基金會」本著關心民眾住宅權益及社區營造為目的，自民國九十一年成立公寓大廈社區服務團隊，邀請許多專業人士來解決民眾的疑難雜症。後樂兄從民國九十二年起就擔任本會的公寓大廈社區服務團義工，並先後於九十五年及九十七年獲頒本會義務服務顧問、及受聘擔任台北市建築管理處「九十七年度台北市優良公寓大廈評選活動」評選委員，其專業素養備受肯定；後樂兄平日謙虛好學、待人平易，也常受本會同仁的推崇愛戴。

　　後樂兄擔任本會義工期間，在解答民眾疑問時，常將其豐富的實務經驗用深入淺出的字句及幽默詼諧的口語來教導民眾解決之

i

道，素受民眾讚賞，因此後樂兄的大著《宅得安心——公寓大廈管理原理與完整解決方案》必能成為一本重要的工具書，做為社會各界在處理相關問題的參考。

崔媽媽基金會　執行長　呂秉怡　謹識

民國九十九年六月

【作者序】唐詩劍法與躺屍劍法

　　金庸小說《連城訣》敘述男主角自幼受師父傳授「躺屍劍法」，據師父說這劍法強大凌厲，可以讓對手數招內成為躺在地上的屍體。可是男主角學了這門功夫闖蕩江湖，不但沒有天下無敵，反而屢戰屢敗，甚至於搞到武功盡失、身陷牢獄。後來男主角在因緣際會下修習「唐詩劍法」，這劍法把唐詩內涵蘊藏劍術之中，優美渾厚毫無霸氣。奇怪的是，這「唐詩劍法」與之前師父教的「躺屍劍法」招式雷同，只在細微之處稍有出入。原來只要掌握唐詩的基本義涵，並將其劍道精神融會貫通；不但解決掉原本劍招滯澀鈍窘的缺點，而且威力勇猛，使將出來無人能敵。故事結局是男主角終於明白師父原來是為了利用自己，才把質樸優美的「唐詩劍法」改成中看不中用的「躺屍劍法」傳授以實現個人陰謀。壞心師父的詭計終未能得逞，最後因果報應、自食惡果。

　　另有一則背景在以前蘇聯共產時代的笑話。一個妻子對先生說：「我們兒子最近一直吵著要腳踏車，我們雖然買不起，可是你在腳踏車工廠上班，如果你每天下班偷偷帶個一、二樣零件回家，一兩個月後我們就可以自己拼出一台腳踏車來。」做丈夫的點頭贊同，並從第二天開始付諸行動。一個多月後某天妻子半夜從睡夢中被客廳傳來的組裝聲響吵醒，下床探詢：「腳踏車好了嗎？」先生抬起頭來嘆口氣說：「不曉得是哪裡出問題，不管我怎麼努力，拼出來的都是一挺機關槍！」

　　我們社會為了解決集合住宅管理問題，在民國八十四年通過了「公寓大廈管理條例」，做為社區大樓處理公共事務的依據與準繩。這部法律來自國外，參考了如德國、日本等先進國家立法規定。

這部法律原先在立法院一躺多年，也沒有人看好能在短期間內通過。結果因為當時連續發生多起因建築物違規使用所導致的大火慘劇，暴露出法律在建物管理上的嚴重不足；輿論大譁，立法委員承受極大的社會壓力，遂在短時間內完成三讀，通過立法。

不過這部與民眾生活息息相關的法律自施行以來，一直存在許多誤解與還沒解釋清楚的地方。民眾也仍習慣於跳脫法律規定、用立法前處理公共事務的認知、態度和方法來解決問題，使得這部法律應發揮的效益大打折扣。除了因為我們社會缺乏先進國家所具備的公民智能與社會條件外，還有一個重要原因，就是國人對公寓大廈管理運作原理缺乏完整深入的理解，囫圇吞棗的結果是錯把馮京當馬涼，使用錯誤的方法解決問題。

筆者自民國九十二年起，有幸加入崔媽媽基金會公寓大廈管理法律服務行列。每個星期固定一個晚上在崔媽媽基金會答覆社區大樓居民公寓大廈管理方面問題。從各式各樣社區大樓所發生的狀況中，發現民眾對某條規定、甚至於某些基本定義存在南轅北轍的解釋與認知，而且經常把簡單的事情想得太複雜、卻又把複雜的事情想得太簡單。由於缺乏完整一致的邏輯，因此容易犯錯。犯錯之後就怪這部法律不完善，沒辦法解決問題。

可是筆者協助社區大樓居民解決問題、提供建議所引用的也不外是「公寓大廈管理條例」所規定的各項程序與標準。社區大樓居民通常是在聽了筆者說明，才恍然大悟發現原來自己的問題，法律規定早已備妥，只是自己不知道；或是自己認為想當然爾的法律關係其實必須在某種前提或條件下才能適用。要不然就是規定即使找到，也不知該如何運用。法條上每一個字明明都看得懂，可是偏偏就沒辦法拼湊出對應現實生活可以處理問題的實際行動。

除了抱怨這部法律用詞過於艱澀，看不懂到底在講什麼外。有些管理委員覺得這套規定太過麻煩，詢問能不能撤銷登記或辦理解散。還有很多老舊社區大樓不管如何勸說，打死就是不願意成立公

寓大廈管理組織，因為居民不相信這麼做真能帶來好處，反而擔心日後生活受到法律牽絆。在許多人眼中，這部法律不過是一堆政府訂出來綁住自己、礙手礙腳的規定，很少人對它寄予厚望。抱持期待者，也因為摸不著正確方向，熱情漸漸冷卻轉趨消極。這樣的態度使民眾在應用法律規定處理社區大樓公共事務時經常照自己主觀七折八扣，結果卻是欲速則不達，甚至於徒勞無功。

民眾有所不知的是「公寓大廈管理條例」其實只是一套教人如何訂定規則的基本規則，說穿了不過是一連串處理公共事務的程序和標準，大部分規則還可以依照社區大樓的個別需要自行變更。它類似電腦程式語言的「格式」或「語法」，需要使用者自行填入「內容」、「指令」才能發揮功用。而真正重要、並且能夠幫助民眾解決問題的，是法律背後所依附、處理公共事務的原理原則，許多還是這那些我們曾在國中公民與道德中所學習、卻長期被遺忘、罕見真正實踐的基本道理。

要建立良好的管理，社區大樓居民必須透過持續正確的集體作為，才能夠累積智慧、建立有效的管理機制克服各種問題。否則就像學習英文一樣，閱讀工具書「如何學習英文」，固然可以幫助讀者做更有效的學習。可是如果拒絕背誦單字片語，那英文還是不會進步。社區大樓居民若不修練內功、缺乏未雨綢繆的積極準備，等到問題發生才來找武功祕笈、打算靠劍譜中記載的招式解決問題，或是模仿別人動作依樣比畫，其實都為時已晚、無濟於事。

用機關槍零件，拼不出腳踏車來！「公寓大廈管理條例」的目的，是要讓集合住宅民眾用更文明、更有效的方法來解決生活上的問題。但在新的觀念、新的倫理與新的做法尚未建立或引進前，光看民眾目前解決問題的方法，就可以印證這部法律與他應該發揮的功能還有好長的一段距離。

許多管理委員會，至今仍用斷水、斷電來威脅住戶繳交管理費。這個方法行不通，就用通行卡消磁、限制使用電梯來逼迫住戶

就範。住戶車子亂停，叫警衛把車輪上鎖，不付贖金就不給放行。社區大樓停車場常見「任意停車、逕行拖吊」警示。這些早應該被時代淘汰的私刑或沒有效果的作法，至今仍然廣被社區大樓採用。這顯示我們這個社會仍找不到腳踏車零件。因此大家拼湊出來的都是機關槍！民眾使的全是「躺屍劍法」，而非「唐詩劍法」！

　　本書探討法律背後公寓大廈管理運作原理，以及介紹對應這些原理，能夠幫助社區大樓建立良好管理的方法。希望能夠帶給讀者一些新的觀念與不同的想法。對國內公寓大廈管理產生些微幫助，更期待早日看到「唐詩劍法」發揮作用、展現凌厲強大的威力。

　　筆者簡陋，野人獻曝！期盼社會各界賢能先進不吝給予批評指正。

饒後樂謹識於民國九十九年六月八日

目次

公共基金

規約

區分所有權人會議

管理委員會

公寓大廈管理實務運用

展望公寓大廈管理發展

問答精選

附錄

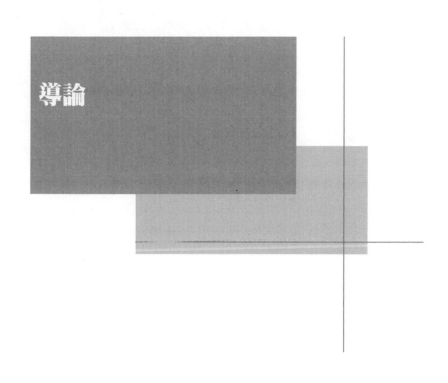

導論

公寓大廈發展起源

　　集合住宅是社會文明與建築技術發展下的產物，人們為了與社會其他成員交易互動群聚而居發展出城市，道路與大眾交通系統替人們解決平面交通的問題、也擴大了城市規模；建築技術進步則帶動人類活動朝垂直方向發展，電梯的出現進一步解決上下方向交通運輸問題，促使房子越蓋越高，高樓大廈成為現代都市建築的主流。

　　建築物往上發展的目的是在追求效率，亦即在相同土地面積下，透過樓層的增加容許更多人居住使用。但在原本水平比鄰關係上又增加出垂直鄰接關係後，建築物使用人相互影響干擾的情形變得比從前更明顯頻繁，因此使用人的行為必須加以規範，才能維持或提高建築物使用人的共同利益。

　　另一方面，由於建材、建築技術與附屬設施的創新發展，使得建築物安全、舒適、功能不斷提升，但也相對產生維護修繕的必要，否則一但發生故障，就會影響建物正常機能。當建築物由一人單獨擁有時，其所有人可以自由使用與管理維護。但當建築物區分為數人共有時，因所有業主都只擁有建物其中的一部分，所以所有權人之間就必須進行分工或組織，以便對共用的空間、設備設施進行管理、維護、修繕、更新，以發揮、提高建築物使用功能。

　　展望未來，建築物功能將更趨精密複雜，使用效能亦會繼續提升，對於完善管理維護的需求也必將日益殷切。

如何成立公寓大廈管理組織？

　　常有人問：「要如何成立管理委員會？」這句話正確講法應該是「要如何成立公寓大廈管理組織」。「管理委員會」僅是在公寓大廈管理組織下，「為執行區分所有權人會議決議事項及公寓大廈管理維護工作，由區分所有權人選任住戶若干人為管理委員所設立之組織。」如果社區大樓規模不大，只推選一人來管理公共事務，則稱為「管理負責人」。公寓大廈管理組織的組成要素除了管理委員會（或管理負責人）外，還包含最高意思機關－區分所有權人（屋主）會議，以及規範成員權利義務關係與組織運作規則的「規約」。

　　社區大樓成立公寓大廈管理組織的目的，是在將其成員之間關係與管理組織運作「法制化」，套入「公寓大廈管理條例」所訂定的法律關係。它並非社區大樓管理運作的必要條件，而是一個選項；就像一對男女，不結婚也可以住在一起、生小孩、共同購置財產。但若依法律規定的方式結婚，就發生婚姻關係，影響彼此共同生活、財產分配、子女親權與繼承等多方面權利義務。但與婚姻關係不同的是，婚姻雙方當事人可以選擇結束；而社區大樓一但成立公寓大廈管理組織，其成員即無法自由退出，除非賣掉房子並遷居他處，否則就受到管理組織內部權利義務關係約束。

　　「公寓大廈管理條例」是專門處理集合住宅問題的特別法，它將社區大樓居民共同處理公共事務的關係從「合意」（全部人同意）變成「民主程序和議」（經過民主程序決定的決策機制）；再從法律基礎延伸，按社區大樓的個別需求，自行規範其成員與管理組織內部特有的權利義務關係。

公寓大廈管理範圍包含建物及其基地，對象是包含建物區分所有權人（屋主）在內的所有住戶，但與土地所有權無直接關係。目的在維護建築物的基本功能。型態不限於住宅，商場、辦公、廠房或其他各種混合用途，只要符合法律規定程序，皆可成立公寓大廈管理組織。

要成立公寓大廈管理組織，基本條件是必須同一張建築執照，並且具有三戶以上區分所有建物，但在特殊狀況下可由地方主管機關（縣市政府）依「共同設施之使用與管理具有整體不可分性」指定。除此基本資格外，社區大樓還必須自行推選召集人、召開區分所有權人會議，並在會議中依法律規定標準訂定規約（民國九十二年十二月三十一日修法時本規定變更為不需訂定規約即可成立公寓大廈管理組織）與推選管理委員或管理負責人，才具備法律效力。

以下是依現行法律規定成立公寓大廈管理組織程序：

一、既有社區大樓須推選區分所有權人會議召集人[1]，新建社區大樓則由起造人代表依法擔任召集人[2]，建築物所有權登記之區分所有權人達半數以上及其區分所有權比例合計半數以上時，於三個月內召開區分所有權人會議。

二、區分所有權人會議中訂定規約與依規約規定推選管理委員或管理負責人，其會議應有區分所有權人三分之二以上及其區分所有權比例合計三分之二以上出席，以出席人數四分之三以上及其區分所有權比例占出席人數區分所有權四分之三以上同意決議成立。[3]

三、若會議人數或區分所有權比例不足，召集人可依「公寓大廈管理條例」第三十二條規定重新召集會議，其會議應有區分所有權人三人並五分之一以上及其區分所有權比例

---

[1] 「公寓大廈管理條例」第二十五條第二項規定。
[2] 「公寓大廈管理條例」第二十八條規定。
[3] 「公寓大廈管理條例」第三十一條規定。

合計五分之一以上出席，以出席人數過半數及其區分所有權比例占出席人數區分所有權合計過半數之同意作成決議。其會議紀錄經主席簽名，於會後十五日內送達各區分所有權人後，各區分所有權人得於七日內以書面表示反對意見。書面反對意見未超過全體區分所有權人及其區分所有權比例合計半數時，該決議即視為成立。

公寓大廈管理組織一經成立。即使日後社區大樓未依規定召開區分所有權人會議，或無法順利產生管理委員或管理負責人，都不影響社區大樓管理組織運作規則與內部成員之間權利義務關係。

報備的好處

　　社區大樓成立公寓大廈管理組織後，可以檢具相關文件向地方主管機關辦理報備（目前各縣政府均將公寓大廈管理組織成立報備業務與變更公寓大廈管理組織負責人備查業務委託各鄉鎮市公所辦理）。在確認申請文件無誤後，地方主管機關即核發公寓大廈管理組織報備證明。

　　向主管機關報備雖然不是公寓大廈管理組織成立要件（不報備完全不影響公寓大廈管理組織成立法律效力），但除了新建成的社區大樓必須經此程序才能向主管機關申請撥付起造人提撥的公共基金外，還有以下好處：

一、法律目前的規定雖然是「報備」，可是目前各地方主管機關卻「自動」進行「審查」。社區大樓提供的相關文件如有錯誤或疏漏，或會議作業程序不符規定，地方主管機關即予退件拒絕接受報備。因此「報備」實質上已經變成行政機關對社區大樓成立公寓大廈管理組織法律文件的「文書認證」。讓社區大樓可以陳列主管機關頒發的公寓大廈管理組織報備證明昭信住戶。

二、地方主管機關既然已經在報備過程做過「文書認證」，公寓大廈內發生糾紛進行訴訟時，即可以直接用地方主管機關核發的公寓大廈管理組織報備證明確立社區大樓法律地位，不必再重新查驗公寓大廈管理組織成立程序是否合乎規定。

三、社區大樓獲發公寓大廈管理組織報備證明後，可以申請稅籍編號。從此存在金融機構的公共基金利息不會再計入主任委員的個人所得課稅。

四、除此之外，管理委員會還可以憑公寓大廈管理組織報備證明申請核發金融機構存款利息免稅證明，日後存在銀行等金融機構的公共基金利息就不會再被扣稅。

五、向主管機關報備後，主管機關日後會主動提供社區大樓各種如優良公寓大廈評選或公寓大廈管理講習活動等相關實用訊息。

六、政府或民意代表會不時提供完成報備公寓大廈各種用以進行外牆更新、加裝安全監視系統或消防設備更新等項目補助。

另外，社區大樓如果規約規定或區分所有權人會議有決議限制變更公寓大廈周圍上下、外牆面、樓頂平臺及不屬專有部分之防空避難設備構造、顏色、設置廣告物、鐵鋁窗或其他類似之行為。必須向直轄市、縣（市）主管機關完成報備，該規定才具法律效力。公寓大廈管理絕大部分規定只要載明於規約，甚至於只要經過區分所有權人會議決議通過，就對住戶產生約束。這項主要用以管理建築物外觀的規定，不完成報備不生效力，是目前公寓大廈管理規定中的特例。

另外公寓大廈管理組織成立後，主任委員或管理負責人變更時，亦可向主管機關辦理報備。憑主管機關所回覆的公函辦理稅籍編號與銀行帳戶負責人變更。不過各家銀行作業標準不一，如果往來銀行只要社區大樓出具區分所有權人會議紀錄或管理委員會會議紀錄就同意辦理負責人變更，社區大樓大可省下這道程序。

有些社區大樓在著手成立公寓大廈管理組織時，擔心自己以後可能會「不適應」，因此詢問日後是否可以申請撤銷或解散。其實公寓大廈管理組織一經成立，其成員間就套入了公寓大廈管理法律規定與規約所制定出來的關係。規約彈性很大，大部分社區大樓內部關係皆可以透過規約設定或調整。而且公寓大廈管理的精神本來就是要社區大樓透過自己所訂定的規則處理自己的事務，公部門不會主動介入社區大樓內部關係，因此社區大樓並不存有辦理撤銷或解散的需要，當然也就沒有辦理解散撤銷的規定。

區分所有權人與住戶

　　曾經有個社區，訂定規約時特別限制「住戶」才能擔任管理委員。後來有人告訴他們，「公寓大廈管理條例」中對住戶的定義是：「指公寓大廈之區分所有權人、承租人或其他經區分所有權人同意而為專有部分之使用者或業經取得停車空間建築物所有權者。」因此只要是居住、生活、甚至於工作、活動在社區大樓者，不管是不是屋主，通通都算「住戶」。他們才驚覺，原來他們指的「住戶」與「公寓大廈管理條例」定義完全不同。他們原先所認知的「住戶」，指的是搬進社區居住、而且戶籍也設在社區的區分所有權人。規約限制只有這樣的「住戶」才能擔任管理委員，是因為這種人跑得了和尚跑不了廟，找他們當管理委員不必擔心他們亂來。

　　但在另一種狀況，「住戶」的定義卻剛好相反，指的是社區大樓內不是區分所有權人的那些人。常有人問：「住戶可不可以擔任管理委員？」（正確說法應該是「區分所有權人以外的住戶可不可以擔任管理委員？」）這個時候住戶定義排除區分所有權人，仍然不符合「公寓大廈管理條例」中所定義的住戶。這種認知發生的原因可能來自「公寓大廈管理條例」中時而規範住戶，時而規定區分所有權人如何如何，第十條、第二十一條和第四十七條規定中二者又同時並列。讓人產生錯覺，認為法律在分別規範二種不同角色，因此推導出「住戶非區分所有權人，區分所有權人非住戶」的互斥關係。

　　這樣的誤會不只發生在「區分所有權人」與「住戶」這二個名詞，「公共基金」和「應分擔之費用」也一直被當成兩個截然不同項目看待。事實上，「公共基金」包含於「應分擔之費用」，是「應

9

分擔之費用」的特例。「區分所有權人」也是「住戶」，為「住戶」身分中之一種，二處在邏輯上的集合從屬關係完全相同。

除了以上兩種基本名詞定義上的錯誤認知，還存在第三種使用習慣上存在已久的錯誤；很多人把「區分所有權人會議」稱為「住戶大會」。雖然只是個簡稱，而且公寓大廈在召開區分所有權人會議時說不定主動邀請區分所有權人以外的住戶列席陳述意見，或者社區大樓也常見區分所有權人以外住戶接受區分所有權人委託參加會議。但真要嚴格講究，這個簡稱應該是「屋主大會」，就是不能叫做「住戶大會」，否則就恰好改變了這個會議限制「只有區分所有權人或其代表才能參加」的原意。

在大部分公寓大廈管理關係中，「區分所有權人」和「住戶」沒有明顯差別。「公寓大廈管理條例」第二章「住戶之權利義務」各條規範「住戶」的規定，都同時把「區分所有權人」含括在內。唯有在權力運作上，參與管理決策（區分所有權人會議）、訂定管理規定（如訂定規約）、選任管理委員或管理負責人是「區分所有權人」的專利，區分所有權人以外的住戶無法分享。「公寓大廈管理條例」第三章「管理組織」共十六條規定所規範的幾乎全是「區分所有權人」如何進行權力分配，「住戶」出現次數寥寥可數。由此即可印證公寓大廈管理中將決策權力賦予「區分所有權人」、而非「住戶」的基本設計理念。

「區分所有權人」和「非區分所有權人的住戶」之間關係，一般最常被提到的問題是：「區分所有權人以外的住戶可不可以擔任管理委員？」以及「管理費應該由『區分所有權人』繳？還是由（區分所有權人以外的）『住戶』繳？」這二個問題背景都是當「區分所有權人」不住在社區大樓，而將房屋出租或出借予他人使用，雙方可能發生立場、利益衝突的狀況。

特別當「區分所有權人」和「非區分所有權人的住戶」之間是房屋出租與承租的交易關係時，此時「入住者非區分所有權人，區

分所有權人非實際使用者」。迥異於一般「區分所有權人」和「非區分所有權人的住戶」之間有親屬或其他社會關係連結、彼此利益幾乎完全一致，租賃雙方的矛盾更加明顯。譬如在面對管理費標準時，「區分所有權人」可能考慮長期利益，希望管理費標準能夠訂高點以反映長期維護修繕需要。而承租人卻只著重短期利益，希望管理費金額越低越好。或是某項公共設施故障，出租人希望儘快修理並由房客負擔，承租人卻打算能拖就拖，最好等到租期結束讓房東買單。雙方都會做有利於自己的盤算，因而產生利益衝突。

也就為了因應這種狀況，「公寓大廈管理條例」第十條、第二十一條和第四十七條規定才需要將「區分所有權人」與「住戶」並列。因為這時房屋所有權與使用權分離，法律必須同時規範屋土與實際使用人才能達到完整的制約效果。

因此「區分所有權人以外的住戶可不可以擔任管理委員？」這個問題的完整敘述應該是：「在出租人與承租人有潛在利益衝突、或「區分所有權人」和「非區分所有權人的住戶」有類似關係情勢下，承租人或其他「非區分所有權人的住戶」可以擔任管理委員嗎？」這個問題答案出現在「公寓大廈管理條例」第二十九條：「公寓大廈之住戶非該專有部分之區分所有權人者，除區分所有權人會議之決議或規約另有規定外，得被選任、推選為管理委員、主任委員或管理負責人。」即要不要讓「非區分所有權人的住戶」有擔任管理委員、主任委員或管理負責人的資格，由區分所有權人自行在區分所有權人會議決議或訂於規約。如果區分所有權人會議之決議或規約沒有特別規定，「非區分所有權人的住戶」就可以擔任管理委員、主任委員或管理負責人。

可是在社區大樓實務運作上，經常看到類似房子登記在太太名下，卻由先生當家做主，或者雖然屋主是先生，但只有太太才有時間參與社區大樓公共事務情形。社區大樓如果選擇不讓「非區分所有權人的住戶」擔任管理委員，會在管理運作上造成非常大的不方

便。但若開放住戶擔任管理委員,「區分所有權人」和「非區分所有權人的住戶」之間潛在的利益衝突又不得不加以預防處理。

其實,社區大樓只要在規約中規範:「非區分所有權人之住戶有意擔任管理委員者,須提供該區分所有權人之書面同意」就可以解決這個困擾。讓「區分所有權人」自行決定其「非區分所有權人的住戶」是否值得信任,可以擔任管理委員而無損於自身利益。如果社區大樓在區分所有權人會議中推選管理委員,那只要在委託書上加上一個選項:「區分所有權人同意受委託住戶擔任管理委員」,並由區分所有權人自行勾選同意或不同意,就可以解決這個問題。

至於管理費應該由「房東」還是「房客」繳?,「公寓大廈管理條例」第十條清楚規定:「共用部分、約定共用部分之修繕、管理、維護,由管理負責人或管理委員會為之。其費用由公共基金支付或由區分所有權人按其共有之應有部分比例分擔之。」意思就是管理費應由「區分所有權人」負擔。如果房東與房客協議由後者繳納,結果後者違反約定,管理委員會或管理負責人仍然應該向「區分所有權人」、而非「房客」或「實際使用人」追討。

不過有人從該條但書內容:「但修繕費係因可歸責於區分所有權人或住戶之事由所致者,由該區分所有權人或住戶負擔。其費用若區分所有權人會議或規約另有規定者,從其規定。」推論「如果規約或區分所有權人會議決議由實際使用人負擔時,管理委員會或管理負責人就應該向「房客」或實際使用人追討」的關係。但這種看法先把「但修繕費係因可歸責於區分所有權人或住戶之事由所致者,由該區分所有權人或住戶負擔。」與「其費用若區分所有權人會議或規約另有規定者,從其規定。」二件不同例外狀況攪和在一起。然後又忽略法律的目的既在降低公寓大廈管理組織內部交易成本,明確界定由能夠參與管理決策的區分所有權人負擔管理費,不但是權利義務相對應的基本關係,還可以減輕管理委員會或管理負責人的負擔。既然如此,怎麼會又另開後門,重演立法前房東房客

相互推卸繳交管理費責任，造成管理委員會居中為難的局面？社區大樓若真的這麼做，將會是管理委員會或管理負責人的噩夢。試想某房東將其房屋短期出租給不同房客，而該社區大樓規約或區分所有權人會議決議又規定由實際使用人負擔繳交管理費義務，那管理委員會豈不是得整天追著這些只租一、二個月的房客要管理費？否則萬一房客賴帳走人，管理委員會或管理負責人要用訴訟方式處理成本太高且得不償失，還不能向房東追討他們房客所積欠的管理費，將造成管理組織何其沉重的負擔！這完全違反立法意旨、是開倒車的錯誤做法。

良好公寓大廈管理的價值

　　早在二十年前就流傳一種說法：「好的管理可以提升社區大樓價值，管理上軌道的大樓比鄰近區域型態、屋齡近似建物房價高出一成。」這種來自經驗觀察的推論雖然至今未以科學方法證實，但也早為社會大眾所接受。

　　觀察市場可以發現，一棟公寓旁邊蓋新大樓。以相同登記面積比較，大樓房子公設多，室內面積約只占權狀面積的七成；反觀公寓虛坪少，登記面積與使用面積幾無軒輊，但大樓的單價卻是公寓的二倍以上。買房子是極度謹慎理性的消費行為，同樣是集合住宅，為什麼買大樓的人甘願花二倍以上代價選擇購買實際使用較不經濟的居住空間？況且每個月還得另外再繳管理費！

　　除了房屋使用壽命、建材新舊有別外，建築物與其設施的附加價值對其價格有極為顯著的影響。新大樓對各種災害通常具有更大的耐受力、而且由於建築技術與設備的不斷推陳出新，使得新大樓變得更加安全、便利、舒適。集合住宅本身就是追求效率思想下的產物，住大樓的人雖然買房子價格和日常居住成本比較高，但進出卻有電梯代替上下樓梯、有寬闊優雅的中庭或大廳，若發生火警，滅火及逃生避難設施會自動發揮功能以加強對生命財產的保障。這種種附加功能幫助消費者提高生活品質，並在房屋價格反映出來。

　　因此消費者買房子除了取得一個居住使用空間外，同時也買下了這間房子所包含的文明智慧。譬如新大樓設計符合最新的消防法規，這法規本身即已是集合建築法令、防災科學、工業技術、一直到商業生產應用等多重因素的智慧結晶。又像為了加強安全防

盜功能所裝設的影像監視系統，在一般社區大樓普遍應用的背後，其實早已累積了不知道多少人在各不同領域一棒接一棒的努力成果。

公寓大廈管理的重要，即在於社區大樓必須藉助良好的管理確保建築物發揮正常設計功能、甚至隨著使用者需要，進而改進、增加新的機能。讓建築物累積擁有更多的文明智慧。

缺乏良好管理社區大樓最普遍發生的現象，就是各種設備設施逐漸損壞荒廢，原始安全防災功能逐一喪失。居民所住的與原始設計沒有防護功能的老房子就沒有差別。更何況某些附屬設施如高樓層自動灑水裝置，其功能原本就是在因應地面消防能力無法到達的先天缺陷；當其功能喪失，高樓層住戶其實是身處在比老舊公寓更危險的境地。

公寓大廈管理的核心是處理集合住宅內人與人的關係，管理成效優劣，影響到內部人與人的關係，最後亦在人與人的關係上呈現。其核心價值就在於「公平」。因此良好管理的社區大樓，其成員間關係必然平等一致。並唯有在此基礎上，才能發展出良好的互信關係。

社會學有個名詞叫「社會資本」，指的是社會成員間彼此互相信任程度。互信是社會關係的潤滑劑，可以降低社會交易成本。因此社會成員間互信程度越高，「社會資本」價值越高。

譬如我們到市場買水果，拿錢給水果攤老闆時，對方擔心收到偽鈔，於是向隔壁小販借驗鈔機來檢查我們交付的鈔票。當他找錢時，又輪到我們擔心會不會收到假鈔。由於怕他聯合隔壁小販行騙，所以我們堅持要到銀行去檢驗水果攤老闆找給我們的鈔票。水果攤老闆無奈同意一塊前去，但又擔心我們在過程中把原本真鈔掉包，於是要求我們先在找回的鈔票上先寫上姓名日期……。這故事可以永無止境的繼續發展，但我們只要從前面片段，就可以知道買賣雙方沒有互信對交易成本的影響。

　　這個道理同樣適用在公寓大廈，即社區大樓成員的互信程度越高，其管理組織的運作效率越高。反之若成員間互不信任，就有可能在公共事務運作中任何環節出問題，導致交易成本提高。

　　社區大樓內部成員間關係雖不是買賣，但為了促使建築物發揮正常功能，透過召開會議、訂定規則、成立組織、推選代表以執行各項管理維護事項所必須從事的工作可以視為一種交易。在交易過程中，必然會產生協商、決策、執行與監督等各種成本，而社區大樓中每一個成員的行為與態度，都在決定交易成本的高低。在同質性高、管理良好、關係和諧的社區大樓，各項管理維護工作皆在既定軌道平穩運行、住戶按時繳交管理費、管理委員會定期順利改選，其交易成本低。反之若其成員利益立場存有先天衝突，則協商成本自然提高。區分所有權人都不參加開會，會議一再重新召開仍無結果，或管理委員沒人要做、始終無法順利產生，將導致決策成本提高。住戶對管理不滿意，以拒繳管理費方式表達抗議或進行抵制。迫使管理委員會循司法途徑催收管理費，則其執行成本提高。在公寓大廈，任何一個成員都可以使交易成本沒有止境的向上提升，任何住戶出現違反規定行為，或管理委員會不按照法律規定或社會常規行事，都會提高管理組織的交易成本。當交易成本提高到社區大樓成員無法負荷時，「不作為」變成理性上最佳選擇，於是共用設備設施逐一損壞荒廢，人與人的關係趨向惡化，嚴重時甚至導致社區大樓公共事務的全面癱瘓。

　　要防止這樣的狀況發生，就必須建立好的公寓大廈管理。公寓大廈管理是一門「建立規範」的學問，是在研究、尋找與建立好的「規範」，運用「規範」來預防、解決問題，進而增進管理組織的運作效率。公寓大廈管理本身即是智慧累積的結晶，不但能夠維持建築物正常機能、發揮累積在建築物上的文明智慧，更可以積極促進公寓大廈人際關係和諧、讓資源做有效率的分配運用，同步提升管理組織的效率與公平性，降低內部交易成本。

　　因此，以同時期興建、規模與型態相似的二棟鄰近大樓相比，一棟功能正常、且內部交易成本低、人際關係和諧。另一棟功能不全、人與人之間關係不平等、彼此冷漠甚至仇視、交易成本高。如果市場資訊公開透明，消費者當然會選擇前者，促使具有良好管理的社區大樓售價反映出其具有的價值。

　　只是我們社會到目前為止只有一個「好的管理可以提高一成房價」的模糊概念，對於良好公寓大廈管理的客觀標準與如何建立優質管理的具體方法尚付之闕如。「提高一成房價」對於沒打算賣房子的人而言不構成誘因、降低管理組織內部交易成本有利於建物正常功能發揮的道理大家不懂。大部分民眾觀念態度停留在「如何省錢」階段，為了達成省錢目的甚至願意犧牲建物基本功能與公平原則。不作為變成常態，結果往往造成惡性循環，反而提高交易成本。

　　好的管理對房價影響雖仍待科學研究證實，但以目前一間房子行情動輒數千萬、甚至上億評估，如果能夠透過良好的管理使其價格提高如傳說中的一成，其對整體經濟貢獻將十分驚人。近年來隨著各地方政府大力推動優良公寓大廈評選，經營成效卓著的公寓大廈逐漸被發掘成為其他社區大樓觀摩學習的對象。如果政府在推廣擴大參與的同時，能夠協助加強公寓大廈管理的基礎研究、建立客觀的價值標準與提升管理效率方法，將有助於社區大樓居民運用智慧改善生活，並進而共同努力將智慧轉換成價值。

公平、效率與既得利益

　　高層大樓的目的是在追求效率，但當建物區分為數個部分，又有部分空間、設施必須與其他人共有共用時，就構成區分所有建物，也就是法律所稱的公寓大廈。其成員有共同分攤維護共有共用空間設施的義務，其基本原則是「公平」。

　　因此「公平」與「效率」即成為處理社區大樓公共事務最重要的考慮因素。

　　但經驗告訴我們，追求「公平」的代價之一是犧牲「效率」。在人追求完全「公平」同時，往往趨近於完全無效率。反之在追求「效率」時，經常會犧牲「公平」。越高的「效率」，往往造成越多的「不公平」。

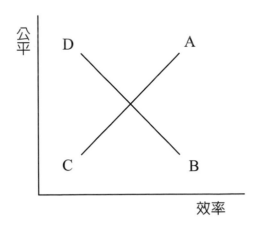

　　以下即用一個簡單範例，說明「公平」與「效率」之間關係。甲乙兩人要分一箱柚子，如果甲先挑，剩下的留給乙，這樣效率高，

但公平性低。會讓乙覺得不公平，擔心甲把好的、大的柚子先挑走（如圖上 B 所在位置）。

為求公平，兩人決定先計算柚子有幾顆，然後兩人平分。於是公平性增加，但卻得花比較多的時間（效率降低），如圖上二條線交叉位置。

但因柚子有大有小，體積大小相差超過一倍，因此二人決定先把柚子分為大小兩堆再各分一半，這個方式公平性更高，但要花的時間更多（效率更低）。

甲突然想到，柚子皮有厚有薄。若求公平，二人應該把柚子皮剝掉再來分配。去掉皮的柚子再剝成兩半對分，就解決掉柚子有大有小，皮有厚有薄的先天差異問題。不過要那麼做得先準備好很多塑膠袋，柚子剝好皮對分後馬上裝袋封好，要不然柚子會很快乾掉。

甲乙二人接下來考慮的各種因素（柚子甜不甜、含水量多少）、想到的每一個方法（用秤、拿刀切、使用精密的科學儀器測量水份、甜度）都可能增加分配結果的公平性，但用在分配的時間卻會越來越多、成本越來越高，使效率越來越低（如圖上自 B 點繼續向 D 點方向移動）。

但公平與效率不見得一定是完全反向的關係，不是二人功夫花越多，公平性就一定更高，如果方法用得不對，有可能得到的結果是又不公平、又沒有效率。譬如說甲乙二人後來決定要請地方耆老來主持分配，但耆老視力模糊、老眼昏花，替二人亂分一通，白花一番功夫的結果卻是不公平的（如圖上自二條線交叉位置向 C 點的方向移動）。

較好的狀況，是甲乙二人決定由甲把柚子分成兩堆，然後由乙來決定自己要哪一半。如此使得甲因為擔心吃虧，在分配中不得不力求公平。而乙雖然把分配權讓給甲，但因為有最後的選擇權所以也不怕吃虧，因此雙方都覺得公平。公平與效率同時提升（如圖上自二線交叉點向 A 點的方向移動）

　　因此只要方法對，公平與效率不盡然一定是此消彼長的零和關係，因為智慧可以使二者同時提升。就像許多機關或公司規定員工一年可以請幾天病假、幾天事假、結婚可以請幾天婚假、什麼樣的親人過世可以請多少天喪假等等。人事單位必須花很多時間來區分與管制各種不同的假種。員工真有請假必要但規定能請的假已經用完就必須換個不同名義請假。有的員工一直單身所以從來不請婚假，也有的員工進公司五年請三次婚假毫不客氣。但有的公司就很聰明，乾脆直接給每個員工每年二十至三十天假，不管是病假、事假、婚假、喪假全部包含其中。公司只管制請假的天數，而不過問請假的原因。對員工而言，這樣的規定既公平又簡單。對人事單位來說，這樣的規定可以大量減輕管制請假的工作負擔，是用智慧同時提升公平與效率的良好範例。

　　公寓大廈管理所處理的是三個人以上的關係，狀況要比前例複雜的多。但基本原理完全相同。公寓大廈管理的每一個決策或作為，其實都是「公平」與「效率」二個因素相互拉扯，並達成均衡的結果。偏偏社區大樓內成員很難看法一致，有人從「公平」出發、有人把「效率」擺第一，由此正好可以印證一個現象，就是為什麼管理委員會不管怎麼做，都會有人不滿意。

　　公寓大廈管理其實就是方法應用的科學，其所追求的，就是同時提高社區大樓管理的公平與效率。當社區大樓成員認為其管理組織管理措施公平合理時，就會對管理委員會與其他成員產生信任。而信任又能產生潤滑作用使得管理組織運作的效率提升，進而促進良性循環。如果用圖來說明，就是讓「公平」與「效率」的位置向A點移動，提高住戶對管理的滿意度。

　　但是每一個公寓大廈所可能遇見的狀況會有差異，就像甲乙二人要分的柚子如果剛好是雙數而且大小外觀一致，那二人即可不花功夫迅速的把一箱柚子分掉。如果送柚子的人夠細心，事前就把柚子均勻地分成兩箱，那甲乙二人甚至完全沒有進行分配的必要。反

之若柚子不但是奇數而且大小不一，甚至有些還已經爛了一半，進行分配時就會困難得多。因此研究公寓大廈管理問題，除了必須探討內部成員關係與分配規則外，亦應了解其外部環境因素所造成的影響。

　　但在公寓大廈管理實務中，並不是只要掌握「公平」與「效率」二個原則就一定無往不利，公寓大廈管理存在第三個重要影響因素，就是「既得利益」。譬如某社區有一個住戶共用的停車場，先遷入的住戶先下手為強，先占用方便進出的好車位。等後搬進來的住戶要求以公平方式分配使用時，就會遭遇既得利益者的反對阻撓。當既得利益者為數眾多，足以影響公共事務決策時，會成為追求公平、改革進步的絆腳石。因此社區大樓必須謹慎應對，儘早預防與及時排除各種不當既得利益的產生。

為什麼這樣叫雞婆？

我們社會常喜歡用「管家婆」來做為熱心參與社區大樓公共事務者的代名詞，然後用「雞婆」來形容這種參與公共事務的行為態度。不管是「管家婆」、還是「雞婆」，其實都有些稍微正面，卻又帶點負面的涵義。綜合起來，大致可以獲得一個印象，就是被形容的人，若不是吃飽飯沒事做無聊，就是對社會（社區）懷有高度的情感或理想，因此願意投入自己的時間精神，去做一些對自己沒有直接明顯好處、卻有助於整體社會利益的事情。

科學家、發明家、思想家、政治家、商人，甚至於參與社會服務的志工都不會被冠上「管家婆」或是「雞婆」這樣的稱呼。因為這兩個名詞與形容詞往往隱含從事者所參與處理的事情不是個正式工作，而是些別人不重視的雞毛蒜皮小事，過程中並常常會干預、妨礙其他人的行為自由。這樣的人雖然滿懷善念，卻大多學問有限、見識不寬廣、喜歡僭越自己的本份管別人閒事、與社會脫節、愛做他人不愛做的事、邏輯和一般人不一樣。

因此用「管家婆」或「雞婆」來形容別人，通常有罵人或至少貶抑對方的用意。用來形容自己，則是在合理化自己有異於一般人行事邏輯、缺乏利己動機的善意行為。

大抵來說，「管家婆」或「雞婆」這種行為基本上違反人性。但因為「管家婆」、「雞婆」善意但通常不睿智的行為「可能」為公眾帶來好處或促使社會進步，因此大多數人仍可容忍接受，甚至於期待這樣的人物出現，在社會自律機能未臻完善之際，協助自己解決困難。我們社會長期用這兩個名詞來形容社區大樓的管理委員，或者更精確的說，我們社區大樓的管理委員很愛用「管家婆」或「雞婆」來形容自己。為什麼？

　　社區大樓極容易出現「集體不作為」現象，即團體成員雖然都知道採取某種行動可以改善環境或為所有成員帶來利益，使所有人受惠。但因為自己努力的成果最後歸諸全體共享，因此大家都希望由別人去做這件事，自己只要「搭便車」、「搭順風車」，不出力就可以享受別人努力的成果。這種狀況學理上稱為「集體行動的困境」，是社會「公共財」普遍也必然出現的現象。因為理性的人都抱持這樣「拔一毛以利天下不為也」的自私想法，所以團體不會朝向有利於全體成員的方向發展。諺語「一個和尚抬水喝、兩個和尚提水喝，三個和尚沒水喝」正是這種狀況的最佳寫照。

　　另外譬如像社區有個中庭花園，每個人都知道如果花點功夫加以美化，將可改進社區生活品質，甚至於提高社區房價或租金。可是因為中庭花園歸全體居民共有，所以大家都希望會出現比自己更積極的人去做這件事，自己可以「搭便車」、「撿現成的便宜」。因為大家不想給別人佔便宜，結果就是中庭花園永遠不會有人整理，始終荒蕪一片。

　　經濟學中，要解決上述「集體行動的困境」，就要設置政府，專門負責處理公共事務，並提供「外在的誘因」（如新建成社區大樓成立公寓大廈管理組織後才能向政府申請撥付起造人提撥之公共基金）。在社區大樓，則是建立組織、推派代表成立管理委員會。即使如此，社區大樓依然存在每一個人皆為團體中一份子，到底誰該來做管理委員的問題。

　　管理委員這差事吃力不討好人盡皆知，除了必須花精神處理社區大樓的公共事務外，當住戶私人利益與社區大樓公共利益發生衝突時，管理委員必須站在住戶的對立面進行對抗。這角色本質讓大部分人將其視為畏途，但大部分狀況下仍有人會因為以下原因願意出任：

　　一、古道熱腸之人。願意服務社會、改善生活環境，通常抱著當志工的態度擔任管理委員。

　　二、對公寓大廈管理事務有興趣的人。他們比一般人對社區大樓公共事務更熱衷、更關心、有更強烈的特殊偏好，願意參與意見或投入服務。

三、好奇，想知道管理委員在做些什麼事之人。

四、保護自身利益，為避免公共事務運作損害到自己權益，或需要管理委員會協助自己解決問題，因此選擇參與，謀取必要的權力或影響力。

五、拓展人際關係，某些從事保險、直銷或欲投入基層政治人物，往往將參與管理委員會當做結交朋友、建立關係的舞台。

六、有些有志從事公寓大廈管理服務工作者，先在自己社區擔任管理委員試試水溫。

七、覬覦社區大樓資源，企圖利用管理委會身份替自己或親友撈一杯羹。

由此觀之，擔任管理委員並非全無好處，它可以至少消極保護，積極地擴大住戶自己利益。但這樣的動機說不出口，因為每一個社區大樓居民都害怕利益衝突時管理委員會選擇個人利益而將公共利益置之腦後，甚至於把大家所授予的權力轉換成自己的利益。因此推選管理委員時，越是強調自己分身乏術、沒辦法參與服務的大老闆或公眾人物越受到推崇；因為大家認為這些有錢有勢的人不會覬覦這一點點公共資源，反而還可能運用自己的資源來替大家謀福利。而展露強烈企圖、志在必得的人反而會引起眾人疑慮。因為「正常理性的人不會想擔任管理委員」，「當管理委員一定是為了圖謀自己的利益」這樣的懷疑其實深印在每一個人心底，並以此檢視出來擔任管理委員的人。

因此為了維護自己擔任管理委員的正當性，使日後任期內決策行事獲得支持配合，「雞婆」或「管家婆」就變成不論是主動爭取，或是被動推選成為管理委員者不得不做的自我標示，一方面表述自己對環境有特別的講究偏好，因此情願撿吃力又不討好的事情做。但另一方面，又藉此強調了自己關心大我、不考量自身利益，好凸顯自己行為或決策的超然公正，洗刷瓜田李下的嫌疑。

破窗定律與剃刀定律

　　管理學有一個著名的破窗定律，意思是一間空房子如果某扇窗子玻璃被人打破，屋主若沒有在短時間內將破掉的窗子補起來，則其他的玻璃也會隨後被人一一打破。

　　一扇破掉卻沒有立刻補起來的窗子，所傳遞給外人的訊息是這間房子沒有人在住、也沒人管理，因此外人若拿石頭砸其他窗子玻璃，不會有人出面干涉、行為不會受到制裁。因而容易導致更嚴重的破壞。它所引申的意義就是，防護必須力求周延完整，任何防護措施出現漏洞缺口時要及時修復防堵，否則容易繼續擴大惡化。

　　印證破窗理論的現象隨處可見，譬如巷口被人擺了一包垃圾，如果沒有立即處理，沒隔幾天就會變成一堆垃圾。因此懂得破窗理論的清潔人員都知道，把負責清潔的區域處理的乾乾淨淨、一塵不染其實就是讓清潔作業保持輕鬆省力的最佳方法。

　　社區大樓經常訂定各種管理規則希望住戶遵守，但如果規定本身沒有道理或是不夠周延，就容易被人看出破綻，知道這樣的規範有漏洞可鑽或無法執行，根本不需要認真看待。對應到破窗理論，這就是一扇被打破的窗子，暗示受規範的對象組織裡其他的管理規定也不必確實遵守。因此社區大樓在訂定管理規定時，務須力求邏輯的正確完整，否則不但無法得到原本預期的效果，反而殃及管理組織制度公信力。

　　「奧卡姆剃刀原理」，指「『多』並不意味『必要』」，「能用較少的東西做到的事，如用較多的東西去做，就是『徒勞』」。

　　在科學應用，是如果有兩種理論（方法）都能解釋同一個事物，證明同一結論，但理論 A 所需要的假設、條件比理論 B 所需要的

少，那麼理論 A 就是好的，也是人們更願意接受的。一個簡單明瞭相對於一個得繞來繞去的方法，結果相同，自然是簡明的好。而繞來繞去，搞出很多概念或實體那個，就不符合奧卡姆剃刀的原則，那「多」是不必要的，徒勞的，並不能使事物的「本質」有所增加，應該要用奧卡姆剃刀加以剃除。

　　一個良好的系統必須去除所有沒有實質意義的元件與程序，因為多出來的部分有害無益，除了降低系統效率外，還經常造成許多意想不到的問題。這個結果可以在本書探討的諸多公寓大廈管理問題中得到印證。

影響公寓大廈管理的
先天因素

建商的影響

　　台灣社會由於房屋預售與代銷制度盛行，因此建商給一般人觀感普遍不佳。這並不奇怪，因為消費者在買房子時看到的是華麗精緻的樣品屋，聽到的是代銷人員天花亂墜的甜言蜜語。建商絞盡腦汁促使消費者編織美夢，等到交屋消費者面對現實。理想與現實間的落差被消費者視為欺騙，把帳全算到建商頭上。曾經有一段時間，建商交屋、住戶掛白布條抗爭成為一種普遍的社會現象，建商就像過街老鼠，很少人相信他們的誠信。

　　大部分人以為建商對自己的影響僅限於房屋品質，不知道自己日後所碰到的某些管理問題源頭其實在建商、亦不知建商如果專業、誠實、善良、用心，大部分公寓大廈問題可以預先避免，根本不會發生。

　　正常狀況下公寓大廈公共事務運作極其單調。住戶定期繳交管理費、管理委員會定期公佈公共基金收支狀況、公共設備有人負責維護保養、環境請人清潔打掃、東西壞損更新復原、每逢年底開會推選新的管理委員，沒人要做就大家輪流。住戶之間相安無事，上下左右鄰居或許並不熟識，但見面至少也點個頭打聲招呼。真遇到相互干擾影響，協調一下、各退一步問題總能化解。這種環境下，許多人對公共事務毫無興趣，也無意了解，但卻完全不影響公寓大廈管理的正常運作。但這樣和諧的社區大樓可遇不可求，許多公寓大廈都存在解決不了的問題，長期困擾住戶和管理委員會。其中相當比例由建商造成。

　　建商所製造問題最常見的就是設計不當，譬如外面蓋一圈透天店鋪，圍起一個中庭別墅花園。明明使用型態南轅北轍的兩群人卻

硬生生被框在一個公寓大廈裡面，店鋪住戶被要求比照花園別墅標準按坪數繳管理費，卻被限制不得進入中庭。店鋪住戶們為了反制多數暴力，聯合起來拒繳管理費，搞得管理陷入僵局，兩邊都痛苦。

另外，社區規模弄得太大，使公共事務決策難以形成；或是搞些日後住戶無力負擔、註定走向荒廢的休閒公共設施，都是建商經常替住戶惹出來的麻煩。

除了設計不當，建商經常製造的問題還有售屋時慷他人之慨、允諾購屋者不該給的東西，引發日後住戶與住戶或住戶與管理委員會之間紛爭。譬如建商答應一樓住戶屋前花圃歸一樓專用，平常大家相安無事，直到某天一樓住戶要砌牆把花圃圍起來，引發其它住戶抗議。當初花圃歸一樓住戶專用的約定到底有沒有效的爭議才正式浮現，約定專用須經區分所有權人會議決議並載明於規約才具效力。建商有時自己搞不清楚，有時利用消費者不了解法令規定不按規矩辦事，把不是自己的東西拿來私相授受。等日後衝突爆發，建商卻已全身而退、置身事外。

公寓大廈管理良窳，是由社區大樓的「管理問題」與「管理機制」共同決定。

每個公寓大廈都有其獨特的條件，包括地理環境、建物使用型態、共有設施、成員的社經地位、公民智能程度、居民同質性、人際關係、外部資源與壓力等，這些條件影響社區大樓成員的行為表現與互動關係。也因而產生各種「管理問題」，以及具有因應「管理問題」的「管理機制」。

有些「管理問題」來自先天因素，像建物或共用設施的規劃設計不當、建商作為破壞居民間的互信，有些則出於後天人謀不臧，如住戶違反共同利益行為或公寓大廈使用多數暴力侵害少數住戶權益。公寓大廈的「管理問題」若無法解決或處置不當，經常會發展成惡性循環，衍生出更多、更複雜的「管理問題」，嚴重者甚至導致社區大樓公共事務的全面癱瘓。

公寓大廈管理所追求的目標是在去除社區大樓的「管理問題」，而「管理機制」就是預防與解決「管理問題」的方法。社區大樓「管理機制」越充足，就越能克服各種潛在「管理問題」。「管理機制」不會從天而降，而必須靠經驗、智慧、信用、工具、立場利益的調和、各種有形無形規範的建立等因素累積而成。良好的公寓大廈或許從外表觀察看不到任何「管理問題」，但實際上任何社區大樓都會遇到危機挑戰。只不過正常的社區大樓因為具備良好的「管理機制」，所以在遭遇問題時，可以迅速排除化解，讓公共事務運作在最短時間內回復正常。

建商的影響就在於創造社區大樓過程中，相當程度的決定了公寓大廈會發生哪些「管理問題」與擁有哪些「管理機制」。

建商對於社區大樓最深遠的影響就是促進成員間信任關係的建立，好的建商能夠為消費者著想，用合理的規劃來解決住戶日後生活上所可能碰到的問題，累積智慧替社區大樓創造「管理機制」。建築業者的專業能力與服務態度若能得到購屋消費者的肯定，對社區大樓長期發展將奠定良好的基礎。

不好的建商卻只關心自己利益，銷售中不惜哄騙欺瞞，只求賺取更高利潤。他們不但不幫忙解決問題，反而製造麻煩，造成社區大樓居民永遠無法去除的痛苦。

常見狀況是購屋者交屋後對建商極不信任，認為建商偷工減料、誇大不實。嚴重的更把關係搞到水火不容、對簿公堂。因此許多社區大樓交屋後住戶集結會商的第一件事就是要團結起來對付建商。使得建商才剛交屋，管理組織都還沒成立，就已經成為社區大樓頭一個想要解決的「管理問題」

但這種對立態勢對於社區大樓日後發展極為不利，購屋者不滿建商表現，認為受到坑騙，對人性喪失信心，進而不相信社區內其他成員，並且習慣採用對抗方式處理問題。建商則見縫插針、想辦法離間分化，希望藉居民內部的分化鬥爭轉移批評焦點與推脫責

任，結果是在社區埋下不信任的種子，從此發芽生長，並持續影響未來公寓大廈內部成員之間的關係。

　　從另一個角度看，社區大樓居民與建商之間關係惡化有時也不能完全歸責建商。購屋民眾經常對建商提出超出行情的要求，對抗建商所採用的方法也未必合情合理。建商原本應該最了解社區大樓的狀況、具有更充足的資源能夠整合住戶共同的意見，原本應該協助社區大樓建立良好的「管理機制」。可是對抗的情勢一拉開，一來建商的話本來就沒人信，再者建商對於介入居民的管理事務本來就意興闌珊。既然得不到住戶信任，建商也乾脆放手不管。

　　於是建商創造社區大樓，卻不關心日後公共事務如何運作。在通知交屋到公寓大廈管理組織正式成立，建商依法是社區大樓的管理負責人，應該要幫社區大樓建立良好的管理基礎；但大部分建商卻是抱著敷衍心態，叫消費者預繳三個月到半年管理費，等管理委員會成立趕快把麻煩丟出去。

　　這就是公寓大廈管理問題的源頭，即社區大樓從成立伊始，因為建商成為社區大樓的「管理問題」，使得「管理機制」無從建立，更破壞了居民之間的互信關係。

沉重的公共設施

建築也有時尚，每個時期建築都因為當時所流行的設計風格、使用者需求與可供選擇的建材而留下獨特的時代標記。

最近幾年集合住宅流行飯店風，建商賣房子喜歡強調社區具有五星級飯店大廳、迴廊、三溫暖、健身房、游泳池。電視或廣告傳單中總是出現穿著禮服、舉著香檳酒杯的光鮮男女，彷彿是出入宴會的上流社會菁英。一旁得體對應、面帶微笑的侍者烘托出豪宅主人的高貴富有。建商用文字、影像和穩重、充滿磁性的旁白反覆把買房子和成功、奢華、品味、地位等意象畫上等號，努力運用五星級飯店印象一再撩撥顧客的購買慾望。

為了讓住飯店的感覺更逼真，建築業者通常還進一步打出飯店式服務口號，號稱住戶入住可以享有租車、洗衣、鐘點女傭等服務。讓人再也分不清住家與高級飯店的區別。

但許多人搬進社區一段時間後發現，當初交屋那種五星級飯店的感覺迅速消退。原來管理委員會成立後，先是嫌大廳水晶燈太浪費電，然後游泳池開放時間越來越短，接著三溫暖又因為某樣東西壞了無法使用，服務人員表現完全嗅不出任何五星級飯店味道。住戶進出照明不足的挑高大廳與空無一人的游泳池，不但體會不到任何尊榮精緻，反倒透出一絲淒清恐怖的氣氛。

回顧二十年前，當時集合住宅雖然不像現在喜歡拿五星級飯店種種做賣點，但已經開始標榜社區有圖書室、交誼廳、健身房、卡拉 OK 等設施。住戶不必出門，就可以享受多種休閒娛樂機能。只不過大部分社區在短短一兩年，就因為疏於管理，使得圖書室擺著老舊書籍與過期雜誌卻乏人整理，交誼廳裡不見人影，倒是充斥住

戶從家裡拿出來隨意堆放的家具雜物。健身器材壞了沒人修理，旁邊貼上危險不可使用的警語。好在住戶們使用過一兩次、新鮮感消失後就興味索然、不再光臨，對於這些設備擺在那裡無人聞問、自然損壞的現象也就習以為常、見怪不怪。

與獨門獨戶房子相比，集合住宅的優點在於共同使用特定資源。像是土地，高層建築在同一塊土地上創造出更多空間供人利用，讓使用者購買土地成本降低。另外當房屋一層一層向上堆積，樓下房屋的屋頂正好當做樓上房屋的地板。此外還有像電梯、消防設備、水電設施等，由多人共同分攤使用維護成本，自然比一個人負擔輕鬆得多。也就因為這種共同運用方式提高使用效率，遂使高樓不斷往上發展，成為都會地區的建築主流。

隨著生活品質提升，集合住宅除了生活使用的基本設施外，也逐漸進化開始講究環境品質。於是寬廣雄偉的中庭花園、典雅精緻的藝術裝飾造景紛紛出現，游泳池、三溫暖與健身房也相繼走進居家生活。內容越來越豐富、式樣越走越花俏，建築業者挖空心思，想要在基本生活機能外再創造出更多的產品附加價值，集合住宅本身既是追求效率思考下的經濟產物，這麼做也算是精益求精，無可厚非。只不過從經驗看來，如果不考慮日後管理維護，建商所規劃創造的公共設施不但無法發揮原始設計功能，反而會替社區大樓製造問題、帶來煩惱。

以游泳池為例，明明只有一百多戶，建商卻規劃個五星級飯店挑高大廳，旁邊是室內標準五十米溫水游泳池外加專業級活水按摩池。購屋人抱著天天住五星級飯店、享受尊榮高貴的憧憬下單訂購時完全沒有想到，要維持溫水游泳池、按摩池和三溫暖正常運作光是電費每個月就高達十萬，根本不是建商所說每戶月繳二千多塊管理費可以負擔。而且建商也從未提過未來該如何管理，一直要等到進住後才發現游泳池、按摩池等五星級設備怎麼總是少數幾位退休老先生、老太太在享受，才發現自己吃了虧，白白繳錢供別人享受。

為了追求公平，住戶們在往後日子裡要為如何使用、誰該付錢這類問題吵來吵去。再過一段時間，為了節省經費與維持公平，大家決定設備零組件壞掉不再換修，游泳池、按摩池停止開放，大家共同體會另一種住在歇業五星級飯店的荒涼滋味。

　　類似的案例不勝枚舉，由於大多數購屋民眾無法體察建商在廣告示意圖上所勾勒出來的豪華美景就像鮮花一樣不能長久、各種高級設施、華麗陳設只不過是刺激購買欲望的銷售道具，也壓根沒去想附近的水療館、溫水游泳池即使業者努力宣傳、用心促銷也不保證可以持續經營，由缺乏專業管理能力、缺乏利潤動機又限制外人不得入內消費使用的公寓大廈經營又怎能長期運作的道理。一旦建商餘屋賣完，停止支付高額的使用維護費用，就是居民面對現實、美夢變噩夢的開始。

　　這樣的設備不要多，光是一項就會讓社區管理委員會與住戶頭痛不已。如果社區使用游泳池的人不多，管理委員會為了公平，就可能考慮向使用游泳池的住戶收費，可是一聽到要錢，本來那些抱著不用白不用心態的老先生、老太太就不再上門，他們寧願到外面更高檔的水療館、健身中心享受更專業的服務。社區游泳池一沒人用，管理委員會又得傷腦筋研究游泳池的水該放掉還是該留著。沒有水的游泳池怕小孩玩耍掉下去摔傷，裝了水的游泳池不做循環消毒又會發臭生苔。把游泳池填平一定有人反對，完全不改變，任憑少數人繼續使用下去又對其他人無法交代。不當的設施就像古代父子牽的那條驢，讓社區這樣做也不對、那樣做也不通。

　　社區大樓只要存在一個像這樣解決不了的問題，就可能引發更多紛擾並走向惡性循環。這種現象背後根源在於建商當初規劃設計只考慮自己的短期利益，只顧著創造夢想假像讓自己房子趕快去化，完全不為日後如何長期經營管理設想。購屋者詢問日後如何管理，建商制式化的答覆必然是由以後的管理委員會決定、或附近社

區管理費大概每坪多少云云。消費者一時失察，讓建商閃避掉這個問題，就註定以後要為這些養不起的設施傷透腦筋。

事實上，能夠成功經營休閒設施的社區有如鳳毛麟角，它必須具備以下條件：

一、社區具備相當規模

社區休閒公共設施使用與維護成本高昂。社區大樓公共休閒設施無法對外營業，通常也不歡迎外人使用。因此如果不具相當規模並吸引足夠的人數參與使用，就會顯得冷清，讓人覺得缺乏安全感，降低使用意願，形成惡性循環。社區必須具備相當規模，或因特殊性質（如專供退休人士居住的養生公寓），休閒設施為其基本功能，維持一定使用人數，方能得到足夠的重視與資源注入。

二、營運具備先天競爭力

許多社區公共休閒設施之所以能夠長期營運，是因為該社區地處偏遠，居民若要外出運動休閒，必須負擔額外的時間與交通成本。與社區外營利健身中心或俱樂部相比，社區公共休閒設施因為鄰近、方便、便宜而具有競爭力，因此能夠長期吸引居民使用維持營運。

三、居民將休閒設施視為奢侈財

某些居民把社區休閒設施視為自己對外炫耀的資產，他們並不在意自己寥寥可數的使用次數，而是親友來訪時欽羨的眼神。因此就算擺在那不用也不覺得可惜。事實上這也是五星級飯店的真正本質——即裝飾性質大於實用性質。某些強調高級尊榮的社

區，訪客到訪會有穿著西裝的挺拔帥哥導引客人坐在大廳咖啡桌旁等候通報，並立刻有穿著套裝的年輕女性服務人員趨前提供咖啡、果汁或蛋糕。這就是富豪名人居所必須配屬的裝飾性功能。雖然住這種社區必須負擔每個月高達萬元的管理費，但是住戶們認為值得，因為這些正是他們要拿來表彰自己身分地位的氣派豪華。

四、足夠的管理能力

休閒公共設施所面臨的二大難題，一是使用與維護成本高昂，二是必須維護使用公平性。社區居民如果願意負擔又要顧及公平，便需要足夠的管理能力，讓有限的社區服務人員不但能夠從事一般社區行政管理與維護工作，還得兼顧休閒公共設施的營運。但一般社區大樓缺乏專業管理技術，不懂得如何開發與提高服務人員工作價值。因此即使具備其他優良條件，仍難挽回休閒公共設施淪於荒廢的命運。

游泳池、三溫暖、健身俱樂部等行業營運成本極高，若未能創造一定客源，只有走上關門一途。休閒公共設施能夠長期生存的社區有其特殊的環境與條件，不是一般社區大樓皆能比照辦理。但不幸的是，我們社會在面對公寓大廈管理事務時常把特例當通則。建商利用民眾缺乏理性判斷能力與貪小便宜的人性弱點，把日後居民負擔不起的休閒設施當成玩具拿來吸引民眾購買，居民一時大意沒想到大象再怎麼可愛，也絕對不能買來養在後陽台；以及每個月繳交的管理費金額尚不足以支付五星級飯店一個晚上的住宿費，如何能夠天天享受五星級飯店設備的道理。到了自己當家作主，才發現這個大玩具既玩不起、賣不掉，又不能收起來、更無法丟掉。留在那裡只會成為其居民吵架衝突的題材。偏偏大部分居民又看不到問題的根源，他們往往把不滿矛頭指向其他立場想法不同的住戶，相

互指責對方自私、小氣或怪罪管理委員會管理不善，對社區大樓良性發展與居民互信關係產生非常不利的影響。

要根除這些問題，不能單方面期待民眾領悟天下沒有白吃的午餐，購屋時要能自己看清楚建商各種銷售花招背後的陷阱。而必須從交易制度著手，從源頭防堵問題的發生。休閒公共設施之所以替社區大樓帶來困擾，原因在於建商為了促銷，售屋時刻意隱匿或扭曲休閒設施所可能產生的公平性問題與管理維護成本，讓消費者事後才知道擁有與使用這些設施的代價。等到不同立場、想法的居民爭執衝突產生，建商房屋早已去化一空，擺出一付事不關己的無辜態度。因此要化解建商銷售與社區居民管理維護之間的目標衝突，最簡單的方法就是要求建商負起規劃日後管理維護方式的責任，在銷售時誠實地提出建物及附屬設施詳細的管理維護與設備更新計畫、成本估算與分擔方式，讓消費者預先了解自己以後得花多少錢、要如何使用與維護這些休閒公共設施。如果消費者購屋時能事前審閱並接受建商所提出的管理維護計畫，將促使同質性高、想法近似的居民購買，有助於日後共識的形成與良好公寓大廈管理的建立。

其實類似的規定在先進國家早已立法規範，但在我國卻完全付之闕如。建商追求短期利益，寧可犧牲社區居民長期利益，也要堅守那永遠不能說清楚的模糊空間。因此除非消費者清楚與建商之間目標衝突對自己所產生的不利影響，堅定要求建商負起管理維護規劃責任，否則類似的問題仍會不斷發生，繼續困擾社區大樓居民。

巨型社區的困境

　　許多社區因為規模太大，管理組織成立後，區分所有權人會議就再也沒有辦法湊足法定或約定人數，造成公共事務推動的困難。

　　困擾不僅於此，由於資源集中，巨型社區管理委員可以動用的公共基金金額龐大。常讓住戶們懷疑管理委員是否別有居心，投入公共事務服務為的是想要在資源分配運用過程中上下其手、分一杯羹。

　　公寓大廈成員間的互信原本就隨著組織成員人數的增加而降低，如果大家又戴著有色眼鏡，認為參與公共事務的盡是些想渾水摸魚、貪圖私利之徒。這會讓原本愛惜羽毛、懷有熱忱理想的成員萌生退意，造成人才反淘汰，進而演化成惡性循環，最後形成嚴重的對立衝突。追本溯源，這樣的發展宿命來自於其過大的規模。

　　社區規模太大會出現的現象還有：

一、因為人數增加，個別成員對公共事務的影響力降低，使住戶缺乏認同感，對公共事務漠不關心。

二、當個別或部分成員遇到問題發生困擾，需要全體住戶共同協助解決時，往往無法獲得其他人的關心支持，甚至於受到牽制。

三、人數增加，使溝通變困難，再加上利益立場錯雜，讓共識不易形成。

四、前三個因素交互作用，使得巨型公寓大廈互信難以建立，管理運作益加困難。居民往往充滿無奈，不滿意公共事務的運作。

　　任何生命體都有一個適當大小，一個在某種範圍內維持其生存發展的最佳規模尺度。社區大樓也不例外，公寓大廈本身既是追求

效率思考下的經濟產物,其最理想的規模,就是具有足夠的人(戶)數可以分攤共用部分與設施的管理維護成本(人越多時每個人或單位所負擔的成本越低),同時又容易達成共識,解決共同的問題(人越少越容易達成)。

就管理維護成本分攤而言,社區大樓未必規模越大成本越低。一來因為固定資源提供過多人使用會導致品質降低。要維持一定的居住品質,就必須隨著共用資源成員的增加再增加投入的資源。再者,為了配合巨型社區的稀有規模,許多原本大量工業製造的設備必須改為客製化生產,因此反而不利於設置與維護成本的控制。

社區大樓的管理維護成本可以在建築業者的產品規劃和後續的設計階段預先估算。當建築基地大到可以蓋出巨型社區時,建商應該就不同規模,先推估其管理維護成本與住戶分攤情形。並在住戶管理維護成本分攤金額差異有限的情況下,選擇戶數最少的方案。

因此如果二百戶社區與八百戶社區居民的管理維護成本分攤金額相同,那八百戶社區就應該拆成四個二百戶社區興建,因為二百戶社區的邊際成本較低。同樣的,當一百戶社區與二百戶社區居民的管理維護成本分攤金額相當,那二百戶社區應該要拆成二個一百戶社區經營。

公寓大廈管理的目的在解決共用部分的管理維護問題,而「共用」的數量與性質既來自建築業者與建築師設計創造,藉此提高公寓大廈居民居住品質與生活機能。建築業者如果不能創造更多有效的「共用」價值,就應該著眼日後居民管理維護的最高利益,選擇公寓大廈戶數最低的組合方案。

但符合居民長期利益的做法,卻未必符合建築業者利益。建商若把八百戶社區拆成四個二百戶社區甚至於八個一百戶社區興建,成本必然提高(至少目前起造人公共基金提撥規定不鼓勵建商這麼做),而且勢必轉嫁給消費者,加重購屋人負擔。要解決這個

問題，需要政府放寬法令限制，容許建築業者在符合一定條件下（各區功能各自獨立）的建案，日後可以分別申請成立數個較小的公寓大廈。

另一個比較簡單的方法，是在現有法令不變的狀況下，巨型社區在既有公寓大廈法律框架下，自行分割成數個符合理想規模的區塊獨立運作。

「公寓大廈管理條例」是一套社區大樓管理運作的基本規則，它的功能類似電腦程式語言，使用者只要學會基本語法，就可以運用邏輯按實際需要創造出千變萬化的功能。巨型社區要解決因規模太大所造成的管理問題，可以利用大部分公寓大廈管理運作規則可以自行約定的特性，自行劃設出數個分區，並將公共基金公平分配交由各分區自行運用。各分區就像是一個個獨立的公寓大廈，自行推選管理委員管理自己的事務。分區內部住戶間權利義務關係亦由分區內區分所有權人自行決定。另為解決全體居民不可分割或統一處理具有效率的公共事務，在分區之上設置中央管理委員會，由各分區代表組成，並由各分區公共基金提撥一定比例金額設置中央基金，專門用來支付與全體居民有關或具有經濟規模利益的管理維護事項支出。

公寓大廈管理是微型政治，如果因為規模太大，沒辦法滿足居民需要，就應該謀求建立一個有效率、能夠解決問題的組織架構。而不是把所有人全綁在一起動彈不得。

建商不該「代收」「公共基金」

　　許多建商在領到使用執照、通知交屋時，會向購屋者收取一筆管理基金及三到六個月管理費，並約定在公寓大廈管理組織成立後移交管理委員會。可是由於建商沒搞清楚公寓大廈法令規定，經常替自己和社區大樓的管理委員會和住戶惹來麻煩。

　　公共基金是公寓大廈全體區分所有權人所共有的一筆錢，由管理委員會或管理負責人管理運用，支應公寓大廈管理組織從事各項管理維護與公共設施修繕所需要的費用。

　　在「公寓大廈管理條例」制定前，這種由建商向社區大樓區分所有權人收取一定金額設立「管理基金」的做法非常普遍。因為當時法律並沒有規定建商或起造人必須提撥「公共基金」；因此為了讓社區大樓公共事務順利開展，這種由建商出面要求區分所有權人每人出個萬把塊錢的做法其實無可厚非，算是沒有辦法中的辦法。

　　只是當時因為缺乏法律依據，沒有強制力。所以如果出現區分所有權人不配合，除了道德勸說以外，不論是建商、管理委員會、還是其他願意或是已經繳交這筆錢的區分所有權人，對於拒繳基金乃至日後拒繳管理費的行為都完全無能為力。只能眼睜睜看著維繫公共事務正常運作的「公平原則」從社區大樓成立開始就遭到棄置破壞，從此紛擾不斷，管理無法步入正軌。

　　為了解決這個問題，民國八十四年通過的「公寓大廈管理條例」規定起造人必須按照建築物工程造價提撥一筆公共基金，在公寓大廈管理組織成立後移交管理委員會或管理負責人，好讓管理維護工作順利啟動。這筆錢起造人得先提存公庫，等管理委員會完成公設點交後由主管機關直接撥付管理委員會。常有人擔心建商拒絕撥付

公共基金或金額短少；其實建商如果未按照規定金額提存公庫，根本領不到使用執照。公共基金由公庫直接撥付管理委員會，完全沒有遭挪用之虞。

　　至於區分所有權人，則必須經過區分所有權人會議，共同以民主方式決定後續全體區分所有權人經常性的繳費標準。公共基金功能就像個蓄水池，能夠為公寓大廈蓄積日後足以應付各種狀況所需要的存量。當蓄水池開始啟用之際，起造人必須先提供大半池水，讓使用人立即有水可用，然後再由區分所有權人接棒自行決定要不要把水池加的更滿，還有後續間隔多久該注入多少，以維持蓄水池的存水量。

　　問題出在建商搞不清楚、未按照「公寓大廈管理條例」規定，由區分所有權人經會議自行訂定公共基金的標準；而是自作主張依循立法前慣例在管理組織成立前向區分所有權人收取。可是這筆錢沒有法律依據，於是當懂法律的人質疑建商收這筆錢的適法性或直接表明拒繳時，建商無言以對，也很難因為收不到這一點不屬於自己的小錢而拒絕交屋，乾脆把這燙手山芋丟給管理委員會。問題是管理委員會同樣沒有處理這個問題的能力，收到建商提供的「公共基金」與附帶的未繳住戶名單，想追討依法無據，不追討又不曉得要對其他人如何交代。使公寓大廈從成立開始，就先面臨公平性的嚴酷考驗。

　　從法律角度檢驗，這樣的「公共基金」既不是起造人依工程造價比例提撥，也不是區分所有權人經區分所有權人會議決繳納，而是由建商另闢第三管道，在公寓大廈管理組織正式成立前，另外向搞不清楚狀況的區分所有權人「募集」而來。建商收了這些錢轉交管理委員會，或許本身不必擔負任何法律責任；甚至於對充實社區大樓經費而言還小有功勞，但這樣的做法卻會替公寓大廈帶來嚴重的後遺症－即在社區大樓管理運作的一開始，就製造出住戶與管理委員會之間的緊張、困擾、爭議、對立與不信任，並且從此向後延伸擴張。

實務上，從交屋到公寓大廈管理組織成立通常有一段時間差。建商必須在管理委員會成立運作前進行「代管」，建商雖然可以依「公寓大廈管理條例」第十八條規定主張起造人提存公庫的公共基金目的係用於「就公寓大廈領得使用執照一年內之管理維護事項」，先行墊支各項費用並待管理委員會成立、完成「公寓大廈管理條例」第五十七條政府規定移交事項、政府撥付起造人所提存的公共基金後向管理委員會要求給付。但大部分社區大樓居民習慣把起造人所提撥的公共基金保留起來做日後重大修繕更新準備，不願意在管理組織成立之初就加以動用，再加上交屋後通常彼此互信薄弱，建商若想要回自己墊支的錢恐怕會困難重重。

因此這段代管期間建商較佳的選擇是以管理負責人的身份向區分所有權人收取「管理費」，並依管理負責人權力決定要請哪家物業管理公司，要設置多少服務人員，要從事哪些管理維護服務項目。但這筆錢不是法律上「應繳納之公共基金」，而屬「應分攤之費用」。建商不是「代收」，而是以管理負責人身分「收取」。其依據是建商在房屋銷售時一併提供給買受人，並經買受人同意簽字的「規約草約」。只要規約草約中訂有管理費的繳交金額與繳交方式，區分所有權人就有配合繳交的義務。建商收取這筆錢，應該定期公布這筆經費的使用與結餘狀況。

因此建商據此向購屋者預收幾個月管理費的確是依法有據，但若稱此為「公共基金」，或另收一筆「公共基金」，就很容易惹來麻煩。

常見的糾紛是建商在向購屋者收這筆錢時。說這是依法律規定「代收」的「公共基金」，等管理委員會成立，建商將扣掉各項管理維護支出的「公共基金」交給管理委員會時即遭到抗議，質疑建商沒有權力動用「代收」的「公共基金」，「公共基金」必須經過區分所有權人會議或至少管理委員會同意方可動用，因此建商代管期間雇請保全、環境清潔美化、公共水電費皆應由建商自行吸收。建

商先前既未說清楚將「代為支出」，在代管期間又未公佈收支與結餘狀況，碰到住戶挑戰有理說不清，雙方關係由此再多生一道裂痕。

　　有時社區大樓公寓大廈管理組織未能按計畫順利成立，建商代管期間拉長。必須向購屋者繼續收取管理費以支付各項管理維護費用，但建商收錢的態度不夠積極，存心把麻煩留給住戶自己解決，住戶也搞不清楚建商到底有沒有權力收這筆錢。於是又創造出一個有人有繳、有人沒繳，而且要催繳又依法無據的尷尬局面，為難新成立的管理委員會。

　　另一種相反的狀況，是建商收了住戶六個月管理費，結果三、四個月後管理委員會成立，建商把結餘轉交管理委員會運用。管理委員會把這些錢視為公共基金、另外開始向住戶收取管理費。但住戶們認為自己已經繳給建商半年管理費，接下來幾個月管理費應該拿這些錢抵扣，不必再繳；管理委員會卻因為本位主義，認為建商移交的全是公共基金，不能退還住戶、也不能抵扣管理費，住戶得重新開始繳交。兩邊立場不同，誰都不願意讓步。居民與管理委員會關係從此陷入緊張。

　　建商是社區大樓的創造者，應留給居民一個良好、互信關係，或至少不能成為居民關係的破壞者。住戶在交屋忙亂之際把錢交給建商，以為日後會給個清楚交代。誰曉得查對相關法規發現不對勁想要追回或要求抵扣，錢卻進了管理委員會再也要不回來，原本的善意信任變成「不樂之捐」，當然會忿忿不平。此後向管理委員會交涉要求抵扣，或管理委員會向住戶進行問卷調查、召開會議討論決議等等過程，都是在提高社區大樓內部交易成本，是得不償失的作法。

　　由於沒人能夠準確預測管理組織何時能夠成立，因此建商最妥當的做法是在規約草約中載明管理組織成立前，住戶有按月依建商所訂標準繳交管理費義務。交屋後建商像一般管理委員會一樣按月向住戶收取並公布使用狀況。管理組織成立，建商盡速將當月管理

費收齊、結算清楚並將餘額移交管理委員會,好讓管理組織能立刻展開運作。

要避免日後爭議,起造人(建商)應在建案推出前搞清楚「公寓大廈管理條例」規定、規劃社區大樓代管期間詳細的管理方案、使用正確的法律名詞,並在銷售中主動供購屋人審閱、簽認,把代管期間與購屋人的權利義務關係事前說清楚,日後和管理委員會的爭議以及住戶與管理委員會之間的不愉快就不會發生了!

「公寓大廈管理條例」第五十六條規定,公寓大廈之起造人於申請建造執照時,應檢附專有部分、共用部分、約定專用部分、約定共用部分標示之詳細圖說及「規約草約」。於設計變更時亦同。

前項規約草約經承受人簽署同意後,於區分所有權人會議訂定規約前,視為規約。

公共基金

公共基金起源與運用方式演進

　　公寓大廈因為有共用空間與公共設施需要維護修繕，因此必須靠區分所有權人共同分擔各項管理、維護、修繕與更新等各項經費。小型公寓大廈（如四層樓雙拼公寓）共用設施少，容易轉換成各戶獨立運作方式（如各戶自行負責自家門前的樓梯間照明、廢除共用水塔，個自在頂樓裝設自用的不銹鋼水塔、輪流支付公共電費等），於是發展出共同生活卻不必依靠組織運作的特殊文化。偶爾發生公共設施設備故障需要修理或更新（如揚水馬達損壞），就由最有急迫需要住戶先行處理，事後再找其他人一塊分攤。住戶間省卻收繳與保管管理費的麻煩，卻依然能夠依循公平原則解決共同問題。

　　但隨著大樓樓層、規模、設施、功能的增加，前述公寓管理模式無法再繼續適用。原因在於：

一、公共設施，如電梯、消防機電設備以及建築物中庭、大廳、停車場、健身房等共用部分的設置，提高了社區大樓的功能價值；但也產生了相對於公寓而言，數額龐大的使用與維護費用，必須集合多數區分所有權人繳交的管理費方足以支應。

二、建物功能與設施共用性增強，使社區大樓成員無法像小型公寓居民將其共用部分與共有設施私有化，或將應分攤的義務平均分割給住戶輪流負擔。

三、戶數增加，使溝通變困難、意見不易整合、成員之間互信降低，個人願意為其他住戶服務的意願更隨之低落，出現「搭便車心理」與「三個和尚沒水喝」現象。

　　因此中型以上社區大樓要維持建物正常功能與管理事務順利運作，必須發展組織，推派代表（管理委員或管理負責人）管理公

共事務。管理組織必須準備好一筆錢（「公共基金」）由管理委員會在授權範圍內支付日常各項費用，管理委員會定期向區分所有權人收取管理費，好讓公共基金不虞匱乏。

倘若社區大樓未設置公共基金，或公共基金不足以支付各項開支，管理委員會或管理負責人就必須自己先行墊支或向廠商賒欠，再憑收據與分攤表向住戶逐一說明收取。唯在此處境下，溝通與收費之繁重負荷將使任何原本願意挺身服務的理性住戶怯步，致使公寓大廈管理組織的運作停頓癱瘓，管理維護無以為繼。「人」、「經費」與「運作規則」是社區大樓管理的基本原素，因此公共基金的設置與維持充足的金額，實對於公寓大廈管理能否正常運作有決定性的影響。

早期大樓設置「公共基金」多為固定金額，用途僅限墊支周轉日常費用。管理委員會先以「公共基金」墊支各項費用，到次月結算並通知各住戶按分攤金額繳納。遇有重大修繕或設備更新需要時，經會議通過由全體區分所有權人另行分攤。這種方式的好處是「公共基金」金額不高，不必擔心被人捲款潛逃，而且住戶平日不必負擔重大修繕成本，因此分攤金額較低，缺點是「管理費」每個月變動，住戶無法預先精準掌握「管理費」金額；另外區分所有權人習慣平日僅負擔經常性費用，除非每一個區分所有權人房屋皆長期持有且不打算脫手，否則重大修繕更新要找特定時期區分所有權人另行分攤必然會引發公平性的質疑，且因負擔過重而難以推動。

隨著住宅型大樓興起、社會信任增加與法律條件的成熟，公寓大廈居民開始意識到「公共基金」除用於日常管理維護外的預備周轉外，還應該做持續性的累積，為日後重大修繕更新預作準備。建築物時間久了，需要換電梯、修發電機、外牆拉皮等耗費大筆金錢的修繕更新，但其支出既然主要來自於隨時間發生的自然損耗，其最公平的分攤方式就是每一個區分所有權人在其每一期繳交的「管理費」中附帶一點結餘；全部人結餘長期累積，就可以支付這些費

用，使建築物設施始終維持良好狀況與正常功能。這可以達到跨時間的公平，雖然會增加住戶「管理費」負擔，但「管理費」金額固定，且當重大修繕更新需要發生時，不必再為籌措經費傷腦筋。

民國八十四年「公寓大廈管理條例」通過，規定起造人必須按工程造價提撥公共基金，也規範區分所有權人有依區分所有權人會議決議繳交公共基金的義務，奠定公共基金設置與運用的法制基礎。但因社區大樓居民對公共基金的設置目的與公寓大廈管理運作關係普遍缺乏完整正確的認識，誤把公共基金當成一筆「存起來不可以隨便動用的錢」。結果是許多社區大樓雖擁有幾百萬，甚至上千萬公共基金，管理委員會卻拒絕住戶頂樓漏水修繕、或其他公共設施維護更新的請求，使得公共基金功能大打折扣。

展望未來，我們的社會當更理性成熟。公共基金的設置與運用，將隨著公寓大廈管理發展受到重視，各種使用爭議也會逐漸浮現，將促使這個問題獲得釐清。

應繳納之公共基金與應分擔之費用

　　在「公寓大廈管理條例」中,「公共基金」與「應分擔之費用」像二個好朋友,不斷連袂出現在各條規定內容。有人說,內政部「規約範本」教社區大樓居民所繳交「管理費」與「公共基金」,其中的「管理費」指的就是「公寓大廈管理條例」中「應分擔之費用」,這說法有待商確,需要再進一步說明。

　　貫穿「公寓大廈管理條例」,除了管理組織運作外;最重要的,莫過於區分所有權人對於公寓大廈管理、維護、修繕、改良等義務分擔的規範。從第十條起,即開始出現「共用部分、約定共用部分之修繕、管理、維護,……其費用由公共基金支付或由區分所有權人按其共有之應有部分比例分擔」的敘述,接著第十一條重覆一次。第二十條規定中,「由區分所有權人按其共有之應有部分比例分擔」的對應名詞「應分擔之費用」首次現身,然後在第二十一條、第三十五條又再度重覆。

　　「應分擔之費用」,顧名思義就是區分所有權人「該出的錢」。怎麼分擔?則是「按其共有之應有部分比例分擔之」。用白話說,就是「使用者付費」或「擁有者付費」,並且「按比例原則付費」。因此區分所有權人對於公共事務或設施維護改良修繕的分攤義務,是他所有或所用到的東西,用不到的不必分擔。

　　什麼是用的到?什麼叫用不到?這定義隨每一個公寓大廈性質與其成員主觀認定而異。有些項目須由全體區分所有權人共同分擔,如管理組織一成立,即須投入資源使其正常運作(區分所有權人會議、管理委員會與日常管理行政作業的成本),消防設施防護整棟大樓,其維護更新當然就應該由全體住戶共同分擔。但如果公

寓大廈內有大樓和透天別墅兩種不同類型、也互不相連的建築呢？那大樓內的消防設施當然該由大樓住戶分擔，與透天別墅住戶無關。除非大樓與別墅的消防系統連在一起，無法分割；或者大樓萬一失火，透天別墅也一定遭到牽連，這時又另當別論。

因此「應分擔之費用」必須視其共有共用的項目與性質而定，其分擔依據就是「公平合理」。社區大樓的使用性質越相近（如整棟都是單純的辦公大樓或是住宅大樓），要進行「公平合理」的分攤就越容易。反之，大樓的使用性質越多元、狀況越複雜（住辦商混合、大樓、透天別墅、商店混合在一起），某些設施僅供部分居民使用，要做到大家都滿意的「公平合理」就越困難。

那「公共基金」呢？「應繳納之公共基金」難道不是區分所有權人「該出的錢」？與「應分擔之費用」有何不同？是何關係？為何形影不離？卻又在某些地方只見「公共基金」單獨出現？

其實，「應分擔之費用」是個集合名詞，包含所有費用分擔的可能。而「應繳納之公共基金」僅是「應分擔之費用」當中的一種、它是「應分擔之費用」中的特例。「設置公共基金」是公寓大廈管理組織為了提高財務作業效率、透過計畫、管理組織決策機制、以區分所有權人定期定額繳交、累積結餘方式實現「代收代付各項費用」的手段。

「應繳納之公共基金」之於「應分擔之費用」，就像一個人的「薪水」之於其「收入」，「收入」包含「薪水」、也包含「薪水」以外像銀行存款利息等其他外快。「薪水」是「收入」的一部分，但「收入」卻不見得就是「薪水」。

早期的大樓，管理委員會通常有一筆用來墊支周轉的基金，支付完各項管理維護費用後製作分攤表次月向住戶收取後沖回。這筆基金金額固定（如三十萬），住戶每個月所繳的錢則依實際支出狀況變動（如前月各項支出共二十萬，由十戶分攤，故每戶分擔二萬元。如支出為十五萬，則每戶分擔一萬五千元。）。但這種做法有

幾個缺點，第一住戶沒辦法掌握管理費的確實的金額，第二重大修繕更新因要另向住戶收錢而不易推動，第三長期性的重大修繕由特定時期的住戶負擔並不公平，第四是每個月進行分攤不但作業負擔重，住戶若要逐項檢驗查證也很麻煩。因此逐漸演進成住戶每個月繳交一個全體總和略高於經常性開支的固定金額（如每戶每月每坪繳交一百元），讓基金產生的結餘不斷累積以供日後重大修繕使用。

社區大樓區分所有權人定期定額繳給管理委員會的，民眾習慣稱之為「管理費」，就管理組織而言，如果協議好分攤方式，並在區分所有權人會議中通過，它就變成法律上的「應繳納之公共基金」。住戶不繳這筆錢，將構成「公寓大廈管理條例」第二十一條「區分所有權人……積欠應繳納的公共基金」。

公寓大廈未設置「公共基金」（如總共八戶的公寓），或雖設置「公共基金」，但僅供周轉使用，則當其管理組織運作或共用部分有維護修繕需要並產生支出時，將構成各區所所有權人「應分擔之費用」。

此外，已設置「公共基金」的公寓大廈，若遇特殊狀況，產生在區分所有權人會議同意的公共基金支出項目以外的費用、公共基金用罄以致不足支付特定費用，或僅局部區分所有權人獲益的其他費用支出時，都將構成了全體或部分區分所有權人「應分擔之費用」。

「應繳納之公共基金」因為經過公寓大廈管理組織事前「約定」（區分所有權人會議決議），所以住戶拒繳時，管理委員會或管理負責人可以向主管機關提出舉報，由主管機關依「公寓大廈管理條例」第四十九條第一項第六款處以四萬以上二十萬以下的罰鍰。

另一方面，「應分擔之費用」（以及另外一種特例－應負擔之費用）則由於事前未經約定，因此當區分所有權人或住戶拒繳時，主管機關不予介入，必須由管理委員會或管理負責人訴請法院處理，由法官決定相對人是否應該繳納。

對照「公寓大廈管理條例」第二十一條規定：「區分所有權人或住戶積欠應繳納之公共基金或應分擔或其他應負擔之費用已逾

二期或達相當金額，經定相當期間催告仍不給付者，管理負責人或管理委員會得訴請法院命其給付應繳之金額及遲延利息。」更容易理解二者關係。「應繳納之公共基金」因為定期收繳，所以「超過二期」，管理負責人或管理委員會就可以「訴請法院命其給付」。「應分擔之費用」則因為不見得定期定額，以此只能用「達相當金額」做為界定標準。

搞通這個道理，就可以理解，「公寓大廈管理條例」第二十二條第一款規定：「積欠依本條例規定應分擔之費用，經強制執行後再度積欠金額達其區分所有權總價百分之一者，由管理負責人或管理委員會促請其改善，於三個月內仍未改善者，管理負責人或管理委員會得依區分所有權人會議之決議，訴請法院強制其遷離」當中所說的「應分擔之費用」，其實包含了特例「應繳納之公共基金」。因此公寓大廈住戶不繳「管理費」，不論屬「應繳納之公共基金」或「應分擔之費用」，都有遭強制出讓的可能。

所以經區分所有權人會議決議繳納的「管理費」其實就是「應繳納之公共基金」，而「應繳納之公共基金」又包含於「應分擔之費用」。不管何者，其基本精神都是「公平合理」。

有此認識，我們即知一般公寓大廈所採用以坪數繳交的方式其實多是在某種狀況下的特例，它適用於使用性質類似的社區大樓，按戶收費的也是一種特例，當大樓內每戶面積相當時其實按坪數或每戶管理費皆相同其實已無差異。空屋管理費打八折、打對折還是一種特例，它僅適用於某些特殊狀況（如共用冰水主機）的大樓。管理費該怎麼攤，把這些特例拿來當通則並不見得「公平合理」。

建築業者在規劃建案時，如果就已經考量日後公共事務義務分攤，不要把性質差異太大的產品攪和在一起（如封閉中庭與對外店舖）。可以替日後住戶省下很多麻煩。或若在公寓大廈成立初期，能夠把共有共用項目逐一釐清並建立公平合理的分擔規則，日後這一類爭議就可以逐漸消彌減少。

管理費是應繳納之公共基金？
還是應分擔之費用？

　　早在法律制定前，「管理費」這名詞就廣為社會大眾所接受與使用，它指的是公寓大廈居民繳交給社區大樓管理委員會或管理負責人用以處理公共事務或建物設施修繕維護的費用。

　　民國八十四年「公寓大廈管理條例」通過，但在法律條文中，卻完全看不到「管理費」這三個字。僅制定了區分所有權人有繳交「應繳納之公共基金」與「應分擔之費用」的義務。

　　法律用辭其實與民間約定俗成的「管理費」並不衝突，有的大樓住戶間彼此約定每個月固定繳交某金額作為大樓的「管理基金」，基金有結餘就存在銀行累積已備日後不時之需。也有些規模較小的公寓，揚水馬達壞了會有人先墊錢雇工修理，事後再向其他人索取應分攤的金額。前者事前收錢屬「應繳納之公共基金」，後者事後收錢則為「應分攤之費用」。「應繳納之公共基金」通常金額固定，「應分攤之費用」則隨實際支出狀況而變動。在這兩種型態之外，還存在第三種混合型態，不少商業大樓或廠辦建築，就以固定金額的「公共基金」做週轉先墊付各項費用，等到月底結算向住戶收取「應分攤之費用」後再予以沖回。

　　從區分所有權人與管理委員會的主客體關係來看，個別區分所有權人向管理委員會繳交的是「管理費」，管理委員會收取並累積保管的是供公寓大廈從事整體管理維護的「應繳納之公共基金」。因此法律規定區分所有權人必須繳交的「公共基金」，應該就是一般人所認知、定期定額繳交的「管理費」。只不過「應繳納之公共

基金」是法律用辭，「管理費」是一般口語，兩者所指的是相同的東西。就像怪手又叫挖土機、機車就是機器腳踏車、郵差的職稱其實是郵務士等等，是完全相同的道理。

「應繳納之公共基金」是「應分擔之費用」的特例，是社區大樓為了提高效率、透過計畫、決策、定期定額累積結餘方式實現「代收代付各項費用」的手段。因此「管理費」有可能是「應繳納之公共基金」，也可能是「應分擔之費用」。如何界定，必須視「管理費」是否符合「應繳納之公共基金」的二個法律要件，即社區大樓依法成立的公寓大廈管理組織，與必須經區分所有權人會議決議通過繳納，故未具此二要件，社區大樓區分所有權人所繳納之費用，即應視為「應分擔之費用」或「應負擔之費用」。

既然有了更明確的定義，「管理費」應該逐漸被法律名詞「應繳納之公共基金」或「應分擔之費用」所取代才對。但內政部提供給民眾參考的公寓大廈規約範本，卻又讓「管理費」這個名詞敗部復活，而且還開始有了完全不同的定義。內政部教導民眾在規約中訂定區分所有權人須遵照區分所有權人會議決議定期向管理委員會繳交「公共基金」與「管理費」——「管理費用來支付公寓大廈日常各項經常性開支，公共基金則依每月管理費百分之二十收繳，其金額達二年之管理費用時，得經區分所有權人會議之決議停止收繳。」

在內政部規約範本的設計下，管理費用於：

(一) 委任或僱傭管理服務人之報酬。

(二) 共用部分、約定共用部分之管理、維護費用或使用償金。

(三) 有關共用部分之火災保險費、責任保險費及其他財產保險費。

(四) 管理組織之辦公費、電話費及其他事務費。

(五) 稅捐及其他徵收之稅賦。

(六) 因管理事務洽詢律師、建築師等專業顧問之諮詢費用。

(七) 其他基地及共用部分等之經常管理費用。

公共基金則用於：

(一) 每經一定之年度，所進行之計畫性修繕者。

(二) 因意外事故或其他臨時急需之特別事由，必須修繕者。

(三) 共用部分及其相關設施之拆除、重大修繕或改良。

(四) 供墊付前款之費用。但應由收繳之管理費歸墊。

　　推想內政部規約範本的用意，應是希望公寓大廈設立兩個科目
──「管理費」與「修繕基金」，分別支付管理性質與修繕性質、
經常性與非經常性的費用。只是在這樣的邏輯下，「公共基金」已
經不再是我們一般所認定按月繳交的「管理費」，而是特別為了從
事建物修繕，達到特定金額後可以停止收取的「特別基金」。這筆
基金平常不輕易使用，通常擺在銀行做定存，必須經過區分所有權
人會議決議方可動支。奇怪的是其運用條件如此嚴格，但所謂「管
理費」不夠用時管理委員會又可以先拿來週轉，只要事後歸墊即可
（但又沒規定如果事後不歸墊該怎麼辦！）。

　　許多社區大樓搞不清楚這之間關係，依照內政部規約範本訂定
規約後，遇到區分所有權人拒繳「管理費」，以為地方主管機關可
以協助處理，提出舉報希望主管機關依照「公寓大廈管理條例」第
四十九條第六款規定對未繳納公共基金者予以處罰。但主管機關卻
表示「公寓大廈管理條例」規範區分所有權人應向管理委員會繳
交的是「公共基金」或「應分擔之費用」，而社區大樓規約內所明
訂要住戶繳的既然是「管理費」；不是法律特別規定的「公共基
金」，主管機關就無法依照「公寓大廈管理條例」規定對拒繳住戶
加以處分。管理委員會要追討「管理費」，得自己上法院用訴訟方
式解決。

　　照此解釋，規約範本上的「管理費」既然不是「公共基金」，就應該是對應法律上的「應分擔之費用」。但公寓大廈若接受這樣的定義，又會發生以下問題：

一、假設某大樓的「管理費」每個月二千元，「公共基金」依照「管理費」的百分之二十收取，也就是每個月四百元。管理委員會向住戶收取「管理費」和「公共基金」時，住戶卻聲明只繳「公共基金」四百元，而拒絕繳交「管理費」。因為如果住戶不繳這四百元，管理委員會可以向地方主管機關舉報，地方主管機關可以依照「公寓大廈管理條例」第四十九條規定對拒繳「公共基金」的住戶處以新台幣四萬元以上、二十萬元以下的罰鍰。至於二千塊錢的「管理費」，由於「依法無據」，所以管理委員會或主管機關對該住戶拒繳行為毫無制約力量，只能上法院，曠日費時求一個遲來的正義。過一段時間，「公共基金」金額達到二年之管理費用，區分所有權人會議決議停止收繳。賴皮住戶就可以連那四百元都不用繳了！

二、公寓大廈所收取的「管理費」，如果金額固定，那沒用完的部分是否可以累積結餘？如果可以，那區分所有權人所繳交的錢，豈不是變成「應分擔之費用」再加上「分擔之結餘」？管理委員會有權力向住戶收取「分擔之管理費結餘」嗎？

三、「公寓大廈管理條例」第十八條規定「公共基金」應設專戶儲存。因此管理委員會所管理的「公共基金」就必須開立金融機構帳戶儲存。難道用來處理日常一般行政事務的「管理費」可以不必？

四、如果「公共基金」被當成公寓大廈「管理費」以外的「修繕及週轉基金」，「公寓大廈管理條例」第十九條規定區分所有權人對公共基金之權利應隨區分所有權之移轉而移轉；不得因個人事由為讓與、扣押、抵銷或設定負擔。那「管理費」呢？

五、建物的修繕或設施的維修有大有小，假如公寓大廈確實有修繕的必要，工程費用二萬元，但管理委員會卻不能直接做決定，必須召開區分所有權人會議決議是否動用「公共基金」進行修繕。如果因為金額不大，管理委員會以「管理費」項目進行修繕，那「管理費」和「公共基金」又有何差別？

六、「公寓大廈管理條例」所訂定區分所有權人應繳交的「公共基金」與「應分擔之費用」，前者事前約定好定期收取，後者則望文生義指費用發生後的經費分擔義務。兩種方式再加上其混合應用實際上已經涵蓋了所有處理公共事務經費分擔程序的可能。如果我們把「公共基金」窄化解釋成「修繕及週轉基金」，把週期性繳交的「管理費」解釋為「應分擔之費用」，那沒有設置公共基金，或公共基金不足以支應實際需要，但又確實公正合理地應用在公寓大廈公共事務處理或修繕維護，因而所產生真正的『應分擔之費用』又該用什麼名義與法律依據來向住戶收取？

再從管理實務面來看，公寓大廈實在不需要分別設置「經常性管理費」和「修繕及週轉基金」兩個不同名稱的費用與基金項目才能做好財務管理。因為如果「管理費」等同「應分擔之費用」，那「費用」便不應當有結餘，或至少不應該有很多結餘。如此一來，設立科目進行管控即失去意義。相反地，如果「經常性管理費」累積出相當結餘，那其性質就轉變成「基金」，而原本「費用」的性質反而蕩然無存。

事實上社區大樓即使只有單一基金科目，居民或管理委員也可以從基金餘額判斷公寓大廈有多少錢可以選擇何種規模的修繕或設施更新、從公共基金的經常性收入與支出狀況看出公共基金未來的增減趨勢，更可以視實際需要、透過區分所有權人會議決議調整公共基金的收取標準或收取週期。把「管理費」定義為「公共基金」以外的「應分擔之費用」，不但不是在幫公寓大廈解決問題，反而是治絲益棼，把事情變複雜。

把「公共基金」變成「重大修繕基金」所產生的問題

　　內政部「規約範本」教民眾分別繳交管理費、公共基金的道理不通。它誤把法律上的「公共基金」切分成「管理費」和「修繕基金」（但「規約範本」仍稱後者「公共基金」，並從此改變了「公共基金」原意），「管理費」收到後就花掉了（可是未交代沒花完要怎麼辦！），「修繕基金」不能用，收到要存起來好做日後重大修繕準備。

　　不通之處首在於「公共基金」源自建商預先提撥供足供一年管理維護使用的「公共基金」。再由新成屋屋主在成立管理組織後努力存下另一筆足敷一年管理維護使用的「公共基金」，兩者加起來達成「規約範本」所建議的「達二年之管理費用」後停止收繳。

　　既然「規約範本」建議「公共基金」按「管理費」的百分之二十收繳，新成屋的所有權人得連繳五年「公共基金」，加上起造人提撥部分才能達成「規約範本」:「公共基金達二年之管理費用」的目標。

　　這個做法背後藏有以下值得深思的問題：

一、為什麼是由新成屋（或是舊房屋，但剛成立公寓大廈管理組織）的區分所有權人來負擔這筆公共基金？（購買新成屋住戶分成二次，即買屋時在房屋價款中就已支付過一次。因為所謂起造人提撥的公共基金其實已經是第一批屋主出的錢，（建商必然將這筆「供一年管理維護使用的公共基金」成本計算在其售價中）），新房子價格高、狀況少，

幾乎沒有維修必要。屋主們卻要負擔積存以後可能使用二、三十年的「公共基金」，為什麼？

二、為什麼要存「二年之管理費用」？這筆錢夠用嗎？或是太多？為什麼不是一年？不是三年？這個標準從何而來？

三、日後用這筆錢，用掉了要不要補回去？如果不補，用完之後呢？如果要補，是用一筆錢之後馬上補回去？還是等公共基金通通用完，然後從頭再存十年？如果是前者，那這筆錢就純粹只有墊付周轉的意義而已。譬如某大樓進行修繕花了十萬塊，使「公共基金」減少十萬；但因為「公共基金」要維持「二年之管理費用」，所以該大樓隨即又得重新開始徵收「公共基金」，因此要進行修繕所需要的錢其實不是使用以前積存的「公共基金」，而是你用了多少，就得在未來一段時間內還回去多少。但如此一來，「公共基金」即變成一筆放著滾利外是毫無用處的「周轉金」，若是公共基金用後不用立刻補回，問題更多！那要等到「公共基金」用到多少以後再進行回補？這衍生出的問題是公寓大廈中，有些人（在某段時期）可能是從事積存、卻不花用「公共基金」；也另有些人（在另一段時期）是專門花用、卻不積存「公共基金」。這公平嗎？

四、公寓大廈管理組織即使在剛成立的時候決定要設置一個「足敷二年之管理費用」的「公共基金」，但這樣的意志能夠貫徹下去嗎？以後的人需要遵從以前人（很有可能是以前的自己）的決定嗎？如果以後的區分所有權人覺得「公共基金」不需要這麼多，開會決定把「公共基金」分掉可不可以？

這些都是當「公共基金」被扭曲為「修繕基金」，然後叫新成屋區分所有權人負擔這筆基金所會衍生的問題。事實上「公共基金

不單是『修繕基金』，它是公寓大廈全體區分所有權人所共有、長期累積結餘形成的的一筆錢，由管理委員會或管理負責人管理運用，用以支應包括但不限於公寓大廈管理組織從事各項管理維護與公共設施修繕所需要的費用。」

　　為什麼內政部規約範本建議社區大樓存個「達二年管理費用」的「公共基金」？這是因為建築物時間久了，會需要換電梯、換發電機、做外牆拉皮這些需要大筆金錢的更新修繕。但其需要既來自於隨時間發生的自然損耗，其費用分攤當然應該與區分所有權人擁有房屋的時間成正比。因此最公平的方式，莫過於每一個區分所有權人在其每一期繳交的「管理費」中附帶一點結餘；全部人長期結餘累積，剛好可以支付這些重大工程費用。

　　「公共基金」不是越多越好！「公共基金」應該要做計劃性的累積與運用，當「公共基金」收入人於支出時，會產生結餘，使「公共基金」餘額增加。若「公共基金」餘額超過公寓大廈實際需要（包含重大更新修繕），區分所有權人可以決議降低「應繳納之公共基金」（一般稱為「管理費」）收取標準。反之當「公共基金」支出超過收入，使「公共基金」結餘減少。造成「公共基金」餘額不足以因應未來管理維護修繕支出需要時，區分所有權人也可以開會決議把收費標準提高。就像開車，嫌速度太快可以踩一點煞車，想更快些就加一點油門，完全由駕駛視當時路況自行決定。

　　因此，「公共基金」不應該、也沒必要由五年內新成屋屋主來負擔或在規約中決定它必須經常維持的金額，而是應該隨著時間蓄積，並由區分所有權人計畫要管理組織從事哪些公共事務項目後，再機動檢討調整「公共基金」結餘與區分所有權人繳費標準。

　　「公共基金」就像是汽車的油箱，油箱裡該存多少汽油，由用車的人視路途遠近決定。如果只是每天上下班（日常管理維護），那只要保持一個不會在半路停擺的安全存量就好，但如果準備到偏遠地區旅行（執行重大修繕或改良），那除了要把油箱加滿，說不

定還得要再買二桶汽油放在行李廂備用。但這二桶汽油是要在半路上拿出來用的，而不是擺在後廂不用，永遠車讓子載著跑來跑去！

　　跟著內政部的錯誤邏輯，許多人說「公共基金」用於日後重大修繕，**主要來自起造人的提撥**，其實起造人所提撥的「公共基金」根本不以「修繕」為目的，「公寓大廈管理條例」第十八條第一項第一款寫的很清楚：「起造人就公寓大廈領得使用執照一年內之<u>管理維護事項</u>，應按工程造價一定比例或金額提列。」社區大樓剛蓋好的第一年還在保固期內，若有修繕必要直接找建商處理即可，不應發生修繕支出。起造人所提撥的「公共基金」，其實就像水塔蓋好了，建造者所注入的半池水，目的是要居民立刻有水可用、展開正常的生活。我們也可以把它想成是汽車生產出來後，製造廠商在油箱裡所加入的那三公升汽油；它的作用是要讓新車車主領車之後，能夠開到最近的加油站，然後視自己需要決定要加多少油。

　　如果內政部公寓大廈規約範本建議設置「修繕基金」的方法有效，那應用到我們自身，就是當我們在買新房子時，應該要存一筆「修屋基金」在銀行裡，還要逐月提撥直到其金額達到二年生活費用。以備十年、十五年後家裡換磁磚、換廚具、換冷氣所需。這筆「修屋基金」限制做房屋修繕使用，因此水費、電費等日常開支不可以使用，真的沒錢時可以挪借，但事後要記得歸還。這當然不能否認也是財務管理方法的一種，只是在現實生活中我們很少看到，因為絕大部分人只要看自己存簿，衡量自己經常性收支，就可以判斷自己是不是有能力可以修房子、換磁磚、買新廚具。因此特別切割出「修繕」用途進行管理沒有意義。否則，買一部新車是不是該同時設立一筆「修車基金」呢？

　　內政部把「公共基金」窄化成「修繕基金」，為了填補原定義縮水所造成的空白，只好另外創造「管理費」一詞替代補充。因「公共基金」被一分為二，遂不得不分別定義「公共基金」與「管理費」用途以茲區別。

但這麼一搞，問題接踵而來！首先，「規約範本」所列「公共基金」與「管理費」用途，不能含括公寓大廈所有可能發生的支出。那不在「規約範本」「公共基金」與「管理費」所列的支出項目該如何處理？

再者，規約範本教大家『管理費以足敷開支為原則』，卻沒說「管理費」產生結餘時該怎麼辦？如果還放在「管理費」項目下逐日累積，那與「公共基金」有何差別？『足敷開支為原則』這句話又有何意義？

還有，「公寓大廈管理條例」共有八條規定專門規範「公共基金」，卻完全找不到「管理費」這三個字。如果我們採用內政部規約範本的邏輯與建議，亦即「公共基金」應達到相當二年「管理維護費用」金額；那法律為何只對那相當二十四個月「管理維護費用」、只有在公寓大廈成立前幾年收繳、然後放進冰箱鎖起來不用的「公共基金」管東管西，卻對月月年年、天長地久收取運用的「管理維護費用」不聞不問，讓這筆找不到法律依據、「無法可管」的錢，變成公寓大廈財務管理的黑箱子？

內政部公寓大廈規約範本在教導民眾設置「公共基金」這件事上先扭曲掉「公共基金」原意，再叫公寓大廈居民不問目的地存下一堆「死錢」，然後留下一堆麻煩讓民眾自己面對。更糟糕的是，它把「公共基金」變成「修繕基金」，是把原先法律已完備規範的「公共基金」放進冰箱，然後拿出一個依法無據、毫無功能的「管理費」來代替「公共基金」；使主管機關找到行政怠惰的藉口，聲稱法律要主管機關管的是「公共基金」，非管理委員會要求處理的「管理費」，讓「公寓大廈管理條例」「行政機關介入要求公寓大廈區分所有權人履行繳交應繳納之公共基金義務」，的立法用意蕩然無存。

公共基金為什麼會變成
「重大修繕基金」？

　　「公共基金」原意是區分所有權人共有，由管理委員會管理、運用的一筆錢。但目前社會上絕大部分民眾受了內政部規約範本的誤導，以為公共基金係專門針對修繕目的而設置，要經過區分所有權人會議決議才能動用的「一次性」、「專案性」的重大修繕費用。這是對公共基金定義極為嚴重的扭曲誤解。

　　一般人對公共基金有以下三點誤解：

　　一、公共基金專門做修繕使用

　　二、公共基金須經過區分所有權人會議決議動用

　　三、公共基金是放在銀行定存的那筆錢

　　事實上，公共基金用於公寓大廈各項管理、維護與修繕各種用途，「並由管理負責人或管理委員會負責管理」。會產生誤會，主要是因為內政部規約範本誤導所致。

　　除了另創「管理費」一詞，重新替「公共基金」做定義外；規約範本第十三條抄用「公寓大廈管理條例」第十條第二項規定內容：

> 共用部分、約定共用部分之修繕、管理、維護，由<u>管理負責人或</u>管理委員會為之。其費用由公共基金支付或由區分所有權人按其共有之應有部分比例分擔之。」

但卻刻意拿掉其中「、約定共用部分」、「、管理、維護」與「管理負責人或」等文字，成為「共用部分之修繕，由管理委員會為之。其費用由公共基金支付……」自此將「公共基金」的用途從「修繕、

管理、維護」縮限到「修繕」單項，強化了公共基金專門負責修繕，不做其他經常性開支使用的錯誤印象。

公共基金須經過區分所有權人會議決議動用的錯覺，則是因為「公寓大廈管理條例」第十八條關於公共基金的規定：

> 並由管理負責人或管理委員會負責管理，<u>其運用應依區分所有權人會議決議為之。</u>

一般人不察，以為這是針對某一項重大修繕作決議，但它的本義其實是對於社區大樓「經常性」的管理維護項目與管理委員會費用支出權限必須在區分所有權人會議中做出定義或決議。要不然，就會和同條前一句「由管理負責人或管理委員會負責管理」與規約範本裡第十三條：「共用部分之修繕，<u>由管理委員會為之</u>。其費用由公共基金支付……」內容自相矛盾。

誤解源頭也同時來自「公寓大廈管理條例」第十一條規定：

> 共用部分及其相關設施之拆除、重大修繕或改良，應依區分所有權人會議之決議為之。前項費用，由公共基金支付或由區分所有權人按其共有之應有部分比例分擔。

先被簡化為「重大修繕應依區分所有權人會議之決議為之，費用由公共基金支付。」再進一步錯誤解讀為「公共基金專門用來支付經區分所有權人會議決議之重大修繕」。但單從「公寓大廈管理條例」第十條規定內容：「共用部分、約定共用部分之修繕、<u>管理、維護</u>，由管理負責人或管理委員會為之。其費用由公共基金支付或由區分所有權人按其共有之應有部分比例分擔之。」就可以清楚得知：共用部分不管是管理委員會所執行的「修繕」、「管理」、「維護」，或是區分所有權人會議決議的「拆除」、「重大修繕」或「改良」，都可以由公共基金支應。除非遇到特殊狀況，如社區大樓根本未設置公共基金，或公共基金僅做周轉之用、雖有公共基金但不足以支付

全數費用、超出公共基金原本約定的使用範圍，或僅局部區分所有權人受益時，則由全體或部分區分所有權人「按其共有之應有部分比例分擔之」。

因此，「公共基金專門用來支付經區分所有權人會議決議之重大修繕」是個基本認知的嚴重誤會。公寓大廈管理組織支出型態林林種種、包羅萬象，很難用「管理」、「維護」、「修繕」幾個性質來加以含括列舉。譬如某大樓電梯故障，負責半責保養的維護廠商說控制 IC 板壞了，更換需二萬元。如果照內政部規約範本邏輯，把管理組織的錢分成支應管理維護用途的「管理費」與做修繕用途的「公共基金」，那這筆錢該在哪一個名目下支出呢？另外像中庭地面磁磚破掉一塊，管理委員會找泥工花二千塊復原。這到底該算「修繕」？還是算「維護」？

要探討公寓大廈費用支出的分類，第一個要提出來的問題，就是內政部規約範本為什麼要把「管理」和「維護」兩種性質綁在一塊？不把性質看來更相近的「維護」和「修繕」合而為一？（可以解釋「修繕」是為了「維護」建築物設施正常機能而併入「維護」類別）或為何不乾脆讓「管理」、「維護」、「修繕」通通獨立，各自運作？

問題還沒結束！除了「管理」、「維護」、「修繕」外，「公寓大廈管理條例」中還有提到「拆除」、「改良」（如社區大樓加裝監視器）那到底要幾個類別才夠用？就算以上五個類別全都用上，那總幹事因公受傷，管理委員會決定致贈五千元慰問金或管理委員會以社區大樓名義所為之捐款又該從哪一個項目下支出？

當類別選項越多，作業複雜程度與爭議必定也隨之增加。就以加裝監視器為例，它可以說是要加強大樓安全「管理」，也可以說這是要「維護」住戶生活安全，「改良」建築物機能不無道理。如果是舊的監視系統壞了要配合大「修」，那「修繕」也應該列入考慮！工程中如果要拆除舊設備設施，還有「拆除」可供選擇。整個

工程廠商全湊在一起報價管理委員會需要一一拆開還原嗎？多出來的選項未必具有管理上控制意義，反倒可能造成住戶與管理委員會為了某筆費用到底要放在哪一個名目下支出爭個面紅耳赤。其實，「公寓大廈管理條例」完全沒規定「公共基金」必須用在哪些性質支出或是不能用在哪些性質。它的使用限制極其簡單：「依區分所有權人會議決議運用」，替它安上多餘的定義，只會製造更多錯誤與困擾而已！

公共基金運用限制

　　公共基金是一筆屬於全體區分所有權人的錢，主要來自區分所有權人定期繳交，用於（包含但不限於）公寓大廈管理組織行政與總務事務、建築物修繕、設備設施維護、修理、改良、更新等用途。理想程序是大家先決定管理委員會負責處理哪些事物，預估花多少錢，再依公平原則與民主程序決定如何分攤。大家按照約定好的時間繳交，由管理委員會收取後統籌管理運用。

　　區分所有權人與管理委員會之間是一種約定關係，區分所有權人在選任管理委員處理公共事務時，應同時規範其任期內例行性支出總額和單次與累積非例行性支出的上限，以便管理委員會在任期中在被授權的範圍內本諸公益良心，替大家決定該做哪些事、核決各項支出。如果未做此約定，將有如提供一本空白支票，不論管理委員大開大闔三兩下把公共基金消耗殆盡，或是太謹慎什麼錢都不敢花、連雞毛蒜皮小事都要等大家開會同意，對社區大樓而言都不見得是好事。

　　譬如某社區大樓有公共基金累積結餘二百萬，一年經常性收入一百萬元。即可將管理委員會一年任期（假設任期一年）內的例行性支出總額訂為一百萬。這一百萬用以支付公共電費、公共水費、行政作業電話費、文具費、電梯保養費、停車設備保養費、清潔費、管理服務人員的人事費……等等。這些支出周而復始、並且通常會和提供服務的業者訂定合約。一般社區大樓在運作二、三年後，就差不多可以掌握其變動範圍與趨勢。管理委員會以此做為基準量入為出，一年後任期屆滿如果不多不少剛好把一百萬用光，則收（收入一百萬）支（支出一百萬）平衡，公共基金結餘仍舊保持二百萬不變。

　　但公共基金不僅用於各項想的到的例行性支出，還可以因應計畫外的各種臨時狀況。像大門被颱風吹壞需要修理，或對講機用久了發生故障等狀況都無法事先預料，但一但發生卻又不得不及時處理。管理委員會在面臨類似處境時，如果獲得授權核決每單次十萬元，任期內累積三十萬以下的非例行性支出。就可以迅速做出決定替大家解決困擾。

　　但即便如此，管理委員們仍必須透過會議才能夠動用公共基金。為了提高決策效率，社區大樓可以規定主任委員（或常務委員）有權力核決每單次三萬元，任期內累計十萬以下非例行性支出。這樣當緊急狀況發生，就可以不必再經過會議，直接由主任委員做主（或僅需常務委員同意），在其權限內迅速排除問題，回復居民生活的安全便利。

　　因此社區大樓即使接連遭逢事故、或是管理委員特別「勇於任事」、衝勁太強，管理委員會全部能夠核決的非例行性支出總額也不能夠超過三十萬元。如果再加上主任委員（或常務委員）把自己任期內的十萬元額度也全部用完，管理委員會在任期結束時，公共基金至少還能夠保持一百六十萬的結餘（二百萬減三十萬再減十萬）。其間當授權額度用完，或所面臨的狀況必須花的錢超出授權額度時，管理委員會就必須召開區分所有權人會議，由全體區分所有權人一起來做決定。

　　常有人詢問「公寓大廈管理條例」第十一條所提到的「重大修繕」標準為何？內政部規約範本還特別示範如何定義「重大修繕或改良」，提供了「新臺幣十萬元以上」、「逾公共基金之百分之五」與「逾共用部分、約定共用部分之一個月管理維護費用」三種方式讓民眾選擇。凡超過社區大樓所選取其中任何一個條件金額，管理委員會即無權動支，必須召開區分所有權人會議決定。但這個限制很容易破解，因為管理委員會只要把超過授權額度的重大支出拆成幾筆較小金額支出核銷；就可以輕易規避這項規範與區分所有權人的監督，讓這條規定完全失去作用。

　　給予代替眾人處理社區大樓公共事務的管理委員明確的經費運用權限，本是公寓大廈應該把這最基本也不可或缺的權利義務關係，公寓大廈應在規約中明確界定：

一、管理委員會或管理負責人在其任期內或年度內，經常性公共基金支出項目總額。

二、管理委員會或管理負責人在其任期內或年度內非例行性的臨時性公共基金支出，單次金額上限與任期內或年度內支出總額。

三、主任委員（或常務委員）在其任期內或年度內非例行性的臨時性公共基金支出，單次金額上限與任期內或年度內支出總額。

　　即可解決以上問題，能夠真正發揮牽制作用，有效預防公共基金濫用情形的發生。

設置公共基金獨立科目

　　停車位管理費爭議是社區大樓常見的衝突，發生背景通常是停車位與樓上房屋非一對一關係、而且數量比例懸殊。停車位所有人在公寓大廈中居於少數，毫無能力決定管理費標準。可是又覺得樓上住戶所訂定的管理費標準不合理，自己被占便宜，於是拒繳管理費做為抵制。如果停車位可以外賣、允許樓上房屋區分所有權人以外的人持有，往往會雪上加霜、讓二邊立場更難拉近。倘若其中又混合了平面與機械不同車位，將使這個問題益發複雜難解。

　　譬如某社區規定停車位比照樓上房屋按面積繳費，這樣的標準讓停車位所有人大為不滿，認為附近其他大樓停車每個月頂多三、五百塊，自己卻必須付出近千元、甚至更高代價，地下室停車用不到樓上住戶日常生活所需的多項設施，用相同標準要求繳費是在搞多數暴力。

　　也有的停車位即使每個月只收三、五百元，車位所有人卻還是不滿意。認為自己頂多用到部分公共照明，地下室平日又沒人打掃，自己繳的錢平白被「樓上」Ａ去用在別的地方。

　　但所謂「樓上」，特別是沒有停車位的住戶卻通常有另一番截然不同的道理，指出地下室需要每天抽排出汽車所排放出來的廢氣，因此電費不能只算照明。排風設備以後會壞，到時候修理或更新可能還需要花一大筆錢。地下室泡沫灑水設備歸停車的人專用，泡沫原液幾年就得更換一樣所費不貲。鐵捲門馬達總有用壞的一天，到時候難道要樓上的人貼錢來修？還有雇請保全、清潔、行政人員各項支出，明明大家共享共用，為何停車位所有人會認為自己不必分攤？

由於對管理維護項目、長短期預備金、乃至於分攤比例等看法南轅北轍，這樣的衝突不易化解，經常搞得二邊都覺得自己吃虧，並演變成「統獨問題」；即停車位所有人不相信管理委員會，要求脫離公寓大廈自己管理。

有些管理委員會抱著多一事不如少一事的態度，打算從此對停車位這邊的事不聞不問。但公寓大廈法律之所以把二群人綁在一起，就是因為兩者共同擁有與使用某些難以分割的設備設施。就算分開來各收各的錢，仍然無法解決兩邊日後共同義務（如電費或電梯保養費）要如何分攤的問題。反倒是管理組織被一分為二，原來的一套工作拆成兩套分開個別做，地下室這邊還變成無法用法律來解決其內部成員間的問題，（如不繳管理費）結果是公平問題未還沒解決，已經先喪失了管理效率。

不願意放手的管理委員會則會和車位所有人對簿公堂，把這公平不公平的問題留給法院解決。任何一方只要踏上這一步，就已經註定不可能獲得一個二邊都滿意的結果。

其實要解決這個矛盾不難，就是設置一個獨立的停車位專用公共基金科目。管理委員會向車位所有人收取的錢都放進這個獨立科目，停車位特有的支出，也從這個獨立的公共基金科目下支應，以「專款專用」來化解雙方的對立與不信任。

在「專款專用」方式下，雙方可以約定平日由管理委員會使用停車位專用公共基金科目內的錢執行停車位空間例行性的管理維護，超過一定金額或發生約定以外的支出項目時，就必須由停車位所有人所約定好的內部決策機制來做決定。停車位所有人若未能在約定好的時間內做出決策，就由管理委員會代行決定。停車位專用公共基金科目必須保持一定額度，當低於該額度時停車位所有人就必須照約定提高其繳交的管理費，否則管理委員會即可中止各項例行性的管理維護作業。當停車位專用公共基金科目超出實際所需時，停車位所有人也可以按約定好的內部決策機制來予以降低。

這樣的關係其實和一般區分所有權人將公共事務委任管理委員處理類似,這個方式不只可以用於停車場,也可以運用在用途差異懸殊的公寓大廈,像前棟是辦公室後棟是住家,或是四樓以下是商場、以上皆為套房的大樓。只要把規則約定清楚,讓少數那方看得到自己的錢用在哪裡並擁有某種程度的自主權。就可以避免二邊都擔心自己吃虧的情結出現。

公共基金的準備與分攤

　　民國八十四年「公寓大廈管理條例」通過前，社區大樓管理處境極為艱難。當時管理委員會或管理負責人欠缺法律上當事人身分，因此管理基金若遭人盜用或濫用，法律處理過程不但繁複且成效不佳。在此背景下，社區大樓為了維持正常運作；大多設置一筆金額不高的管理基金，用來墊支周轉日常各項管理維護支出使用，並在住戶分攤繳交後歸墊沖回。

　　但集合住宅除了日常管理維護外，另有不定期發生的修繕、更新需要。社區大樓遇此狀況時，管理基金無力負擔，住戶必須另外出資分攤、共同解決問題。但住戶們經常會因為立場、利益迴異，眼光遠近不一，共識不易形成。早年公寓大廈管理又缺乏法律規範，因此往往吵吵鬧鬧、到最後卻一事無成；導致建物功能喪失、居住品質惡化。

　　「公寓大廈管理條例」的通過建立了社區大樓管理的法制化基礎，同時引進建築物「永續使用」精神。即集合住宅為了永續使用並維護其建物與設備、設施正常功能，必須依法建立組織、設置公共基金，以支應日常各項管理、維護、服務費用與日後長期重大修繕、改良所需。

　　自此公共基金不再只是一筆金額固定的周轉金，它開始擴大延伸到針對未來重大修繕、更新預作準備，它隨著社區大樓的修繕、更新需要，周而復始不斷累積、動用。

　　但我們社會尚未沒有跟上時代腳步，一個公寓大廈應該具備多少公共基金，法律既然沒有規定，社區大樓也就放牛吃草、順其自然。常見某些社區大樓居民自豪公共基金超過一、二千萬元，可是

要用在哪裡卻說不出個所以然來。也有些管理委員會抱怨公共基金總是捉襟見拙、什麼事都不能做。公共基金不足會影響公寓大廈的正常修繕、管理、維護。但太多亦會造成資金的閒置、引發運用爭議、甚至於讓不肖之徒覬覦非份。因此社區大樓實有必要探討其公共基金應有額度，並了解為達到這個目標，其成員如何進行公平合理的分攤。

公寓大廈公共支出最理想的分攤方式是區分所有權人依比例原則所繳交的管理費除了支應短期各項例行性管理、維護、服務開支外，同時共同分擔長期重大修繕、更新經費。要達此目標，社區大樓必須先具備「建物及設備維護、修繕、更新計畫」，再按各項目逐一分攤。

譬如一個住宅大樓設定電梯使用三十年後要更新，如果預估三十年後更換電梯的費用需三百六十萬；那三百六十萬除以三十年，每年公共基金必須多累積出十二萬，換算成每個月，就是大樓必須每個月存下一萬，三十年後才有能力更換電梯。

另外像外牆更新，如果大樓希望每二十年做一次外牆更新，每次耗資四百八十萬，四百八十萬除以二十年，再除以十二個月。公共基金每個月要存下二萬元，到時候才拿得出這筆工程款。

公共基金概念非常簡單，就好比個人或家庭不能每個月把薪水全部花光，而必須有點存款積蓄以備日後不時之需。譬如某人新購置電視一台，使用壽命預估十年。十年後再買另一台電視需五萬元，如果不想等到那時落得沒有電視看，就得未雨綢繆，在十年後電視壽終正寢、或故障時再也找不到零件修理前，先攢出這筆錢來。

因此公共基金該準備多少，要看社區大樓公共事務總共有多少管理、維護、服務項目，加總各項平日例行性支出後，再加上日後重大修繕、更新準備。例如某社區每月例行性支出三十萬元，為預防平日各種臨時狀況另保留三十萬元作為準備。如果三十年後計畫

更新電梯，經費預估三百六十萬，屆時就必須累積公共基金四百二十萬（三十萬元加三十萬元再加三百六十萬），才能支應當月例行性支出三十萬元、電梯更新經費三百六十萬後，還能留下預備金三十萬元。

公共基金該準備多少的問題解決了，接著就可以研究這些錢應如何分攤。

假設該大樓共十一層，每層面積一千平方公尺，總計樓地板面積一萬一千平方公尺，並以權狀面積比例分攤外牆更新費用，則每個月二萬元除以一萬一千平方公尺，即可得出每一平方公尺每個月應分擔的外牆更新一點八元。

同樣方式可以推算，每三十年一次的電梯更新排除一樓區分所有權人分攤，則二樓以上樓地板面積總共一萬平方公尺，每個月一萬元除以一萬平方公尺，二樓以上每平方公尺每個月就必須分擔電梯更新費用一元。

其他像發電機更新、頂樓漏水修繕等支出也皆可循此模式，推算出每平方公尺、或每一戶每個月管理費中所應分擔的金額。

除了以上各項重大修繕、更新項目，社區大樓還有些較短周期的維護更新項目，像消防泡沫原液、滅火器，發電機電瓶、機油每幾年必須更換。中庭花圃園藝每隔一段時間必須加以重新整理，還有些更短周期的作業像每半年洗一次水塔、三個月做一次環境除蟲消毒，這些都可以推估其費用並換算成每個月的分攤金額。

當所有周期性超過一個月以上的管理、維護、服務、修繕、改良作業成本都推算出來，並約定好分攤方式後，最後還要再加入公寓大廈每個月重覆發生的例行性支出，如公共水費、公共電費、電話費、文件費、清潔費、電梯保養維護費、人事費等等。所有項目金額與分攤方式逐一列示出來，最後再進行加總，就可以獲知每戶管理費該繳多少錢。

管理費該繳多少錢應該是這麼算出來的！而不是建商說每坪八十元，或是附近大樓的行情多少多少！

社區大樓應在建物設計完成之際，即應由起造人擬訂「建物及設備維護、修繕、更新計畫」，詳列所有設備，設施的維護、修繕、更新周期與預估經費，並推算公共基金需求並提供分攤方式建議。讓消費者購屋前清楚得知日後經常性負擔作為購屋決策依據。類似作法先進國家早已立法規範，值得我們參考效法。

實務運作上，「建物及設備維護、修繕、更新計畫」與社區大樓實際狀況會有出入。所謂「計畫趕不上變化」，光是物價波動就難以確實掌握，更不用說共用設備、設施可能因為長時間各種人為、自然因素發生提早損壞、故障狀況，因此，社區大樓應該每隔幾年重新檢討修正其「建物及設備維護、修繕、更新計畫」，調整公共基金分攤方式以符合未來實際需求。

簡單、清楚、安全的公共基金管理

公共基金是一筆屬於社區大樓全體區分所有權人共有的錢，交由管理委員會或管理負責人管理運用。因此管理委員會或管理負責人必須定期公布公共基金的收取與使用狀況（「公寓大廈管理條例」第二十條），且不得拒絕利害關係人閱覽或影印相關資料的請求（「公寓大廈管理條例」第三十五條）。

但許多公寓大廈居民反應根本看不懂管理委員會所公布的財務報表，也完全無從理解社區大樓財務作業方式。這是因為財務委員或會計誤用企業所使用的權責發生制會計方法，製作一般人看不懂的資產負債表和損益表。

公寓大廈的會計作業不像一般營利事業必須與稅務接軌、也沒有資產攤提折舊、股東權益等問題。應使用大部份非營利性組織所採用的現金收付制會計方法（或稱現金基礎制會計方法），簡單、一目了然，又足以充份呈現公寓大廈的真正收支狀況。

現金收付制會計方法這個名詞一般人不熟，但只要提起流水帳就會清楚怎麼回事。它的原則是收益於收入現金時或費用於付出現金時才入帳處理。這是一般人從國中處理班費就在開始使用的方法，他的特色是簡單，報表人人會做、大家看得懂，目前社會約有半數社區大樓採用。

使用現金收付制會計方法可將公寓大廈財務報表揭露項目精簡為：

（1）前期公共基金的結餘

（2）本期公共基金的收入

（3）本期公共基金的支出（按支出項目列示）

（4）本期公共基金的結餘（1）＋（2）－（3）

（5）本期公共基金的結餘形態（現金、銀行活存、銀行定存、零用金）

　　此外再配合製作「管理費未繳明細表」，社區大樓成員就可以了解公共基金結餘狀況與還有多少逾期未收到的管理費。

　　如果管理委員會每個月月底將當月應付的費用全部結清，當月就沒有應付帳款，亦無另行揭露必要，財務報表上公共基金數字就是社區大樓的真實結餘。

　　除了使用現金收付制會計方法，社區大樓另可參考以下原則，讓公共基金管理變得簡單、清楚、安全。

一、收支經過銀行並分開處理

　　有些規模不大的社區大樓，主任委員或財務委員自己收管理費。收到錢後碰到廠商請款，就直接把收到的現金付給廠商，剩下的存進銀行，心想等到有空再補行記帳，但隔一段時間再處理時卻怎麼也想不起來銀行存款中那筆錢到底是怎麼一回事。笨方法有時是好方法，管理委員會如果把所有收到的管理費全部存進銀行，要動支時再從銀行提領，就可以避免這種收入和支出都混在一起可能帶來的困擾。某些鄰近銀行的大樓，管理委員會直接填寫或是印製註記著住戶代號、月份代號和管理費金額的銀行存款單，交給住戶直接到銀行繳交；住戶繳款後可憑存根或銀行所開立的憑證作為收據。管理委員會到銀行補摺印出註記著住戶房屋與月份代號的繳費紀錄。每月支付廠商費用則逐筆提領並要求銀行在存簿中打印支出流水編號，這麼做由於每一筆收入和支出都透過銀行且做清楚註記。就算原始憑證遺失，管理委員會只要憑存簿或另請銀行列印收支紀錄，就可以立即還原掌握原始真實的收支狀況。

二、使用流水編號

　　原始憑證的製作與保管是財務管理作業的基礎，但許多社區大樓在建立與保管原始憑證過程中，忽略採用流水編號進行控管。以致經常發生原始憑證不連號或重複編號情形，不但憑證容易遺失，還會增加作業複雜度與出錯機率。管理委員會要做好帳務管理，首先應養成善用流水編號的作業習慣。

　　良好公共基金管理是社區大樓建立互信關係的基石，許多社區大樓管理委員會在公佈財務報表時一併張貼銀行存摺影本供住戶核對。並且一直保留在公佈欄直到下一個月份新的財務報表產生、管理委員簽認後才做更換，讓住戶任何時間都看得到財務報表。此外，隨時整理各項財務原始憑證。遇住戶要求查對立刻提供閱覽及影印等措施皆有助於公共基金管理變得公開、透明、並且更安全。

如果法律到此為止

二個小孩發生衝突打成一團，被老師發現趕快拉開，問他們為什麼打架？二人都說是因為對方先動手，自己迫不得已才出手還擊。老師為了避免雙方繼續互相傷害，於是規定誰再動手，老師就要給予嚴厲處罰。

有了師長權威的介入與保護，二個小孩可能下一節下課又嘻嘻哈哈玩在一起。反之如果老師袖手旁觀，推說這事歸訓導主任管，二個小朋友間的衝突怨恨就很可能繼續擴大升高。

公共基金是隨著社區大樓大型化、複雜化發展趨勢下為提高管理效率的必然產物，但大部分的社區大樓居民搞不清楚或刻意忽略管理委員會收取管理費，是「代收代付」各項管理維護修繕費用的服務性質，不是日常交易對價關係。所以當公寓大廈發生住戶私人利益與公共利益衝突、或是管理方式不合己意時，常以拒繳管理費做為抵制要脅，引發以下效應：

一、不繳管理費使其他住戶感到不公平。

二、當管理委員會把精力放在與拒繳管理費住戶的談判周旋時，將排擠其處理其他公共事務的時間或造成額外的壓力與負擔。

三、有人不繳管理費而管理委員會卻無力制止制裁，可能使其他住戶感到挫折進而對管理委員會產生不滿，嚴重時還有可能發生群起效尤的連鎖反應。

四、當管理委員會與住戶關係惡化，會讓看清楚這種情勢的住戶退避三舍，將出任管理委員、甚至於參與會議視為畏途，形成惡性循環，讓社區大樓公共事務運作處境更加艱困。

五、當管理委員會使用不當方法（如將通行卡消磁）制裁不繳管理費住戶時，容易引發更多的衝突怨恨，破壞互信關係、進而提高處理公共事務的內部交易成本。

六、當內部交易成本提高至某種程度時，交易會中止、不作為或無法作為逐漸成為常態，於是公共事務陷入癱瘓，防災功能逐一喪失，更進一步形成社會公共安全問題。

不繳管理費是社區大樓惡性循環的開始，但因為這是對抗管理組織最簡單好用的方法，因此廣為社區大樓住戶採用。這樣的做法或許能逞一己短期私利，卻會對公寓大廈管理組織發展與公平正義精神造成嚴重持久的傷害。在「公寓大廈管理條例」實施後，社區大樓區分所有權人和住戶皆可依法行使法律所賦予之權利參與管理運作並進行監督，因此實有必要透過行政機關公權力介入，制止這種損人不利己的行為。

「公寓大廈管理條例」最重要的意義，就是界定當社區大樓成立公寓大廈管理組織，並經過區分所有權人會議決議公共基金繳納方式後。區分所有權人再以任何藉口拒繳時，主管機關即可依「公寓大廈管理條例」第四十九條第六款規定處以四萬元以上、二十萬元以下罰鍰，並可連續處罰做為嚇阻。如此不僅能幫助社區大樓解決問題，更可以減輕法院負擔，誠然是維護公平正義、提高社會效率的良方。

但立法十幾年後，社會民眾依舊不知道遇到住戶不繳管理費該怎麼辦？大樓管理委員會用註銷通行磁卡、限制使用電梯等法律邊緣方式對付不繳管理費住戶的現象屢見不鮮。民眾問政府這種情況如何對應，主管機關就叫管理委員會自己上法院打官司。整個社會似乎忘記「公寓大廈管理條例」這條規定的存在，住戶不繳管理費的解決方法只有「得依「公寓大廈管理條例」第二十一條規定處理」。

「公寓大廈管理條例」第二十一條規定：

> 區分所有權人或住戶積欠應繳納之公共基金或應分擔或其他應負擔之費用已逾二期或達相當金額，經定相當期間催告

> 仍不給付者，管理負責人或管理委員會得訴請法院命其給付
> 應繳之金額及遲延利息。

這是法律給予公寓大廈管理組織最基本的保障，因為經過訴訟判決確認區分所有權人或住戶所要繳交的公共基金、應分擔或其他應負擔之費用、甚至於遲延利息，都是當事人本來就應該繳交或負擔的錢，因此對被告而言，就算輸了官司自己也損失有限。可是對於管理委員會乃至其他公寓大廈成員而言，訴訟過程中的時間、精神、情緒、交通等成本卻都是住戶拒繳管理費或其他應負擔之費用行為所帶來的額外負擔。這些成本誰該負擔？誰願意負擔？如果社區大樓是依法成立的公寓大廈管理組織、曾經在區分所有權人會議經多數人同意通過管理費繳納方式，可是碰到區分所有權人不願意繳這個錢，社區大樓卻還要再運用公共資源、透過訴訟才能從拒絕配合住戶那裡拿到原本就應該負擔的錢，這關係合理嗎？

公寓大廈處境的困難即在於其大部分交易關係發生於組織內部，可是社區大樓卻既無法選擇自己的成員，也不能拒絕和其成員進行交易。如果法律規定只到這裡，或社區大樓管理委員會只知道用這條規定來追討管理費；那代表在社區大樓中任何人居心不良，只追求個人利益不顧公共利益，就可以不繳管理費來懲罰其他人。反正這樣的行為法律不制裁、後續對應這種行為的處理成本也不用自己負擔。在公寓大廈管理關係中，任何成員本來就都能夠使管理組織內部交易成本無限制地向上提高，這種成事不足、敗事有餘，一人使壞、全體遭殃的特性，是社區大樓管理長期共同的困擾，也是許多公寓大廈始終無法建立良好管理的主要原因。法律的目的既是在降低社會交易成本，當然必須對此有所因應。

「公寓大廈管理條例」第四十九條第六款規定意義即在於維護社會公共利益、保障管理組織的順利運作，因此設計以行政處罰方式嚇阻積欠管理費的行為。但卻有人反對，理由之一是「主管機關怎麼知道管理委員會平常有依法行事？如果管理委員會的運作不

正常,那政府豈不是在幫忙加害住戶?」但這個說法忽略法律並沒有規定管理委員會必須依法行事,區分所有權人才有繳交管理費的義務。在立法規定政府公權力介入後,公寓大廈管理委員會未依法運作或有措施失當,利害關係人自有「公寓大廈管理條例」所規範的各種救濟方法維護自身權益或讓管理運作回復正軌,不該再用昔日拒繳管理費方式來對抗、要脅、破壞公平正義、增加管理組織內部交易成本。把這二個關係綁在一起然後主張主管機關不該介入,是忽視公寓大廈管理已進入法治時代、以及還沒搞清楚政府所扮演防止雙方相互傷害執法者角色的重要性。

反對理由之二是「主管機關怎麼能夠判斷管理委員會要求區分所有權人繳交的管理費標準公平合理?」但法律也沒有規定管理費繳交標準一定要公平合理,主管機關才可以介入。法律只要求二個要件,一是依法成立的公寓大廈管理組織,二是經區分所有權人會議決議通過。「公平合理」是社區大樓管理所追求、但也極難達成的目標,公寓大廈就是因為其成員立場、意見多元、「公平合理」的標準難以認定,才需要藉由民主方式用會議來解決問題。固然社區大樓可能出現多數暴力,但受害者仍可透過訴訟做救濟回復其權利。用此例外來做主管機關不執法、不作為的藉口實為因噎廢食、本末倒置。

反對理由之三是「『公寓大廈管理條例』第二十二條已有強制遷離規定,對於不繳管理費行為可發揮相當之嚇阻作用。」但該條規定前提是須有曾經強制執行紀錄,積欠金額須達其區分所有權總價百分之一以上,而且須經區分所有權人會議決議通過強制遷離,方可聲請法院強制執行。這樣的規定對有心規避的人而言漏洞太多太大,社區大樓想靠這規定得到的公平正義也太遠太遲。

反對理由之四是「應繳納之公共基金金額不一,有的社區住戶一個月僅需繳交數百元,有些大樓或廠辦一個月卻高達數十萬,但罰鍰同樣是四萬元以上,二十萬以下,不合乎比例原則!」或「有

些人積欠管理費不過數千元,可是主管機關只要一開罰就最少四萬元,處罰這麼重太不合理!」這樣的質疑或許有值得深入探討的必要,如果找得到更合乎比例原則的標準,亦可提出修法,但用行政罰鍰嚇阻積欠管理費行為原本就是法律加強公寓大廈管理維護,提升居住品質的必要手段。執法者若用對裁罰標準可能不合乎比例原則做理由逕行否定、漠視、凍結法律規定,不但自己同樣違反比例原則,更是裁量濫用、帶頭違法。

第五種反對說法是社區大樓可以在規約中把管理費延遲利息訂為遠超出一般銀行的百分之十或百分之十五,甚至於到法律所規定的利率上限百分之二十以做為對積欠管理費行為的懲罰。但這種懲罰是否真能發揮嚇阻作用仍有待驗證,這樣的標準最後是否會被法院接受採用亦沒有人能打包票。原因在於第二十一條替公寓大廈追討住戶應繳交的管理費與延遲利息規定作用在於追求兩造間公平合理的關係,並不是要嚇阻積欠管理費的行為。公寓大廈管理放著第四十九條第六款規定對於積欠管理費行為進行嚇阻懲罰規定不用。卻在延遲利率上做文章,不但捨近求遠、同時成效有限。

在「公寓大廈管理條例」通過前,管理委員會碰到區分所有權人不繳管理費,除了上法院外別無他途。當時即使沒有明確的法律依據;管理委員會還是可以主張無因管理或不當得利來維護社區大樓內部最基本的公平正義。但大部分社區大樓嫌打官司既麻煩又傷感情,更不合乎經濟效益。寧可息事寧人,放任公平原則受到踐踏。但公共事務最基本的公平原則一旦遭到破壞,就像打開潘朵拉的盒子,極可能發生連鎖反應,造成惡性循環。

「公寓大廈管理條例」最核心的意義就在於政府的介入原本可以終止這樣的惡性循環,只是這部法律實施超過十年,民眾卻渾然不知有這樣的規定,仍然必須自創私刑解決問題;行政機關反覆強調自己不該介入的理由、鼓勵大家上法院解決自己的「私權問題」,這背後到底怎麼回事就值得好好研究了!

民法第 172 條：

> 未受委任，並無義務，而為他人管理事務者，其管理依
> 本人明示或可得推知之意思，以有利於本人之方法為之。

民法第 176 條：

> 管理事務利於本人，並不違反本人明示或可得推知之意
> 思者，管理人為本人支出必要或有益之費用，或負擔債
> 務，或受損害時，得請求本人償還其費用及支出時起之
> 利息，或清償其所負擔之債務，或賠償其損害。

無因管理是指，在他人沒有委任或法律沒有規定的情形下，幫
他人管理事務（如帶他人的家屬去看病），就所花費的費用或所
遭受的損失，可向他人請求，但以管理的事務是對他人有利且
不違反他人知道或可能知道的情形。

民法第 179 條：

> 無法律上之原因而受利益，致他人受損害者，應返還其
> 利益。雖有法律上之原因，而其後已不存在者，亦同。］

不當得利是指一方沒有法律上原因（或本來有法律上原因，後
來不存在），卻享受利益（好處──物品、金錢或其他），卻導
致原享有利益（好處）的人受到損害，享受利益（好處）的一
方應將利益（好處）返還給原享有利益（好處）的人。

規約

停止訂定無效的規約

　　「公寓大廈管理條例」在民國八十四年六月通過後，內政部在八十五年五月公佈公寓大廈規約範本，作為集合住宅民眾訂定規約的參考，並於九十二年、九十四年、九十五年三次略作修正。多年下來，台灣絕大部分依法成立管理組織的公寓大廈都按照內政部的規約範本內容訂定規約。然而令人惋惜的是，這些依照政府提供範例所訂定出來的規約缺乏有效的制約機能，對公寓大廈管理幾乎不具任何實質助益。

　　根據「公寓大廈管理條例」的定義，規約是公寓大廈區分所有權人，也就是屋主，為增進共同利益，確保良好生活環境，經區分所有權人會議決議所訂出來的「共同遵守事項」，內容包括管理組織運作規範與住戶行為限制。

　　而所謂範本，其內容應該是要讓使用者可以直接沿襲並能實際應用在公寓大廈管理事務上的規範條文。如果範本當中字句意義需要特別解釋或進一步說明應用的狀況，就應該使用不同的文字格式，並標註「說明」或「附註」以便和正式規約上所應載明的文字內容加以區隔，或乾脆另外編製獨立的「如何訂定公寓大廈規約」、「訂定公寓大廈規約注意事項」等專章甚至專冊，以避免讀者使用時發生混淆。

　　內政部所頒佈的規約範本，卻把規約中應該要有的「規定條文」和不應出現在規約條文中的「解釋說明」全部混在一起。民眾不明究理，拿到規約範本後依樣畫葫蘆，結果訂定出來的全是些內容空洞、不知所云的奇怪「遵守事項」。

　　以內政部規約範本第二條第一款第三目為例，其內容如下：

約定專用部分：公寓大廈共用部分經約定供特定區分所有權
人使用者，使用者名冊由管理委員會造冊保存。

這段文字是把「公寓大廈管理條例」裡頭「約定專用部分」定
義拿來向讀者說明什麼叫做「約定專用部分」。講清楚一點，就是當
公寓大廈有一位或某些區分所有權人提出要求，請其他區分所有權
人同意將屬於全體屋主所共有共用的一塊區域劃設給自己做排他性
的使用。一旦協議成功，這種從原本公用性質轉變成個人專用性質的
區域就叫做「約定專用部分」。公寓大廈若存在這樣的約定，管理委
員會就應該把這些「約定專用部分」使用人的姓名記錄下來造冊保存。

只要稍加留意，其實不難察覺這段話擺在規約裡面毫無意義；
它不過是把法律中的名詞定義拿來敘述或是再定義一遍，既未對約
定專用部分內容做任何陳述，自然也無法對設定約定專用關係的雙
方提供任何保障。公寓大廈如果經過法定程序設定了約定專用部
分，正確的做法應該是在規約中增加類似下面內容的記載：

約定專用部分：

本公寓大廈中庭（三十）號(一)樓前面積（三十）平方公尺
空地約定供（三十）號(一)樓區分所有權人專用，其位置及
範圍標示於本規約附件(二)：約定專用部分位置界線標示圖。

如果公寓大廈的約定專用關係不只一樁，用表格來記錄會更清
楚，於是規約中就可以這麼寫：

約定專用部分：

本公寓大廈約定專用部分詳載於本規約附件二：約定專用記
錄表與位置界線標示圖。

　　以這種方式來記載約定專用關係可以減少規約本文的內容，讓規約內容更「系統化」、方便日後查詢。

　　如果公寓大廈不存在這樣的約定，規約裡就不需要去做任何關於約定專用事項的記錄。

　　只不過百分之九十以上的規約範本使用人可想不到這許多。反正規約範本上怎麼寫，自己就跟著怎麼抄；不管自己社區大樓有沒有設定「約定專用部分」，不分青紅皂白就列上了這一段「約定專用部分：公寓大廈共用部分經約定供特定區分所有權人使用者，使用者名冊由管理委員會造冊保存。」渾然不知這樣訂定出來的規約條文全是在「敘述」約定專用部分的「定義」，而非「記錄」約定專用部分的「內容」。最後造成該要明確規範的約定專用關係沒有明文規範出來，沒有設定約定專用部分的公寓大廈規約上卻又通通多出了這一句看不出任何實際作用的奇怪「遵守事項」。

　　再深入探討，還會發現內政部規約範本上這短短四十四個字還存在著更大的問題；就是「公寓大廈管理條例」明文規定著：「約定專用部分之範圍及使用主體」，「非經載明於規約者不生效力」。用白話來講，就是假使公寓大廈設定了「約定專用部分」，但是規約裡面卻沒有對約定專用的位置、界線以及由哪一戶的哪一個人來使用的規定事實加以記載，這樣的約定專用關係不具法律效力。

　　真令人啼笑皆非！法律強制規定民眾一定要把約定專用部分的範圍、界線、使用主體等內容載明於規約，內政部卻教導民眾只要在規約裡寫上「約定專用部分」的法律定義，然後由管理委員會造冊保管就算大功告成。真不知道是自己打自己嘴巴，還是鼓勵民眾訂定些沒有法律效力的約定專用協議？

　　錯誤如果只發生一次那也就罷了！偏偏緊接在後、同一條第四款條文卻又再一次教導民眾參考規約範本附件二那份停車空間約定專用契約範本，內容是依據區分所有權人會議決議、然後由管理委員會與使用人雙方訂定個使用契約書，就可以把停車空間設定成

約定專用部分。這無異是又一次自打耳光，帶頭領導民眾違反法律規定。讓相信政府、沿用政府規約範本的民眾通通白忙一場。

回過頭來看規約範本中第二條第一款第四目的內容（約定共用部分：公寓大廈專有部分經約定供共同使用者。），用相同的手法搬出「公寓大廈管理條例」的定義來說明什麼叫做「約定共用部分」。只是如果公寓大廈果真有專有部分經過約定變成讓全體區分所有權人或住戶共同使用的情形，具有判斷能力、不逐字照抄的民眾還是不會知道該如何把規約範本中這段「說明敘述」轉變成可以實際運用在真正規約中的「條文字句」。

類似這樣牛頭不對馬嘴的錯誤充斥在整個規約範本之間。就像第五條規範管理委員人數時，教導民眾規約中要列出公寓大廈所設定主任委員、副主任委員、財務委員及管理委員幾名幾名示範文句之後，突然又畫蛇添足來上一段說明性質的文句：

> 前項委員名額，合計最多為二十一名，並得置候補委員○○名。委員名額之分配，得以分層、分棟等分區方式劃分。並於選舉前十五日由召集人公告分區範圍及分配名額。

這段敘述是在告訴大家：你們要設置多少委員自己決定就好，但不要超過二十一名。你們高興的話，選些候補委員擺著備用也不要緊。如果希望選出來的人具有代表性，可以試試每一層樓或是每幾層樓選出一個委員的方式，此外按照一棟一棟或每隔幾棟來分配委員名額也不失為好辦法。最後提到召集人要在選舉十天前公告如何分區以及各分區所分配委員的人數。

這顯然又是一段說明敘述，目的是要提醒民眾：「管理委員人數別訂得太多！」暗示人多嘴雜開會很沒效率，最好別自討苦吃！另外針對管理委員有賣掉房子、喪失資格的可能，建議選些候補委員就不必擔心人數不足的狀況發生。還有用分層、分棟來設定管理委員名額可以避免因代表性不足所造成管理委員意見或立場的偏

頗失真。這些都是值得採用的好方法，公寓大廈區分所有權人如果覺得這些建議不錯，就可以把這些規定放進規約。只是真正要放的還是經過區分所有權人仔細研商並經過正式會議通過的管理委員人數、設置候補委員時，候補委員的確定人數、還有詳細的選舉方法等等，而絕不是這一段「這樣也可以、那樣也不錯」的模糊敘述。

公寓大廈規約應該把管理委員的選任方式、解任方式、管理委員的權限、人數、會議召集方式等都清清楚楚、明明白白的寫出來，否則還極容易造成誤會，讓民眾誤以為樓棟等分區方式及各區管理委員名額是要交給大權獨攬的召集人隨自己高興任意做決定。

規約的目的在規範管理組織運作的方式與在限制公寓大廈住戶的行為。像這樣老是突然在各種規範限制條文中跑出來建議一下使用人你可以如何如何的建議性文字敘述，實在叫人想不透這樣的內容放進規約裡，到底能規範什麼？到底要限制些什麼？

在隔不到幾行的地方，相同的錯誤在第七條又再度發生。規約範本第七條是要教導民眾如何制定管理委員的選任方式，還好心提醒公寓大廈居民可以在後頭列出的兩種建議方式當中選擇自己適用的那一種。

　※ 委員名額未按分區分配名額時，採記名單記法選舉，並以獲出席區分所有權人及其區分所有權比例多者為當選。

　※ 委員名額按分區分配名額時，採無記名單記法選舉，並以獲該分區區分所有權人較多者為當選。

這段文字是要呼應前述第五條的好心建議，就是如果公寓大廈在第五條的選任規定中沒有特別分配不同樓層或不同樓棟的管理委員名額，就可以參考第七條前面這一種方式來選舉委員。相反的，如果有按樓層或樓棟名額分配的規定，那不妨考慮後面這一種方式來訂定選舉辦法。只是絕大部分的公寓大廈居民訂規約的時候都是囫圇吞棗，真等到要選舉管理委員，找出規約來看時，總要金

剛摸不著丈二地納悶當初訂下的規定怎麼會是這也可以、那也沒關係的「遵守事項」？

好笑的是，政府渾然不察自己創造了一個全國性的大烏龍，多年下來，不計其數的集合住宅按照那份漏洞百出的規約範本內容訂出了一堆看起來怪怪的，使用上幾乎毫不管用的管理規定，這些錯誤能歸罪於民眾的國文程度不好嗎？還是要怪國民的邏輯訓練不夠，竟然連規約範本上條文例句與解釋說明文字的不同都看不出來？

照著內政部規約範本逐字抄錄的民眾又哪裡會曉得自己搞了個大飛機？當初從政府那兒取得的那本小冊子既然封面印著「公寓大廈規約範本」；照抄，就算錯，也不應該太離譜。哪裡知道那本叫做規約範本的小冊子，其實既不是真的「規約範本」，也不是「訂定規約注意事項」，而是把兩種不該同時出現的內容？全攪和在一起的大雜燴。每當發生疑問爭議要到規約裡找答案時，才知道自己的規約其實該明確規範的事情都沒規範出來。不必定義、不該敘述的，倒是寫了一大堆。平心而論，任何叫做範本的東西所帶給讀者的認知都是「照著我做就沒錯！」，如果大多數使用人跟著範本做出來的東西不正確；那絕對是範本、而不是讀者，犯了邏輯或表達方式的嚴重錯誤！

規約範本的問題還不僅於此。如果從內容分析，內政部所頒布的規約範本實在只能用乏善可陳四個字來形容。

公寓大廈規約內容大致可以分為二個部分，分別是管理組織的運作規範與住戶行為的限制。這兩個部分其實在「公寓大廈管理條例」當中就已經有相當多的規定加以制約，任何符合公寓大廈定義的集合住宅只要依法成立管理組織便可以完全適用這些規定。然而內政部規約範本卻大量摘錄這些「公寓大廈管理條例」已經有的內容，當公寓大廈居民又再跟著規約範本把這些內容放進自己規約裡頭時，除了勉強解釋可以幫助民眾了解「公寓大廈管理條例」部份內容外，實在不知道要發揮些什麼管理上的實質功能！

　　規約是法律外的第二層保障，目的是要延伸法律的不足，滿足社區大樓的個別需要。政府如果要公寓大廈居民或管理組織遵守某些規定，只要把這些規定放進法律或是施行細則，人民就必須遵守。實在不必大費周章再教民眾在規約中重複訂定與法令相同的內容。如果政府希望民眾多多了解「公寓大廈管理條例」的內容，那所應該做的事情是加強法令宣導，而不是把大量法律規定塞進規約範本；這麼做非但對公寓大廈的管理沒有幫助，反而排擠掉規約裡真正應該要具備的內容。

　　遺憾的是，內政部提供國人參考的規約範本，如果拿掉其中「如何訂定規約」的說明文字與「公寓大廈管理條例」內容雷同的規定；所剩下來的內容可就真的寥寥無幾了，而且還錯誤百出！錯的離譜！

規約的重要

　　「規約」在「公寓大廈管理條例」中總共出現三十八次，在全部六十三條規定當中有二十四條內容提到，但卻完全沒有得到其應有的重視。

　　早在「公寓大廈管理條例」立法前，社區大樓居民就知道要訂定管理組織的運作規則，以及住戶為不妨礙其他人生活所必需遵守的規定。當時這些規定被稱為某某大樓管理組織章程、某某管理委員會組織章程、生活公約、住戶公約、管理公約等等，這些命名習慣一直沿用至今，即使「規約」早已成為法律名詞，但大家仍喜歡在「規約」前冠上「住戶」、「管理」、「生活」等字眼，好像少了這幾個形容詞就難以表現這套管理社區大樓內部事務規則的完整功能。

　　在立法前，社區大樓被歸類為非營利性管理組織，但由於地位不明與缺乏明確法律標準，當時社區大樓無論被稱為組織章程、生活公約、住戶公約或管理公約的內部規則，都有和法律無法完整接軌、訂了等於沒訂的困擾。這個問題一直到「公寓大廈管理條例」通過，確立出公寓大廈管理組織運作規定並賦予管理委員會或管理負責人法律上當事人身份後才告解決。

　　因此「公寓大廈管理條例」最重要的功能，就是讓原本社區大樓內部規則與法律銜接，讓居民間相互關係發生法律效力。其精神是社區大樓居民自行訂定彼此之間受到法律制約的權利義務關係以及管理組織的運作規則。對於社區大樓管理運作機制而言，規約是法律以外的第二層保障；其功能在延伸法律的不足，滿足公寓大廈的個別需要。

規約的重要，在於替社區大樓訂定規則、建立制度，預先解決未來可能發生的問題。譬如大部分區分所有權人沒空參加開會，反覆召開就是湊不足法定人數。雖然「公寓大廈管理條例」在九十二年修法多開一道五分之一假決議後門，但許多社區卻連這個低門檻都跨不過。類似這樣的情形若在規約中加入降低出席人數與比例規定就能予以解決。如果不做此準備，這個問題將可能在未來替社區大樓管理運作帶來極大的困擾。

另外像參加區分所有權人會議時，有些非區分所有權人的住戶（如配偶或親人）想跟著一塊進場旁聽，可不可以？誰說了算？這規則如果在規約中先約定清楚，無論是可以或是不可以，大家日後都不必再爭執。

還有像沒人願意擔任管理委員會的問題也很普遍，常演變成社區大樓管理開天窗的憲政危機。如果在規約中先規定好當這種狀況發生時的處置方法，不論輪流或抽籤，都可以依公平原則順利解決問題。反之若未在社區大樓成立伊始做好約定，等立場、利益衝突對立形成再來溝通協調或想辦法訂定規則都將為時太晚。

因此訂定完整有效、能夠預防、解決社區大樓潛在問題的規約實為公寓大廈管理極其重要之一環，本書所介紹各種解決社區大樓管理問題的方法，幾乎都需要在規約中予以對應配合。

民國八十四年通過的「公寓大廈管理條例」中，規約是公寓大廈管理組織的成立要件。當時第二十六條規定：

> 公寓大廈建築物所有權登記之區分所有權人達三分之二以上及其區分所有權比例合計三分之二以上時，起造人應於六個月內召集區分所有權人召開區分所有權人會議訂定規約，並向地方主管機關報備。

施行細則規定：

管理委員會之委員之選任、解任、權限與其人數……未經載
明於規約者不生效力。

所以當時社區大樓如果只選任管理委員而未訂定規約，主管機關會
拒絕受理報備。因為社區大樓若沒有產生管理委員的法律依據，主
管機關何以確認管理委員會合法身分？這個道理淺顯易懂，一般民
眾亦都能接受。

規約既然關係公寓大廈管理組織的成立與內部成員間權力義
務關係，違反規約情節重大者甚至可能遭強制驅離或強制出讓。它
的訂定與修改自應異常謹慎嚴格，因此民國八十四年的「公寓大廈
管理條例」第三十一條規定，規約的訂定與修改「應有區分所有權
人三分之二以上及區分所有權比例合計三分之二以上出席，以出席
人數四分之三以上及其區分所有權比例占出席人數區分所有權四
分之三以上之同意行之。」適用相同絕對多數標準的重大事項還有
「公寓大廈之重大修繕或改良。」、「公寓大廈有第十三條第二款或
第三款情形之一須重建者。」、「住戶之強制遷離或區分所有權之強
制出讓。」、「約定專用或約定共用事項。」規約的重要與處理的慎
重由此得見一斑。

令人驚訝地是民國九十二年修法時，修法者竟然把規約從公寓
大廈管理組織成立要件規定中刪除，原二十六條變成二十八條，內
容拿掉「訂定規約」四個字變成「公寓大廈建築物所有權登記之區
分所有權人達半數以上及其區分所有權比例合計半數以上時，起造
人應於三個月內召集區分所有權人召開區分所有權人會議，成立管
理委員會或推選管理負責人，並向直轄市、縣（市）主管機關報備。」
並配合將原施行細則非經載明規約不生效力的規定放入條例第二
十三條，但刪除其中「管理委員會之委員之選任、解任、權限與其
人數……未經載明於規約者不生效力。」內容。此外原來「公寓大
廈管理條例」第三十一條制定與修改規約須經絕對多數標準同意的

規定也被刪除。自此新成立的社區大樓不必再訂定規約,起造人召集區分所有權人會議只要選出管理委員,就可以向主管機關報備。

公寓大廈管理立法的重要影響在於落實建築物永續使用精神,讓社區大樓居民將眼光放遠,規畫處理以後長遠事務。設置公共基金的意義在此,強制訂定規約的意義也在這裡。修法把必須訂定規約的規定拿掉,無異是將公寓大廈管理倒退回立法前時代。修法者雖然在修法同時,在規約範本中示範將修訂規約需要絕對多數同意通過的重大事項決議標準放入社區大樓規約做為補救,但仍可能造成以下影響:

一、社區大樓成立管理組織,卻沒有訂定規約做為管理運作的依據,管理組織內只剩下法律關係。可是「公寓大廈管理條例」中大部分規定又是讓社區大樓居民自行透過約定來解決內部問題的標準與程序。太多問題得靠社區大樓自己處理,結果社區大樓又偏偏不處理,讓這部法律功能與立法精神喪失殆盡。

二、規約的重要性不再,民眾原本就不瞭解如何應訂定有效的規約來解決問題。法律這麼一修,讓公寓大廈居民更不重視規約,甚至造成「規約就是區分所有權人會議決議」的誤解。

三、公寓大廈有可能訂定規約,但未必按照規約範本示範放入修訂規約需要絕對多數同意的規定。可能造成少數人宰制多數人情形,即在公寓大廈多數暴力外,另外生出少數暴力問題。

規約很重要,教導民眾訂定有用的規約,利用規約解決問題也很重要。只不過就以上三點看來,把有居家憲法之稱的規約從公寓大廈管理組織的成立要件中拿掉的負面影響與嚴重性,修法者或是主導修法者似乎不知道!

規約與區分所有權人會議決議

　　公寓大廈管理組織的成立要件有二，第一要召開區分所有權人會議訂定規約，再者是依照規約規定選任管理委員或管理負責人。

　　規約內容分兩大類，第一是管理組織的運作方式，第二是管理組織內部成員須遵守的規定與違反規定的處置方法。

　　一個文明社會的進化過程，就是不斷建立其成員共同遵守的規範。公寓大廈是大社會中的小團體，在這個微型社會中，公寓大廈居民與區分所有權人因為共同使用與擁有空間、設備而相互影響。其成員與成員、成員與管理組織之間的權利義務關係，以及公共事務的運作規則都必須預先明確界定，以預防潛在衝突、確保居民生活正常與公共事務的順利運作。否則一旦衝突發生、就會像一場沒有裁判、也沒有規則的球賽，其結果必然是邊打邊吵、不歡而散。

　　以上「缺乏規則的比賽」不幸正是我們目前社會大多數社區大樓的真實寫照。原因是民眾普遍不了解規約的性質與重要性、不知道如何建立不同層級的公寓大廈規範，還有該如何落實管理組織內部管理規定。球賽玩不下去，只要其中一方決定不玩或離開球場衝突即可落幕；可是公寓大廈卻不然，大家生活在相同的空間，衝突發生往往沒完沒了、越演越烈。

　　規約是公寓大廈管理組織的成立要件，因為社區大樓內部區分所有權人與住戶的關係需要加以界定、管理組織的運作必須加以規範。沒有規約，即無從「組織」、「運作」、「管理」，權利義務關係亦無從引援。

　　有些人把「規約」和「區分所有權人會議決議」混為一談，認為二者指的是相同事物。這個誤解源自於「公寓大廈管理條例」中

「規約」被過份簡單定義為：「公寓大廈區分所有權人為增進共同利益，確保良好生活環境，經區分所有權人會議決議之共同遵守事項。」以及「公寓大廈管理條例」在九十二年修法時，為了推動老舊社區成立公寓大廈管理組織，刪除掉原本訂定與增、修訂規約需要人數及區分所有權比例三分之二以上出席、出席的四分之三以上同意的絕對多數同意標準所致。

事實上，從「公寓大廈管理條例」本身關於「規約」的各項規定內容就可以看出，「規約」是個「合約」、「公約」、「約定」，是公寓大廈的「集體合同」。而「區分所有權人會議決議」則是管理組織對於處理特定事物的「決定」、「決策」。「規約」的時效性是常態、永久的，其規範事項是具普遍性的，而「區分所有權人會議決議」的時效性卻是一時、短暫的，所針對的事務屬個案性質的。當「區分所有權人會議決議」所通過決議的是關係住戶間權利義務關係或管理組織運作方式的「遵守事項」，而且達到修訂規約的會議出席與同意標準時，就應該同時決議把通過的內容放進規約，使得公寓大廈成員可以利用規約，迅速得知社區大樓內所有「經常性的關係」、「處理事情的程序」，或「共同遵守事項」。

不過，社區大樓內部「經常性的關係」、「處理事情的程序」，或「共同遵守事項」並非只有訂在規約才具有效力。區分所有權人會議通過的決議，一樣可以約束管理委員會、全體區分所有權人和住戶。只是區分所有權人會議決議位階低於規約，因此當與規約抵觸時無效。民國八十四年「公寓大廈管理條例」通過時，明訂區分所有權人會議通過的一般決議需要二分之一以上區分所有權人出席，出席區分所有權人的區分所有權人比例合計亦達到二分之一時，出席人數及區分所有權人比例過半數同意就可以做成決議。若是人數不足重新召開，出席所有權人數和區分所有權人比例合計降為四分之一，出席人數及區分所有權人比例過半數同意可以做成決

議。由此對比變更規約所需要的絕對多數同意標準，明顯可見二者性質的差異。

　　簡單地說，規約記載的是公寓大廈管理組織內部的「管理規則」與「組織章程」，而區分所有權人會議決議所通過的內容有可能是「規則」，也有可能只是個決定，而非「規則」。如果是長期性的「規則」，就應該放進規約，好讓需要的人可以迅速知道管理組織運作規定與必須遵守的事項。也因為「規則」的位階與重要性高於區分所有權人會議決議，因此社區大樓有必要在規約中明訂修改規約須具備比一般區分所有權人會議決議更高的出席與決議標準，以提高公共事務運作的穩定性。

　　就時效而言，「規約」是公寓大廈制度的一部分，處理的是未來的問題。與「規約」無關的「區分所有權人會議決議」處理的則是眼前的問題，是決策層面的一環。

區分所有權人會議

沒人來開會怎麼辦？

許多社區大樓都有召開區分所有權人會議出席人數不足的問題，因為人數不足，所以會議無法開議，亦無法做成決議或產生新任的管理委員，原任管理委員任期屆滿後自動解任，使得管理維護事務陷入停頓。類似的現象極為普遍，往往成為公寓大廈管理事務正常運作的困擾。雖然大部分公寓大廈會用「互信」、「包容」來解決這個問題，由原來的管理委員會繼續做，繼續召開會議到湊足五分之一人數為止。但也有些社區大廈從此群龍無首，或因成員意見不一而陷入分裂。要避免這樣的狀況，社區大樓必須改進管理組織運作制度與會議作業方式，才能徹底解決這個問題。

理想狀況下，公寓大廈應該是要順利召開區分所有權人會議並推選出管理委員代表全體住戶管理公共事務。但在現實世界中卻正好相反，會議跨不過人數門檻、找不到人出任管理委員才是常態。因此公寓大廈管理要順利運作，就必須認清這個現實，在制度上針對這兩個問題預先處理才行。

會議通常沒有效率，這現象在社區大樓尤其明顯。大部分公寓大廈區分所有權人會議沒有預先準備好的議題，會議的目的僅是為了推選管理委員。會議中通常也僅限於資訊與意見的交換，而罕見具體可行結論的達成。「會而不議、議而不決、決而不行、行而不通，甚至不合法」幾乎就是公寓大廈會議的最佳寫照。

大部分區分所有權人不喜歡參加開會。許多人抱著的態度就是開會你們開，做出來的決定如果無礙自己權益，事後再予支持配合。其實這種經濟學上所稱的搭便車心理不只影響出席會議的動機，也充斥於整個公寓大廈管理所有層面。熱心投入社區大樓管理

事務的管理委員或住戶與其抱怨區分所有權人都不來參加開會，不如認清這是人性的一部分，並針對此及早尋求解決之道。

會議本身就是一件沒效率的事，會議要把一群人在同一個時間集合在同一個地點。參加的人要付出自己的機會成本，但其利益卻是由全體成員共享。公寓大廈召開大會，有的人不能來，有的人不想來。來的通常不外是熱心公共利益與爭取自己權益的住戶，再加上現在的公寓大廈動輒上百戶，這樣的會議如果規定每一個區分所有權人可以輪流發言一分鐘。某住戶話講到一半要等下一輪可能要等好幾個鐘頭，益發突顯這樣的會議缺乏效率、無法解決問題的本質。

會議要有效率的前提就是會議成員不能太多（內政部會議規則即建議會議人數不要超過二十一人，並依此原則建議公寓大廈管理委員設置最好不要超過二十一名），但公寓大廈重大公共事務仍必須由全體區分所有權人共同決定，因此在大型的公寓大廈來說，區分所有權人會議其實已經變成為制定公共事務決策的一個「儀式」與法律程序。

再看一般社區大樓開會的情景，大部分會議缺乏事前準備好的議題。開會時你一言我一語，但多半是住戶提出疑問然後主席或管理委員會予以答覆。會議功能只見溝通而不在議事，討論的事情則總是談到大家都不懂的地步就自動停止。偏偏這種會議總是拉拉雜雜、又臭又長，讓很多人參加過一次就倒盡胃口。

一般區分所有權人會議有二個功能，即決議重大事項與選任管理委員。實務上，公寓大廈很少有機會處理重大事項，因此推選管理委員成為會議的主要目的。這又是讓區分所有權人不願意參加會議的另一個重要原因，因為出席會議一不小心或是心不夠軟，說不定就被推上管理委員寶座，變成眾人的「值日生」，替大家解決每一個人都不想、也沒辦法解決的問題。因此不想攬這吃力不討好差事的人，就會選擇明哲保身，不去開會就不必淌這場渾水。

　　這種會議推選管理委員時情景非常有趣，通常大家爭相表示自己沒有能力，推崇在場的每一個人都比自己更適合做管理委員，害怕別人對自己的肯定讚揚。有時自己表達有時間、有意願出任管理委員的人大家反而懷疑其別有居心，越是說自己分身乏術的大老闆，大家反而拼命想拱人家出來。這些都是搭便車心理發展出來的現象，如果社區大樓居民在制度上不能去除這種貪別人便宜的心理所造成的影響，公寓大廈管理上的種種問題將很難獲得解決！

　　當社區大樓超過區分所有權人彼此叫得出對方名字，可以擠在一個房間互相推來推去的規模，或是開會人數永遠跨不過出席門檻時。公寓大廈就應該考慮在區分所有權人會議外另行辦理管理委員選舉（須載明於規約）。或在規約中訂定當有意願擔任管理委員人數不足時，差額由若干年內未曾擔任管理委員的區分所有權人依向主管機關報備名冊順序輪流擔任的規定。讓管理委員的產生與區分所有權人會議脫勾，這樣不管會議出席人數夠不夠，公寓大廈公共事務都能夠順利運作，不致發生權力真空、沒人做決策的窘況。

逐次降低區分所有權人
會議出席決議標準

　　如果社區大樓在區分所有權人會議外另行辦理管理委員選舉，或在規約中明訂輪流擔任規定，那不管區分所有權人會議辦不辦得成，都不會影響到社區大樓管理的正常運作。但即使如此，區分所有權人會議仍有必要按規定舉行，並且力求達成社區大樓制訂重大公共事務決策的功能。

　　目前許多社區大樓都碰到區分所有權人會議出席人數不足的問題，雖然「公寓大廈管理條例」規定出席會議人數或出席區分所有權比例合計不足時，重新召集會議的人數與出席區分所有權比例合計標準皆降至五分之一，但許多社區大樓卻連這五分之一都難以湊足。使得會議無法達成決議，即使有人志願擔任管理委員，也無法向主管機關辦理備查，影響到公寓大廈管理事務的正常運作。

　　其實區分所有權人會議沒人參加是正常現象，社區大樓的管理正常，住戶們認為就算天塌下來也有高個子頂著，因此要好要壞不差自己一個。反之管理一蹋糊塗，看來無可救藥，再參加也無濟於事，徒然浪費時間而已。所以不管管理是好是壞，大家都找得到理由不參加開會。許多社區大樓只好用提供獎品、辦餐會、辦活動來吸引區分所有權人參加。

　　但社區大樓即使湊足了出席人數與比例的標準，卻有另一個困難必須克服，就是任何一個決議必須要獲得出席人數與比例四分之三以上支持才算通過。這個高標準使得具備高度共識以外的議案都難以通過。試想，若有一百名區分所有權人參加會議並假設其區分

所有權比例完全相同；其中只要有二十六人反對，議案就無法成立，形成少數人即可牽制多數人、阻止議案通過的不合理現象。

這樣的標準會增加公寓大廈管理運作的困難，因此社區大樓居民應將出席區分所有權人會議的人數與比例標準降低，以利公共事務決策的形成。

民國八十四年「公寓大廈管理條例」通過時，將決議分成一般決議、特別決議與重新召集會議決議等三種。一般決議只要二分之一以上人數與比例出席會議，會議中人數與比例過半數就可以通過決議。特別決議指五個重大事項，即規約的訂定與修改、重大修繕或改良、約定專用與約定共用的設定、住戶的強制驅離與區分所有權強制出讓，以及符合法律規定的公寓大廈拆除重建。這五件事情因為對全體區分所有權人和住戶產生重大影響，因此必須有三分之二以上的人數與比例出席，出席人數與比例四分之三以上同意，亦即超過總人數與比例二分之一以上的絕對多數同意才算成立。重新召集會議決議則是因應一般會議可能人數與比例都沒辦法過半，因此遇到人數或比例未達出席門檻，或是雖達標準但未能做成決議時，召集人可以針對相同議案重新召集會議。在這種情形下，出席會議的人數和比例只要四分之一以上即可，會議中議案只要人數和比例過半數即可成立。

相較於目前的標準，原來的「公寓大廈管理條例」規定比較合理並且能夠真正幫助社區大樓解決問題。現行標準（第一次須達絕對多數決議、第二次五分之一出席，過半數同意達成決議）則有以下問題：

一、第一次會議出席與決議門檻太高，使決議不易達成並產生少數人牽制多數人現象。

二、第二次會議只要三人以上、人數與比例五分之一以上即可開議，出席人數與比例過半數就可做成決議。這寬鬆的標準雖然可以讓社區大樓容易達成決議，但對於原本八十四

年需要絕對多數同意才能通過的五個重大事項而言，這個方便之門開的太大，容易造成少數人宰制多數人的情形。譬如只要有十分之一強的人數和比例，就可能達成強制驅離、強制出讓的決定或決定老舊大樓的拆除重建命運。雖然在現行規定中設有救濟管道，即會議紀錄送達各區分所有權人後區分所有權人可以在七日內以書面表達反對意見，當其人數與比例超過半數時即否決該議案。但在作業過程中若有不慎或不當，即可能在社區大樓常見的「多數暴力」外，另外滋生「少數暴力」。

三、原本公寓大廈管理的設計是有層次的，即規約規範經常性管理組織運作規則與成員間權利義務關係，區分所有權人會議在規約規範下處理具特殊性與時效性事務。（因此一般決議只要二分之一人數與比例出席，過半數即可做成決議，可是變更規約卻須經過絕對多數的同意。）會議標準變更後，破壞了管理層級，規約的重要性消失，區分所有權人會議決議若不符規約規定，隨時修改規約就好，使得管理變得相對不穩定。

其實民國九十二年「公寓大廈管理條例」對於區分所有權人會議決議標準規定的變更，是為了幫助老舊社區大樓成立公寓大廈管理組織。八十四年立法前存在的社區大樓，因為開會總是沒人參加，一直達不到原先立法規定訂定規約成立管理組織必須要三分之二以上人數與比例出席的標準，致使管理遲遲無法步入正軌。為了解決這個問題，政府修法將原特別決議規定刪除，把一般決議標準提高為原特別決議的絕對多數標準，再把重新召集會議決議出席人數與比例門檻降為五分之一。讓許多原先無法成立公寓大廈管理組織的社區大樓藉此達到管理法制化的目的。

比較修法前後可以發現，舊規定比現行的規定更實際、更合理、更周全、更合乎一般人對民主運作的認知與習慣。新規定僅是

過渡時期的臨時性權宜辦法,目的在促進老舊社區大樓完成原先不可能達成的任務。社區大樓成立公寓大廈管理組織時,在規約中自行訂定區分所有權人會議出席與決議標準,日後只要符合該標準,即是有效的決議。因此內政部在規約範本中特別示範回復八十四年立法的特別決議與一般決議規定,希望社區大樓了解現行法律規定就好比是建築物鷹架,建築物完成鷹架就應該拆掉。公寓大廈居民應參考引用原先的法律規定,降低一般決議標準、另回復重大事項須經絕對多數成員同意的限制,以避免前述新規定所可能產生的流弊發生。

但即使如此,社區大樓居民冷漠、不參與公共事務、期待坐享其成不參加開會的問題還是沒獲得解決。舊規定的四分之一、新規定的五分之一,對許多公寓大廈來說都是遙不可及的目標。他們往往是第一次勉強湊足五分之一以上的支持成立起管理組織,但後來卻再也湊不足法律所規定的人數與比例。

要解決這個問題,社區大樓不妨在規約中規定:「區分所有權人會議人數或比例不足時,召集人得於一個月內就相同議案重新召集會議,重新召集之會議應有出席之人數與比例為前次會議之半數,召集人須於會議通知載明該人數與比例規定。」當社區大樓有此規定時,區分所有權人會議出席人數不足導致流會,召集人可以在一個月內重新召集會議,出席人數與比例降至四分之一。再沒人來,一個月內再度召開的標準降為八分之一。逐次折半的結果,是不論該社區大樓居民如何忙碌、多麼不願意參加開會,其公寓大廈管理組織藉此機制,終有可以達成公共事務決策的一天。

會議前設定好議題

　　社區大樓居民不願意參加區分所有權人會議的重要原因之一，是大部分公寓大廈會議沒有事前準備好的議題，甚至於根本沒有與區分所有權人切身相關的事情需要討論和決定。每年會出現的大概就是固定那幾張熟面孔，討論的則都是大家經年解決不了的老問題。參加這樣的會議，無異是浪費時間！

　　公寓大廈如果沒有重要的公共事務需要處理，而且另有管理委員產生的機制，那區分所有權人會議開不開得成、有沒有達成決議其實無關緊要。因為就管理組織運作而言，會議的程序與結果同樣重要。

　　區分所有權人會議如果沒有經過事前準備，十之八九會演變成住戶發問，管理委員回答的一問一答場景。由於一般管理委員與住戶缺乏解決公寓大廈管理問題的能力，因此討論總停止在雙方都不知道如何繼續處理的地方。接著有人插入新話題，然後相同的經過重新循環一遍。

　　就實際狀況觀察，在區分所有權人會議被提出來的問題經常是平日管理委員會就可以答覆或直接解決的。這樣的問題之所以會出現，一來是因為區分所有權人平日沒空參加管理委員會，所以趁著開大會的機會提出。二來反正開會沒主題沒焦點，所以大家沒話找話講。

　　開會不做事前準備，除了可能浪費眾多區分所有權人時間，使其下回出席會議意願降低外，還有另一種更不好的結果，就是會通過沒有辦法實現的決議。當管理委員會日後要付諸實施時，才發現有多少枝節問題當初並未考慮，或是在法律上有哪些關係那時沒有搞通。有些甚至根本不是公寓大廈能夠處理的問題。硬要去做此路

不通，放棄不管又會遭到住戶怪罪指責。這樣的決議會為管理委員會帶來麻煩困擾，會讓當初參與開會的人蒙生挫折，並對管理委員會甚至整個公寓大廈管理組織運作喪失信心。對社區大樓管理運作造成不利的影響。

社區大樓就是在此惡性循環下，沒有信心的人越來越多，來參加開會的人一年比一年少。

要打破惡性循環，社區大樓必須建立會議前決定議題的慣例和機制。讓區分所有權人在會議前就知道會議要處理哪些事，自己有沒有參加的必要。如果真的沒有重要事情，流會或沒有決議總好過叫區分所有權人白跑一趟。

社區大樓要在會議前形成議案，應該在規約中明訂以下區分所有權人會議議案形成方式：

一、由管理委員會視社區大樓管理實際需要主動提出議案，如有重大修繕或設備更新需要，超出管理委員會權限須經區分所有權人會議同意時行之。

二、管理委員會接受區分所有權人或住戶建議，將其提案送交區分所有權人會議決議。另對於未提交大會決議的提案，則須於會議前公佈管理委員會未提交大會決議的理由。

二、區分所有權人聯署達 定人數或比例後，可將提案直接送交區分所有權人決議。

對於一般區分所有權人而言，區分所有權人會議是他們一年當中唯一能夠參與公共事務決策、真正當家作主的時候。區分所有權人對公寓大廈管理組織或管理委員會有任何想法建議，都可以趁此機會提出，努力爭取其他人支持認同。如果決議通過，就變成社區大樓成員間必須遵守的權利義務關係或者管理委員會必須遵守或執行的事項。

區分所有權人要達成以上目的最簡單的途徑，就是把自己的構想方案告訴管理委員會，管理委員會若覺得該提案合理可行，就將

其議案送往大會決議。反之區分所有權人提案若有不符情理、違反法令或有其他窒礙難行之處，管理委員會認定沒有送到區分所有權人會議處理的必要，就必須以書面陳述未將提案提交大會決議的原因並於會議前公布供全體住戶了解。也好讓提案人來得及另以聯署方式將其提案送往大會處理。

公寓大廈把決定區分所有權人會議議案權力交給管理委員會，是因為管理委員會握有資源，可以從管理服務人獲得專業諮詢建議；也較一般住戶更清楚管理實務狀況與限制。但管理委員會一經成立，就具有其自主性。有時其利益或立場未必與區分所有權人一致。如果管理委員會因此將區分所有權人提案封殺，既是侵害區分所有權人權益。所以救濟之道，就是只要區分所有權人聯署達一定人數或比例，該提案即自動送往區分所有權人會議處理，不必經過管理委會審核。

社區大樓在召開區分所有權人會議時，不應該只是簡單給個日期、時間、地點把大家湊在一塊腦力激盪看看管理組織該做些什麼。而是事前規劃好會議程序，並在會議通知內詳細說明議案形成的方式、管理委員會接受區分所有權人提案、管理委員會公布未將提案提交大會決議原因、受理區分所有權人聯署提案截止，以及公布區分所有權人會議議案的日期時間。

在開會前確定議案，可以過濾掉不該成為議案的意見，使得會議精簡有焦點。更重要的是，這樣做可以把會議從集會型態轉變成投票型態，打破會議原先必須把一群人在同一時間集合在同一個地點的先天限制。讓不能或不想參加開會的區分所有權人，仍有機會參與公共事務決策，行使表決權利。

把會議型態轉變成投票型態

　　公寓大廈管理因各戶面積不同，為要顧及戶數與持分比例二方面權利均衡，區分所有權人會議決議綜合一般政治事務一人一票、票票等值與公司用股份數量來決定權力比例的兩種決策模式，區分所有權人會議決議須人數與區分所有權比例同時達到法定或約定標準才具效力。因此傳統開會舉手表決因為只能計算人數，無法分辨與加總區分所有權比例（除非每戶面積相同），不符合法律規定與權利平衡原則。除非每個議案都無異議通過，否則這將是社區大樓必須努力克服的問題。

　　社區大樓如果在區分所有權人會議召開前議案既已經形成，可以製作「議決書」將各項議案內容列載於「議決書」內，在會議前發給全體區分所有權人。區分所有權人出席會議、議案討論結束後在「議決書」內各項議案內容後方分別勾選同意或不同意選項方塊，並在底端寫上自己門牌號碼並簽名或蓋章，然後將「議決書」交給議事人員進行統計，就可以算出每一個議案同意與不同意的人數和比例。這種作業方式有二個優點：

一、表決結果留下憑證。舉手表決除了無法計算區分所有權比例外，更大的缺點是會議主席表示完成點數，表決者手一放下，就無法再回頭進行檢驗確認，留給有心人操縱表決結果的空間。如果區分所有權人在「議決書」上白紙黑字留下表決記錄。表決結果即可反覆查證檢核，避免錯誤或弊端發生。

二、讓無法親自出席會議的區分所有權人亦能行使表決權。一般社區大樓為湊足會議出席人數，經常呼籲無法親自出席

117

會議的區分所有權人提供委託書交由其他住戶代表出席會議。但此舉等於交出一張空白支票任人使用，受委託人出席會議時未必代表委託人利益立場參與決議。因此若在會議前提供全體區分所有權人「議決書」，讓無法出席會議的區分所有權人可以自行勾選同意或不同意選項、填寫門牌號碼並簽名蓋章，將「委託書」和「議決書」一併交給受委託人。受委託人在會議中將委託人「委託書」和「議決書」交付議事人員，即等於協助委託人直接行使表決權。去除委託人與受委託人立場不一致的疑慮，充分保障無法出席會議區分所有權人權益。

當社區大樓用以上方式辦理區分所有權人會議時，其實已經打破原本會議先天時間與空間限制，將會議從集會型態改為投票型態，可以擴大區分所有權人的參與。社區大樓若同步實施以下配套措施，將可以讓會議過程更加完善：

一、設置「出席代表」。許多區分所有權人因故不克出席會議，左右鄰居平日又都沒有往來，不曉得該找誰幫忙。如果社區大樓會前約定並公布由某些管理委員或區分所有權人擔任會議出席代表，接受無法親自出席會議區分所有權人的委託參加會議，就可以幫助這些找不到人或原本懶得找人幫忙的區分所有權人出來參與公共事務決策。

二、規劃提供「委託書」和「議決書」回收方式。社區大樓設置「出席代表」同時，應規劃「委託書」和「議決書」回收方式，讓區分所有權人可以用投入信箱、管理服務人轉交或當面交付方式將「委託書」和「議決書」送到「出席代表」手中。甚至於提供貼上郵票的回郵信封，讓未進住社區大樓的區分所有權人在收到會議資料袋後，勾選完選項填寫完資料將「委託書」和「議決書」置入回郵信封寄回管理委員會再轉交各「出席代表」。

三、安排說明會。社區大樓必須認清人數超過一定規模時，會議即無法有效率解決問題的現實。因此區分所有權人會議僅為決定公寓大廈重大公共事務必經的法律程序與儀式，所有溝通討論都應該在正式會議舉行前完成，區分所有權人會議純粹進行決議的表決統計。要達此目的，社區大樓應在議案決定後，區分所有權人會議前舉辦一到二次說明會，公開說明各項議案背景、目的、成本、實施時程、住戶須注意配合事項等，讓所有關心公共事務的區分所有權人能夠透過說明會充分了解各項議案內容、以凝聚共識、化解歧異。而區分所有權人一旦產生定見，不論支持或反對某項議案，皆可直接透過「委託書」、「議決書」與「出席代表」的協助參與表決，維護自身權益，不必再花一次時間另外參加正式會議。

四、強化委託書功能。當社區大樓將「議決書」做為會議工具時，應該在「委託書」上列載區分所有權人是否同意受委託人變更區分所有權人提供「議決書」內容與區分所有權人是否同意受委託人行使「議決書」以外議案表決權二個選項。前者應用於當議案內容或相關條件在會議中發生變化，與委託人原先認知或同意條件不同時，受委託人是否有權力變更區分所有權人提供「議決書」內容，以維護委託人利益。後者則是更清楚界定，當會議中有「議決書」以外議案出現時，受委託人是否可以替委託人做決定。選擇不親自出席會議的區分所有權人可以透過這二個選項，決定其授權範圍，以防止自己的信任遭到濫用。

五、建立網路溝通平台。網路已成為現代社會基本普遍的資訊傳遞工具，在網路上針對社區大樓公共事務進行討論，因為文字保存性佳、傳達訊息比口語更加嚴謹周延，將有助

於提高議案品質。社區大樓善加運用，將會是會議凝聚共識過程的最佳溝通平台。

處理公共事務，程序有時比內容更重要。社區大樓辦理區分所有權人會議如果能抱持著嚴謹的態度、運用高效率的工具及方法、提供區分所有權人良好的參與介面。必能獲得住戶們的支持與回應，促進公寓大廈管理組織內部互動的良性循環。

管理委員會

管理委員的權力

公寓大廈是個微型的內閣制政治體制，除了不具公法人身份外，管理委員會其實像一個小政府。這小政府要做哪些事，由其組織成員（區分所有權人）透過會議（區分所有權人會議）決定。管理委員選出後，還要產生內閣（「常務委員」）（通常是主任委員、副主任委員、財務委員和監察委員），授權他們處理日常管理維護事務。

公寓大廈因為規模小，因此管理委員會只有當事人身份，沒有公權力。可是公寓大廈依照法令規定形成的公共事務決策具法律效力，可以透過主管機關協助，運用公權力來解決其組織內部的問題。

公寓大廈的最高權力機構是區分所有權人會議，定期會議一年一次，區分所有權人會議中是頭家，通過的決議管理委員會必須要遵守或執行。但會議外的時間卻皆由管理委員做主，因此管理委員的權力很大。大家印象覺得管理委員沒什麼權力是因為社區大樓的規模與其他政治組織相較實在太小（只管到建築物的共用部分與住戶間權利義務關係）、以及管理委員經常自己放棄行使權力所致。

管理委員會的權力很大，在於管理委員可以下定義、做認定。譬如某件事情是否屬於管理委員會可以管的公共事務或是某筆費用該不該用公共基金支出，除非規約或區分所有權人會議已經做出定義或決定，否則管理委員會就可以直接決定。另外像住戶的行為是不是違反法律或規約的規定，也是由管理委員會代表整個公寓大廈管理組織做出認定，決定住戶的行為是否構成違法違規，然後進

行後續的嚇阻與制裁程序（向主管機關舉報或進行訴訟）。社區健身房或聯誼室開放時間，除非規約或區分所有權人會議明確規定，管理委員會有權視實際需要狀況進行調整。區分所有權人當然可以透過會議改變或否決管理委員會決定，但區分所有權人也必須付出相當的時間精力才能達到目的。

　　簡單的說，只要沒有違反法令、規約、不牽涉住戶權力義務關係，管理委員不但有立法權，還有行政權。我們不能因此社區大樓處理的經常是雞毛蒜皮小事，或是沒看到管理委員會在行使權力，就說他們沒有這些權力！

常務委員的功能

　　公寓大廈是個微型政治體系，它的核心功能在處理組織內部的權力分配。為了提高決策效率，社區大樓居民必須選出代表，授權代表來管理公共事務。若社區規模小，只設一人管理，就稱為「管理負責人」。社區規模大，資源也隨之增加，為防止權力集中帶來弊端，設置多名代表，則稱為「管理委員」。

　　公寓大廈管理須同時考量效率與安全，但通常效率越高時安全性越低，反之亦然。不大不小的社區大樓若超出交給一個人管理的規模，通常設置三名管理委員，讓他們以集體決策方式處理公共事務，使求達到效率與安全的均衡。如果規模再大，為反映成員代表性所設置的管理委員更多，就需要在眾多代表中再產生代表，使分散的權力集中。否則管理組織會因為決策效率低落而影響解決問題的能力。

　　常務委員是社區大樓代表（管理委員）中的代表，擁有管理組織公共事務決策權力，相當於大型政治體制的「內閣閣員」。進入到這個核心，才真正掌握權力。因此平日不開會時公寓大廈主任委員權力最大。主任委員以外，哪些管理委員共同分享權力，要由社區大樓或全體管理委員自行決定。

　　許多社區大樓因此設置副主任委員、財務委員或監察委員，他們與主任委員共同保管銀行印鑑章。要用錢時，要各委員在提款單上或支票上用印簽字才能到銀行提領，以發揮相互牽制監督的功能。就公寓大廈管理事務內容而言，公共決策的形成為其中心目的。而公共事務決策中、又以核決經費動支的權力為其關鍵。因此能夠控制公共基金即代表掌握核心權力。參與其中的管理委員，法

律並未加以命名，目前以「主任委員、負責財務管理及監察業務之管理委員」含括，為了方便，我們可以將其稱為「常務委員」、「核心委員」，也有人稱「掌印委員」。

　　管理委員人數眾多的公寓大廈除了以上「常務委員」，有時還因特殊性質設置「機電委員」、「安全委員」、「康樂委員」、「活動委員」、「公關委員」、「環保委員」……等，但其職掌多為短期或特殊性質的專案事項，與「常務委員」須按期核准動用公共基金支付各項管理維護費用並負責財務報表簽認性質與參與深度明顯有別。

　　民國九十五年修法所出現「主任委員、負責財務管理及監察業務之管理委員」，是修法者首次體認社會實況，將管理委員依照權力的大小劃定出範圍與規範。

常務委員連任限制探討

民國八十四年「公寓大廈管理條例」通過時，管理委員規定任期一年，沒有連任次數限制。這部源自德國、日本、英國等先進國的法律引進了內閣制國家處理政治事務方法。社區大樓領導人，相當於內閣總理的主任委員不是由區分所有權人直選，而是在區分所有權人選出管理委員後，再由管理委員選舉產生。管理委員連選得連任。

民國九十二年「公寓大廈管理條例」第二十九條規定有了改變。管理委員任期放寬變為一至二年，限制連任一次。

其中管理委員任期放寬部分給公寓大廈更大的彈性選擇，讓社區大樓有機會可以採用一屆任期二年、每年改選半數管理委員方式，讓管理組織經驗智慧得以透過管理委員新舊參雜輪替方式延續傳承。譬如某社區大樓共有管理委員十一名，西元單數年改選單數半數管理委員，即五名；西元雙數年改選雙數半數，即六名管理委員。這樣每年都有半數新成員加入管理委員會，新的管理委員可以從另一半委員那裡獲得處理公共事務的經驗，了解之前管理委員會做決定的背景與考量。減少新任管理委員適應摸索的負擔，降低做出錯誤決策的風險。但該條後半段限制管理委員只能連任一次的規定卻很奇怪，因為內閣制國家雖有定期國會改選，內閣和閣揆卻無連任次數限制。限制連任一次，通常是經由直接選舉的總統制或首長制、採用權力分立政治體制的做法。這和內閣制追求穩定、權力融合的精神剛好背道而馳。

當時修改的理由是：「為兼顧管理委員、主任委員及管理負責人勇於任事及防止把持操縱」。

其中「防止把持操縱」的道理簡顯易懂，與直接選舉首長最多只能做二任的道理完全相同，也因為這個道理，使這條規定被稱為「萬年主委條款」。可是民選首長一屆任期短則四年，長者可達五年、六年。公寓大廈管理委員一任最多二年，加上連任一次限制後，最長只能做四年。這是否意謂，公寓大廈因為更容易發生「把持操縱」，所以主事者在位時間必須刻意縮短？

至於為什麼限制管理委員只能連任一次可以促進其「勇於任事」？這點令人費解。難道管理委員長期連任，就不「勇於任事」？還是根據某項調查，不連任的管理委員比較「勇於任事」？如果這樣，那統一規定管理委員通通不准連任，會不會讓他們更「勇於任事」？

如果把九十二年的「勇於任事」解釋為「願意出任管理委員」，會比較貼近民國九十五年把限制管理委員連任一次規定從所有管理委員限縮到主任委員、負責財務管理及監察業務之管理委員的修正理由：「公寓大廈管理委員會委員組成多為無給職，住戶參與社區事務意願本就不高，此項規定造成有意願參與社區事務之住戶投入之障礙，為符合現行公寓大廈管理委員會狀況。並避免產生特定住戶把持管理委員會情形。」

但本條規定民國九十五年的改變既在「放寬」非常務管理委員的連任限制，那修改的對象就是「管理委員連任一次規定」，而修正理由是原規定會『造成有意願參與社區事務之住戶投入之障礙』，豈不是自打嘴巴，自我否定民國九十二年的認為設置管理委員連任限制可促其「勇於任事」的修正理由？

因此這規定在民國九十二年為了促使管理委員「勇於任事」而增加連任一次限制，到九十五年為了解決該規定「造成有意願參與社區事務之住戶投入之障礙」，又解除非常務管理委員連任一次限制，這其間邏輯關連令人費解、仍待釐清說明。

但從兩次修正理由可以看出，修法者似乎認定社區大樓的管理委員是個沒有人願意做的差事，就算勉強接任，也一定欠缺「勇於

任事」精神。另一方面，長期連任管理委員的人，一定別有居心，他們之所以賴在這個別人不想坐的位置，為的必然是私人利益，因此要用法律把它們拉下來，防止他們「把持操縱」。可是為什麼立下規定只連任一次，原來不肯做的人就會變成有意願？難道我們社區大樓居民竟然純真善良至斯，被推上管理委員之後，大家要他繼續做，他就只能傻愣愣一直做下去。非得有條法律強制規定他不能連任，這樣的人才能下台休息？還有這條規定其實已經做了價值判斷，認定「萬年主委」不是好東西，是公寓大廈管理問題的根源。但這樣的推論正確嗎？

修法者之所以這麼假設，純粹是從理性角度看人性。認為理性、懷抱利己思想的人不會為群體的利益而採取有利於團體利益的行動。但這個假設有問題，它忽略了人性中理性以外的成分，忘記了從古至今所有社會皆有路見不平、拔刀相助之人。在公寓大廈，很多人出任管理委員，為的不是私利，而是實現改造社會、創造環境的理想。支持他們的「雞婆精神」，本來就是不理性、不實際、但卻稀有珍貴的。固然許多個案因為人謀不臧，淪為少數人長期「把持操縱」。可是絕大部分社區大樓，不論立法前立法後，其良好運作的關鍵是某些人熱情、善良、正直和無私的犧牲奉獻。

許多社區大樓之所以產生萬年主委或萬年委員，是因為大部分居民完全沒意願碰這檔子事。可是卻總有少數熱心或有興趣的人願意關心、參與和服務（因此會議總是固定幾張老面孔參加），由於他們關心和參與使他們比其他住戶具備更豐富的知識、資訊、經驗與自信，讓他們變成意見領袖。社區大樓居民也樂於把公共事務交給他們處理。如果管理委員們做的不覺得吃力，這關係就會持續下去，直到這種均衡狀態改變為止（如更多的居民想要擔任管理委員或發生無法解決的管理問題使管理委員無意續任）。

九十二年修法者沒注意萬年主委或萬年委員是社區大樓常態，一竿子打翻一船人認定萬年委員皆是小人，而且「寧可錯殺一

百，不可錯放一人」。直接修法限制管理委員最多做兩任，以為這樣解決了萬年主委「把持操縱」的問題。殊不知其推論既是「以偏概全」，其結果當然會「顧此失彼」，徒然破壞社區大樓既有的均衡，逼正常公寓大廈居民與管理委員在找不出人擔任管理委員與公然違反法律規定的為難之間做選擇。這規定固然可能解決掉某些「圖利自肥」的問題，但也開始讓民眾形成不必去尊重與遵守這套法律的態度和習慣。

　　因為九十二年修法不符實際，製造的問題比解決的問題更多。因此三年後趕緊重修，把連任一次限制縮限到常務委員。常務委員以外的管理委員取消連任限制。但問題是法律對常務委員未做明確的定義，因此僅以「主任委員、負責財務管理及監察業務之管理委員」做含括，用以對應實務上一般社區大樓所設置的「主任委員」、「副主任委員」、「財務委員」和「監察委員」。它的用意仍是推測因為權力令人腐化，所以任何人掌握權力的時間不能太久。常務委員連做兩任，就非得下台換人才能維持管理組織運作的乾淨。

　　對於規模不大，僅設置一名管理負責人或三名管理委員的社區大樓，這條規定放寬對他們來說毫無意義，因為所有管理委員都是只能連任一次的常務委員。而且越是這種規模的社區大樓，主任委員或管理委員長年連任的現象越是普遍。因此連任限制所造成的困擾依舊，但對於管理委員超過三名的大型社區，又對於新規定連任限制的對象與方式產生各種不同的疑問。譬如主委連任完之後，是不是可以接著做財委或監委？還是三者只要擔任其一，就受此連任限制？還有，擔任過常務委員並且連任一次，是不能再擔任常務委員？還是連非常務委員的管理委員都不能再幹？此外，公寓大廈若設置副主任委員而未設置監察委員，那副主任委員算不算負責「監察業務」？如果同時設置副主任委員、財務委員與監察委員，那副主任委員是否算在連任限制範圍內？

　　為了這個定義，許多公寓大廈內部吵來吵去，地方主管機關也有不同解釋。雖然後來中央主管機關對此做出統一解釋，定義連任限制是針對常務委員而設，常務委員卸任後，可以繼續擔任一般管理委員，但仍造成社區大樓相當的困擾。

　　就管理委員連任限制問題而言，如果主管機關或立法委員覺得限制常務委員連任次數有其必要，可以幫助公寓大廈管理的正常發展。那就應該在法律中把常務委員性質、資格、職權先訂清楚，才能避免實務運作上大家各自解讀的混亂。

管理委員退場機制

　　有時社區大樓管理委員會和居民的衝突會升高到居民揚言罷免管理委員或主任委員的地步，可是翻遍「公寓大廈管理條例」，卻找不出任何可以著手進行罷免的規定。公寓大廈居民碰到了不適任的管理委員或主任委員，難道就無計可施，必須眼睜睜的任其做到任期結束嗎？

　　這個問題的答案不在法律，而在社區大樓自己的管理機制、規約中是不是針對這種狀況預做準備。

　　社區大樓管理委員的單一任期多為一年，法律規定最多二年。大部分狀況下，管理委員是個沒人想幹的苦差事。因此在「公寓大廈管理條例」中產生管理委員、主任委員使用「推選」這個動詞，十分傳神地傳達了其中「半推半就」、「缺乏主動爭取意願」的態勢。管理委員、主任委員經常是在一種「犧牲小我、成全大我」、「我不入地獄誰入地獄」的情操下慷慨就任。在這種情勢下，如果法律規定在某種情形下，這些欠了管理委員一份人情的居民可以啟動某種機制，把看不順眼的管理委員罷免掉；對於這些「急公好義」的管理委員而言，這種關係叫人情何以堪？

　　但對社區大樓而言，選錯人或是讓人乘虛而入，導致對管理制度的傷害、對居民基本權利的壓迫，或對內部成員間互信關係的侵蝕，有時必須放下感情立即處理；否則放任不適任的管理委員恣意作為，其對公寓大廈的長期發展所造成的傷害可能將更難以預估，因此社區大樓實有必要預作因應。

　　但要針對某些或是全部管理委員進行罷免，又會讓當事人感到被否定、羞辱。不管罷免是否成功，他們心裡必然留下烙印，認為其他人無情無義，不懂得尊重體諒；在日後相處關係中，他們會以同樣甚

至更嚴格、更不信任的態度要求、挑戰繼任的管理委員。這將造成互信降低與管理成本增加，往往形成惡性循環，或容易演變成派系鬥爭。

另一方面，罷免對其他住戶心裡同樣造成不良影響。對某些人來說，他們學習到透過罷免來教訓、修理不合己意的管理委員，從此養成用棍子代替蘿蔔、用威脅代替協商的習慣。對另一群人而言，他們看到管理委員沒做好的下場、也厭惡高度衝突的對抗場面，他們擔心自己以後成為被懲罰的對象，因此選擇冷漠退卻、不再參與公共事務。

為避免衝突擴大與內部關係惡化，社區大樓應採用「管理委員會任期中全面改選」來解決住戶與管理委員間無法化解的歧異衝突。亦即當多數住戶不滿意部分或全體管理委員表現時，可以發動「管理委員會任期中全面改選」，召開臨時區分所有權人會議，重新推選管理委員。原任管理委員如獲得多數住戶支持，仍可繼續留任。而風評不佳、惹人非議者，則可能因此被其他人取代。新的管理委員會產生後須推選新的主任委員與常務委員，任期則至原任管理委員會任期屆滿為止。

「管理委員會任期中全面改選」優點是沒有人會在衝突過程中成為被針對處理的對象。職務遭去除取代者容易替自己找到下台階，新的管理委員經過最新民意洗鍊，能夠代表多數人對公共事務處理的利益與意向。任期較正常管理委員任期短，如果社區大樓有強制區分所有權人輪流擔任管理委員的規定，可以藉此吸引某些願意「撿便宜」（擔任任期較短之管理委員）的區分所有權人出來幫忙收爛攤子。

為確保管理組織運作的穩定，避免三天兩頭「全面改選」，社區大樓發動「管理委員會任期中全面改選」的門檻不宜太低。最好有四分之一、甚至於三分之一以上區分所有權人連署要求召開區分所有權人會議，會議中有超過全體區分所有權人絕對多數比例同意（如超過三分之二出席，出席之四分之三以上同意）方可實施。相關規定應明訂於規約，但如規約中沒有訂定，而剛愎自用的管理委員會卻又已經把情勢搞到天怒人怨、無法挽回時，則應先召開區分所有權人會議通過在規約中增訂本項規定後，再行啟動改選。

管理委員可以支領報酬嗎？

　　管理委員可不可以支領報酬，這是許多社區大樓居民的共同疑問。這個問題沒有標準答案，視每一個公寓大廈個別狀況而定。

　　會問這個問題的人，自己心裡頭的答案通常是否定的，或者說我們社會中大多數人在經驗與直覺上認為管理委員根本就是個不應該領錢的差事。因此遇到自己社區大樓有管理委員支領報酬，會懷疑其正當性，想從法律上找到支持。

　　大部分社區大樓規模不大、資源有限，根本沒有能力提供管理委員像樣的報酬。而規模不大的公寓大廈公共事務通常不多，管理委員只要偶爾開開會、幫忙解決一點小事，似乎也沒有支付報酬的必要。

　　雖然大部分社區大樓管理委員事情不多，但即使只參加開會、討論事情其實也是在占用管理委員的私人時間，更不用說如果實際參與各項管理維護作業所可能發生的個人開銷，因此酌予補貼其實合情合理。只不過大部分社區大樓居民把擔任管理委員當成個人自我奉獻的善行義舉，因此犧牲點個人時間、金錢是應該的，甚至是管理委員本來就該盡的基本義務。由於大部分人抱著這種貪小便宜的心理，所以管理組織內很少有人會提出給予管理委員報酬的主張。

　　另一方面，國人生活態度受儒家思想影響，在公共關係中恥於言利。而且擔任管理委員的人想要受到眾人肯定讚揚，最簡單的方法就是迎合大家貪小便宜的心理，免費替大家服務。因此就算有人提出給予補貼的主張，當管理委員的人為了維護自己角色的超然、受歡迎，就必須主動婉拒，或至少不能表態迎合。

此外，支領報酬的標準難以訂定，就算規模大、資源多，社區大樓居民與委員也還是不知道該如何決定出一個公正客觀的標準。與其搞出一個日後大家都覺得不公正、爭議不斷的標準，還不如通通都沒有來得省事。

實務上，過去許多領了優惠津貼的管理委員都有過一個不愉快的經驗。即在領了公家錢之後，發現住戶要求自己處理事情時突然變成命令語氣，好像出錢的就是大爺，管理委員既然領了錢，就應該照自己意思把事情做好。這樣的對待讓管理委員感到屈辱，認為領取優惠津貼得不償失。與其如此，不如不要，因此往往一段時間後，這樣的做法就無疾而終。

其實，社區大樓管理委員到底該不該支領報酬，應視其個別狀況，與管理委員所負責處理的公共事務多寡而定。譬如大樓住戶不多，大家以輪流方式擔任管理委員、公平分擔處理公共事務義務，給予報酬即無意義。

但若社區大樓規模稍大，不是所有住戶都有機會擔任管理委員，那提供管理委員每次會議出席費三、五百元、或簡單一個便當其實都無可厚非。這一點實質利益或許與管理委員的付出不成正比，但卻是居民追求公平、不占人便宜心態的重要象徵。

如果社區規模上達千戶、公共基金每月進出一、二百萬元、公共事務包山包海。那也不妨乾脆將管理委員、常務委員或主任委員等職位「專職化」，比照里長每月領取薪水數萬元，讓有能力、有意願的人主動爭取，專心、專職地替大家謀福利，提供最符合公共利益的主張與服務。只要對社區大樓有利，這樣的做法有何不可？

其實當社區大樓居民把公共事務交給管理委員處理時，本來就應該視狀況對其付出主動給予適當報償，不應該只接受而不付出。報酬少沒有關係，但不能完全沒有。否則即失去了相互體諒、平等對待的重要基本精神。只是國人太習慣吃免費的午餐，總認為管理

委員應該無條件的犧牲奉獻。長時間的積非成是，遂營造出管理委員不應支領報酬的刻版印象。

只是反過來說，如果區分所有權人沒有提供報答的意思，管理委員會卻自己決定給自己報酬，這場面也太難看了些！

公寓大廈管理實務運用

屋頂漏水處理

　　屋頂漏水幾乎是所有建築都會碰到而且不好解決的問題，儘管建築技術和材料發展日新月異，但直至今日，仍沒有哪家建商能夠保證他蓋的房子屋頂一定不漏水，或是捉漏廠商在做完防水處理後敢保證能夠在顧客期待的期間內絕對不出問題。

　　以前公寓房子很少看到樓上樓下住戶為屋頂漏水的問題起爭執，公寓住戶們通常把頂樓平台視為頂樓住戶所有或專用，因此頂樓搭蓋違建成為頂樓住戶的特權但須自行承擔被查報拆除的風險。樓下住戶不太干涉頂樓住戶如何使用頂樓平台，但屋頂的漏水也理所當然變成了頂樓住戶自己必須解決的問題。

　　由於雙方對於彼此態度有清楚的認知理解，而且這樣的共識甚至充分反應在市場交易價格，所以公寓住戶通常能夠和平相處，這全是拜頂樓與樓下住戶利益和立場調和一致所賜。

　　新的高層大樓卻沒有這樣的共識，除政府對新大樓違建的查報拆除標準更為嚴格快速外，大樓的住戶也視頂樓違建是對自身權益的侵犯。因此新大樓頂樓幾乎沒有搭蓋違建的機會，使得頂樓漏水的修繕責任歸屬變成居民衝突的來源。

　　目前典型的爭議模式是屋頂發生漏水，頂樓住戶引用「公寓大廈管理條例」第十條規定以頂樓平台屬共用部分要求管理委員會動用公共基金進行修繕。但管理委員會卻直接拒絕或不敢決定，要到區分所有權人會議上讓全體區分所有權人決議是否動用公共基金進行修繕或是補助。可是很多社區大樓區分所有權人不願意出這筆錢，於是開會時就引用同條規定最後但書：「其費用若區分所有權人會議或規約另有規定者，從其規定。」，通過決議要頂樓住戶自

行負擔漏水修繕。使得頂樓住戶感到不平，認為蒙受多數暴力，這樣的決議根本違反原本立法目的！

頂樓平台設計是供大樓全體住戶逃生避難使用，平日須保持開放，共用性質明顯。有些管理委員會即以此認為頂樓平台地板的上半部是共用部分，下半部是頂樓住戶的專有部分（天花板），因此漏水修繕費用由公共基金補助半數。但頂樓住戶卻不這麼想，認為漏水是「上半部」所造成，因此只要共用部分的那一半問題處理好，自己家中就不會漏水，因此修繕費用當然應該由公共基金全額負擔。

而有些頂樓住戶即使和管理委員會達成各出一半的協議，修繕問題仍不能順利解決；原因是住戶找的防漏廠商報價十萬，保固五年；管理委員會找來的捉漏師傅卻只要三萬，保固一年。雙方又得重新爭執原先講好的一半一半，到底是十萬的一半？還是三萬的一半？以及即使報價相同，誰有權力來選擇廠商？決定採用什麼樣的材料和工法？

事實上，頂樓平台除了逃生避難的共用性質外，頂樓漏水還有「向下穿透」特性。有些大樓頂樓發生漏水，但頂樓沒住人，水從天花板流到地板後往下滲透，造成下一個樓層漏水，如果樓下也是空屋，水還會繼續往下走，造成更多樓層受害。因此頂樓漏水不見得僅是頂樓單一樓層的困擾，公寓大廈實不應將頂樓平台排除在共用部分之外，規避應盡之防護修繕責任。

但如果由管理委員會來進行屋頂漏水修繕，又會發生前述決策者與使用者不同所產生的困擾。如管理委員會認為最多三萬塊就可以解決問題，頂樓住戶卻只相信報價十萬元的廠商。再者，公共事務決策速度緩慢，頂樓住戶通知發生漏水，還要等管理委員會照程序召開會議、核定修繕範圍規格、公開招商、等待廠商報價、議價一步一步慢慢處理，萬一漏水沒有修好，還要透過管理委員會來要求廠商重做或改善。這中間頂樓住戶必須忍受漏水與施工過程所帶來的委屈不便，卻完全沒有控制主導力量。

　　要解決這個問題，社區大樓不妨把屋頂漏水修繕的責任直接交給頂樓住戶，然後在應繳納之公共基金（一般稱之為「管理費」）予以減免。譬如每個月減免頂樓住戶一千元，一年就是一萬二千元，十年就是十二萬元。頂樓發生漏水，即由頂樓住戶自行處理修繕。這十年之間，頂樓住戶如果修二次漏水，每次花六萬元，則管理委員會與頂樓住戶兩邊剛好不賺不賠。如果這十年間，頂樓共花了二十萬來修漏水，則必須自行負擔那超出的八萬。如果頂樓住戶運氣好，十年不漏水，那頂樓住戶就賺了這十二萬。

　　用以上方式解決屋頂漏水修繕問題，頂樓住戶可以在漏水發生的第一時間，自行找自己信得過的廠商進行危機處理，減少自己的不便與損失，並自行控制預算、工程進度與負擔找錯廠商、決策錯誤的風險。管理委員會則不必再為頂樓漏水問題傷腦筋。在這樣的關係下，如果發生屋頂漏水漏到樓下。樓下住戶即應要求頂樓住戶，而非管理委員會進行修繕。如果頂樓沒人住又找不到屋主或是頂樓住戶拒絕處理，則經相當期間後，就由管理委員會代為進行修繕，再向頂樓住戶要求支付其費用。

　　「公寓大廈管理條例」第十條最後但書：「其費用若區分所有權人會議或規約另有規定者，從其規定。」指的是這種大家和頂樓住戶之間權利義務關係約定，而不是用多數暴力，由頂樓以外住戶共同約定叫頂樓住戶自認倒楣、自行負責漏水修繕！

管道間給水管漏水處理

　　管道間漏水，特別是給水管漏水該誰處理，經常會在大樓引發爭議。管道間裡的排水管因為共用性質明顯，漏水時管理委員會通常會主動處理；給水管不同，給水管連通水表到住戶家中，發生漏水管理委員會說這是住戶自己的水管，要住戶自己處理。住戶則主張管道間是共用部分，裡頭的水管出問題當然該管理委員會負責。要解決這個爭議，必須把以下相關狀況拿出來一併考慮：

　　一、管道間給水管漏水，造成住戶水費增加，誰該負擔？

　　二、管道間給水管漏水，漏進住戶自己屋內造成損失，應由誰負擔？

　　三、管道間給水管漏水，漏進其它住戶屋內造成損失，誰該賠償？

　　四、管道間給水管漏水，該誰修理？

　　如果我們把從水表以後的給水管視為住戶的專有部分，以上問題答案將是：管道間給水管漏水，住戶必須自己負擔漏水所增加的水費，漏進屋內、弄壞裝潢，只能怪老天。漏進其它住戶屋內造成損失，應負侵權賠償責任。最後是自己必須雇工把漏水的水管修好。

　　但由住戶自行處理管道間給水管漏水，容易出現「各人自掃門前雪」的本位主義現象。有些人的給水管位於管道間比較遠的一側，水電師傅為求作業方便，直接在自己方便的地方重新接管，舊水管就任其留置原處，時間久了，管道間內的水管越來越多，而且難以辨認哪一條是還在使用的水管，哪條已經廢棄。有些舊水管被「埋」在一堆新水管裡，要修也無從下手，只能比照前人往外再新接一條。惡性循環使得管道間內的空間日益狹促，越後面的維修困

難度越高、成本也越高，最後只好走外牆接明管，管道間的功能至此宣告結束。不過更糟糕的狀況是，管道間給水管漏水若嚴重，住戶還可以從暴增的水費自己判斷，怕就怕涓涓滴流，從水費上完全看不出端倪，卻又戶戶遭殃。每個住戶都知道管道間漏水，但就沒人承認那是自家的事，也沒人願意自己找水電去查到底是哪條水管出了問題，成為所有人共同、卻又無法解決的困擾。

　　公寓大廈管理的目的，就是要公平有效率的解決大家共同不方便問題。因此社區大樓若共同約定由管理委員會負責處理管道間給水管漏水，發生漏水時，管理委員會立即以公共基金雇工處理，當可避免以上情形的發生。在此同時，公寓大廈也應同時界定管理委員會不須負擔「無過失責任」。亦即雖然管理委員會負責處理給水管漏水，但是水費增加，住戶要自行負擔。屋內進水，必須自認倒楣。不因管理委員會負責處理，就承接所有的責任。社區大樓應將此關係載明於規約，並在估算公共基金的支出與分擔時將此因素考慮在內。

用訴訟解決問題

　　印象中，打官司是當事兩造無法繼續理性協商、談判破裂後採取的手段。大部分人會是帶著憤怒情緒用手指著對方，狠狠丟下一句：「那我們法院見！」，然後掉頭揚長而去。

　　其實司法本來就是文明社會解決爭端的手段，因此如果雙方真的沒辦法解決問題，訴諸法律並沒什麼不對。只是一般人怕上法院，總覺得去告人或成為被告不是件光彩的事，況且自己對法律一知半解，擔心打官司也不見得真能討到什麼便宜，因此想盡辦法能免則免。

　　但當社區大樓管理委員會或住戶碰到彼此都沒辦法解決的問題時，就應該考慮把問題交給法院處理。譬如頂樓平台發生漏水，頂樓層住戶要求管理委員會負擔修繕費用；但社區大樓從來沒發生過這樣的狀況，管理委員會也毫無經驗，完全不知道該怎麼辦。若順應頂樓層住戶要求動用公共基金怕其他住戶反對，而且頂樓漏水修繕金額龐大，如果相同狀況多發生幾起甚至於公共基金根本不夠用。還有頂樓漏水如果依法該大家出錢共同修繕，那管理費收取標準勢必得調高，這也絕對不是管理委員會能夠片面決定的事。

　　這是一個管理委員會沒有權力、也沒有能力解決的問題，因為這是公寓大廈管組織必然會碰到，但事前卻從來沒有在規約或區分所有權人會議約定好該如何處理的制度漏洞。當初在決定管理費的收取標準時，也完全沒有加入頂樓屋頂修繕的成本考量。因此當頂樓住戶通知管理委員會要求處理漏水或支付修繕費用時，的確是會讓管理委員會慌了手腳、不知如何是好。

　　管理委員會面臨這種狀況，應該召開區分所有權人會議找大家共同來做決定，但目前很多社區大樓卻乾脆運用多數暴力通過決議叫頂樓層住戶自行負擔漏水修繕。逼的頂樓層住戶非進行訴訟不可。為了避免這樣的狀況發生、省下大家的時間精力，管理委員會也可以請發生漏水的頂樓層住戶直接向法院提起民事訴訟，要求管理委員會處理漏水或支付修繕費用。如果頂樓住戶勝訴，則管理委員會即取得處理漏水或支付修繕費用的依據，並召開大會由全體區分所有權人共商對策。反之亦可以依法院判決拒絕頂樓住戶的要求。管理委員會依法行事，所以在這件事上當然無需負任何決策責任與人情壓力。訴訟過程雙方皆無須惡言相向，只要清楚向法官清楚陳述事實即可，有助在此一事件結束後，儘快回復社區大樓鄰居間和諧的關係。

　　值得注意的是，訴訟過程中管理委員會最好不要同意和解，因為一旦接受和解，決策的壓力與責任就會全部回到管理委員會或主任委員身上。公寓大廈管理是在處理公共事務，相同一件事可能每一個人看法都不同。因此管理委員會或公寓大廈的代表人若同意和解，回社區大樓反而難逃被圍剿的命運。

　　另一個需要注意的是，訴訟前雙方應先進行成本效益評估，包括所有必須投入的時間、精力、交通、人情壓力等都應該先考慮在內，否則若僅為了區區數千而興訟，不管誰輸誰贏都是得不償失。

問卷、連署、公投、自救會

　　問卷、連署、公投、自救會，是社區大樓居民經常拿來解決問題的方法。公寓大廈碰到沒有前例的難題、不知如何解決時，居民或管理委員最先想到的，就是做問卷調查、匯集眾人意見來做為推動公共事務的參考。另外當居民想要、或不希望管理委員會做某些事，而管理委員卻固執己見時，大家會用連署來表達意見、形成壓力，甚至要求進行公投，迫使掌權者從善如流。如果管理委員會或主任委員視若無睹，繼續我行我素，罷免管理委員或組織自救會進行抗爭的聲音就會出現。

　　從社區大樓成立公寓大廈管理組織，產生管理委員會或管理負責人的那一刻開始。社區大樓就在個別區分所有權人及住戶外，產生出另一個代表全體成員共同利益的獨立人格。為了效率，社區大樓區分所有權人必須將處理公共事務的權力授予這些代表。但在交付權力後，管理委員會或管理負責人站在公共利益角度思考問題，卻經常會和區分所有權人及住戶在利益立場上發生衝突。

　　譬如建商預收了六個月管理費，三個月後管理委員會成立；建商把錢移交管理委員會，住戶們認為前三個月管理費應該拿建商所移交的錢抵扣，不必再繳，管理委員會卻認為建商移交的是公共基金，住戶得重新開始繳交，不應主張抵扣。這就是典型的本位主義，管理委員雖然也是住戶，但卻因為職務關係選擇站在住戶的對立面，認為公共基金越多越好。

　　除此之外，管理委員會與住戶衝突的例子不勝枚舉。像管理委員會想要讓樓梯間電梯間保持淨空，可是住戶卻想擺鞋櫃、腳踏車。也有時住戶要求管理委員會維護秩序、對違反共同利益的行為

進行干涉，可是管理委員會卻偏偏不願得罪任何人。類似的情節隨處可見，也是管理公共事務的真實面貌。

正常的管理委員會都不想得罪住戶，但一來公共事務本來就不可能做到讓每一個人都滿意，再者管理委員會維護公共利益的立場本來就和住戶個人利益存在微妙的緊張關係。此外管理委員們通常不具有處理公共事務的經驗能力，往往明明滿懷善意出發，搞到後來卻裡外不是人。

對有心做事的管理委員會而言，問卷調查是預防和減少推動公共事務過程發生不愉快的好方法，管理委員會可藉此讓居民感到受尊重，減少不必要阻力。並可依照住戶反應，調整推動公共事務計畫的方向和時程。

值得注意的是，問卷調查僅是管理委員會用來收集住戶意見，做為制訂決策的參考依據，不能僭越基本體制下權力分配層級或取代會議功能。像即使問卷調查結果得到大部分住戶同意提高或降低公共基金收取標準的共識。管理委員會仍需召開區分所有權人會議，完成決議才能付諸實施。

另外，當管理委員會站在長期公共利益或基本職責推動某項措施，如果明知道問卷調查會得到反向不利的回應，可是該做的事又已刻不容緩，那就根本不該進行調查；或是即使做調查，也不能公布結果。譬如頂樓平台發生漏水住戶要求管理委員會進行修繕，經法院判決以公共基金支付修繕費用。如果管理委員會搞不清楚狀況、硬要去徵詢更搞不清楚狀況的住戶大家該不該出這筆錢，通常只會讓自己落得進退失據、左右為難的下場。大部分狀況，進行問卷調查是管理委員會對區分所有權人或住戶的尊重，是看大多數人的意見來做自己決策的參考。動作雖然是徵詢，但做決定的權力還是在管理委員自己手上。否則即應以召開區分所有權人會議、而非進行問卷調查來處理問題。如果問卷結果做出來，管理委員會卻偏偏反其道而行，那對參與問卷答覆的住戶來說，那無異打在自己

臉上的一記耳光，極容易引起公憤，並因此降低對管理委員會的
信任。

相對於問卷調查，連署是區分所有權人或住戶主動向管理委員
會，甚至於跳過管理委員會，直接向全體區分所有權人提出主張的
方法。值得注意的是，連署本身除了要求召開區分所有權人會議外
不具效力。連署的人再多，也無法對管理委員會與其他人產生實質
拘束。如果連署的內容超出建議性質、不是管理委員會聽或不聽都
無所謂，就應該要求召開會議，透過區分所有權人會議做成決議，
才能真正發揮連署的效果。

有些社區大樓居民在面對公共事務時會主張以「公投」來做決
定。其實公寓大廈管理本身即已設計透過區分所有權人會議來對
「事」做決策，而且分配權力或界定權利義務關係的唯一方法也唯
有會議。因此所謂「公投」，必須透過召開區分所有權人會議實現，
否則仍缺乏法律效力。不過社區大樓以所以會想辦「公投」，主要
原因是希望能藉此打破會議在時間與空間上的限制（一群人必須在
特定時間聚集在特定地點），讓更多人參與決策。但其實只要用心，
社區大樓可以採用會議前辦說明會、使用議決書和設置出席代表等
方法，把區分所有權人會議從會議型態轉變成投票型態，使公共事
務決策既符合法律規定、同時兼具公共意見代表性。

很多社區大樓居民在建商交屋後向建商反應房屋營建品質不
良或設備短少；建商卻不理不睬，存心以拖待變，憤怒的居民於是
籌組「自救會」準備向建商討回公道。另一個常見的場面是，管理
委員會行事霸道，既不按照規定定期召開區分所有權人會議，也不
辦理改選直接自動連任、再加上財務收支狀況一直交代不清，居民
忍無可忍，決定另外成立「自救會」做為對抗。

「自救會」是我們社會經常可以看到處於弱勢的一群人為了保
護自身權益所組成的非正式團體。「自救會」的訴求大部分無法透
過社會體制內的正常管道獲得解決。因為他們之所以需要「自救」，

不外是體制完全無法提供協助，或者問題根本就來自體制。「自救會」通常是在萬不得已狀況下的產物，因為「自救會」通常缺乏資源，也缺乏法律依據保障其成員之間的關係。

社區大樓居民在處理自身權益時，不應自外於體制。相反的，應該了解並善用體制資源，使其發揮最大效益。像建商交屋後對住戶的修繕要求置之不理，也不代為召開區分所有權人會議協助成立公寓大廈管理組織。居民與其組織「自救會」，還不如直接循法律途徑自行成立管理委員會，藉管理委員會的法定角色與功能來整合內部意見與擔任對外溝通窗口。

另外當社區大樓管理因人謀不臧而荒腔走板、管理委員會根本失去合法性及正當性時，居民應該做的事是重新建立體制、推選召集人召開區分所有權人會議，產生新的管理委員直接取代依法無據的「管理委員會」。而不是組「自救會」、或「臨時管理委員會」，自己選擇體制外不利的身份來進行對抗。

展望公寓大廈管理發展

推動優質的公寓大廈管理

公寓大廈是台灣都會地區最普遍的建築物型態。民國八十四年立法院通過「公寓大廈管理條例」，開啟了公寓大廈的法治化管理時代，讓原本眾說紛紜、莫衷一是的集合住宅公共事務運作方式與住戶間權利義務關係終於得以確立。也使得國內建築物公共安全與公寓大廈居民的生活水準藉以獲得保障。

良好的公寓大廈管理，可以發揮建築設計機能、延長建築物及其附屬設施使用壽命、提昇公共安全、增進社區大樓成員間的和諧關係與提高房屋價值；對區分所有權人、住戶、甚至於整個社會，皆可說是有百利而無一害！

然而長久以來，公寓大廈管理卻一直受到政府與民眾的漠視。因此在立法完成超過十年後的今天，我們看到大部份立法前存在的公寓大廈仍未依法成立管理組織、許多管理委員會仍在沿用過去不合法的手段來處理住戶違反規定的行為、管理運作的方式普遍落後而缺乏效率、從業人員專業素質不齊……衡諸當初立法的良好立意，目前國內的公寓大廈管理只能說是空有完備法源基礎、卻未能發揮應有的功能。

要推動良好優質的公寓大廈管理，必須從以下三個方向著手：

進行系統化的科學研究

公寓大廈管理的目的是在處理集合住宅區分所有權人和住戶的公共事務，其核心方法為訂定相關法律規定與建立民主化的決策程序。

公寓大廈管理的重要性，在於它是社區大樓一切管理、維護、服務事務的源頭。基本源頭的管理沒建立好，所有相關的環節都可能會發生問題，導致居住品質的降低惡化。

因此廣義的公寓大廈管理應包含社區大樓日常所面臨處理的各項行政、治安、修繕、維護、防災、環保、衛生、人群關係等等事務和問題，其方法則為應用各項科學知識與管理技術來提昇資源運用的效率。

然而國內長久以來對於公寓大廈管理的研究一直偏重於法律層面的探討，對於實務運用層面的系統化科學研究始終付之闕如。社會大眾也習慣於以民主方式代替科學研究來解決問題，其結果是造成決策品質與執行成效的雙重低落。

公寓大廈管理應以理性為基礎，透過民主程序來形成公共事務決策。在決策背後的資訊越充足、分析越透徹，決策品質就越發精良準確。反之若在缺乏客觀分析或立論根據不足的情況下做決定，不僅容易引發批評質疑，執行效果也必定事倍功半。

由於缺乏系統化的科學研究，台灣的公寓大廈管理目前仍普遍停留在道聽塗說、人云亦云的土法煉鋼階段，大部份決策和處理事情方法缺乏公正客觀的研究分析基礎，經常因為意見或立場的不同造成人際間的緊張對立、甚至於爭執衝突。

以訂定管理費收取標準來說，有的公寓大廈按戶收、有的按照面積收、還有的視樓層高度或使用性質各自設置不同的計算標準。空屋有的打五折、有的打八折、也有的完全不提供任何優惠。各種標準雖然皆有其特定的背景和觀點，但在做決定的過程中卻往往缺乏精密完整的分析計算；決策依據通常是參考鄰近其他大樓的收費標準、要不然就是憑藉決策者自己的主觀直覺。

另以公共電費的支付方式為例，許多社區大樓極力想把公設用電改成由電力公司直接分攤到各戶電費收取，卻也有不少已經採用這種分攤方式的公寓大廈希望把公共電費集中起來由管理委員會

統一支付。不時還可以見到某些公寓大廈好不容易費一番功夫變了過去，沒隔多久又大費周章再變回來的奇特現象。

其實「使用者付費」早為台灣社會民眾普遍接受，公共基金的分攤只要拿得出公平合理的計算公式，絕大部分公寓大廈居民都會欣然接受。只是一般社區大樓居民在訂定收費標準時，哪裡搞得清楚到底有哪些因素應該列入考量、各項支出又該如何分攤才算公平？經常為了管理費的計算或認定標準各持己見、爭論不休。

公寓大廈按其規模與管理方式各有其適用的公共電費支付方式。只是一般民眾無緣得知不同付費方式的利弊得失，總覺得別人的選擇比較高明。於是大家變過去變過來，始終不滿意但卻永遠得不到正確答案。

許多人看不懂社區大樓的財務報表，原因是會計作業人員採用了一般企業所使用的權責發生制會計方法，管理委員會公佈出來的損益表、資產負債表裡頭應收帳款、應付賬款、借、貸、沖轉等眾多會計名詞讓人看得一頭霧水。其實公寓大廈的會計作業不像一般營利事業必須與稅務接軌、也沒有資產攤提折舊、股東權益等問題。大部份非營利性社團組織所採用的現金收付制會計方法不但簡單、一目了然，又足以充份揭露公寓大廈的真實收支狀況。只不過許多社區大樓行政事務人員對會計實務本身就一知半解，更不用說缺乏財會背景的一般住戶哪敢對此發表意見。結果捨近求遠、將錯就錯，選擇費力的方法，製作只有少數人才看得懂的財務報表。

台灣公寓大廈管理欠缺制定公共決策與執行公共事務方法的參考準則。雖然說公寓大廈管理的基本精神是以多數區分所有權人的意見為依歸、每一個社區大樓都可以按照其規模及特有性質制定自己的管理辦法。但在目前管理方式五花八門、各行其是的現象背後，如果能夠收集整理出幾種既合乎公平正義原則、又能夠包容各方立場、可以有效解決問題、甚至於降低投入成本的理想解決方案，公開出來讓社會大眾參考採用，就可以使公寓大廈決策更周全

慎密、公共事務的運作更順利流暢、還可以大幅節省居民委員每每用在四處打聽、腦力激盪、乃至於一再嘗試錯誤的精力時間。

現今社區大樓解決管理問題的唯一參考根據，就只有內政部頒布的「公寓大廈規約範本」。至今尚未見到政府成立或委託任何研究機構針對於民眾所必須面對處理的公寓大廈管理問題進行科學與系統化的研究分析，建立理論根據與應用準則供公寓大廈居民參考選擇。以致民眾多半沿用舊時代缺乏效率甚至於錯誤的決策及作業方法處理問題，如果放大眼光來看整個台灣社會，將會發現公寓大廈因為缺乏科學客觀的參考標準所造成的社會資源浪費實在不容忽視。

管理要靠知識與技術的累積才能不斷進步，值此知識經濟時代，期待政府帶領學術單位、管理服務業者共同努力對公寓大廈整體管理制度進行全盤性的收集、整理、研究、分析，並建立資訊交流平台；讓相關的知識經驗得以累積發展，幫助民眾使用好的管理方法，正確而有效率地處理公寓大廈管理事務。

規劃整體性的產業發展政策

如果有人在飯店裡吃一碗牛肉麵，結帳時卻發現必須分開付給餐廳老闆牛肉和麵的錢，一定會覺得十分詫異，猜不透箇中原委。問了老闆才知道，原來政府規定賣牛肉的餐廳不准賣麵，賣麵的也不可以賣牛肉。餐廳老闆不願意違法，又想讓顧客吃到牛肉麵；只好在同一個地點登記兩家分別賣牛肉和賣麵的餐廳，顧客吃完麵要付兩筆錢、然後拿到同一個老闆不同餐廳所開立出來的統一發票。

這樣的例子聽來不可思議，但許多社區大樓居民目前就面臨著相同的困惑。在大部份人的印象中，公寓大廈管理並非多麼艱鉅困難的事情，台灣尚有半數的社區大樓都還自行雇用總幹事、管理員、清潔員。但若委託管理業者執行公寓大廈管理業務，卻必須和公寓大廈管理維護公司與保全公司分別簽訂合約。由管理公司提供

「總幹事」來處理行政事務、保全公司派遣警衛執行安全維護工作。不過只要業者解釋說這麼做是為了配合政府規定,民眾倒也都能安然接受,對管理委員會來說,多簽一份合約不過多蓋幾個章而已;反正要付給廠商的錢並未增加,自己好像一點損失都沒有!

如果管理公司派來的總幹事和保全公司的警衛人員在工作上的確有令人耳目一新的專業表現那倒也還好!偏偏大部份公寓大廈住戶感覺——服務人員是變年輕了、制服也變漂亮了,可是做的事情卻和過去沒什麼兩樣!同時也想不通,一件單純的大樓管理工作為什麼硬要拆開由兩家公司處理?

這種「開兩家公司提供一種服務」,或稱為「雙牌公司」的特殊現象表面上看來似乎順應現代社會專業分工的發展趨勢,實際上卻是疊床架屋,對公寓大廈管理發展造成極其不利的影響。

深入探討,就會發現前述兩家公司、兩份合約與兩張發票的背後其實隱藏著以下問題:

一、管理服務業者的兩家公司即使共用一間辦公室,由同一批人馬使用相同的設備用品來降低營運成本。但還是必須投資特定設備以符合兩種特許行業的設立要求,要辦理兩次公司設立申請、建立兩套人事行政作業、以及支付兩家公司日常帳務處理費用。而這些從開一家公司變成開兩家公司所衍生增加的成本,業者最後將轉嫁給消費者負擔。而政府為了管理多出來的那一家公司所投入的行政資源,則由全體納稅人買單。

二、如果政府設立一個單位只管牛肉,然後另一個單位專門管麵;那跟兩邊都有關係的牛肉麵,反而會變成沒人管。一個尚在起步階段的新興行業被硬生生切成兩半,交給兩個主管機關共同管理,最後必定會淪為雙頭馬車;兩邊都不管、兩邊也都管不著。

三、管理服務業者派駐到社區大樓的服務人員分屬於保全公司和公寓大廈管理公司,兩邊業務涇渭分明,一有逾越即

牴觸法規。因此按照規定雙方不能相互支援，對照目前兩種公司專業服務與公寓大廈管理事務內容貧乏空洞、缺乏標準的現況；讓人實在難以理解，保全公司派到社區大樓的警衛人員為什麼不能幫忙處理掛號信、管理費？限制總幹事不能從事門禁管制或指揮車輛進出，又是出自於何種道理？政府法令規定，是否只保護到少數業者的利益、卻犧牲掉整個社會公寓大廈的管理效率？

四、與管理委員會自聘服務人員方式相比，透過保全公司與樓管公司提供服務人力，社區大樓必須多負擔人力成本總和百分之五的營業稅。也就是說，管理委員會在支付派駐人力日常薪資、獎金、保險、服裝配備等人事費用同時，一律得另外上繳百分之五給政府。事實上，人力成本通常佔業者整體服務費用比重的八成到九成，也就是管理公司提供社區大樓管理服務的收費也才佔全部服務費用的百分之十到百分之十五。相形之下，社區大樓住戶貢獻給政府的那百分之五實在是一筆不小的負擔。

五、社區大樓委任的管理公司與保全公司分屬於不同老闆時，管理上出了問題要釐清權責，這種「雙牌公司」的運作模式剛好提供兩邊推卸責任、互踢皮球再理想不過的藉口。

說來諷刺，物業管理服務公司的功能應該是協助公寓大廈提昇管理經營效率，誰料得到其自身的營運環境與服務方式卻竟是如此缺乏效率！

純就理論來看，公寓大廈管理服務應該完全切合目前台灣社會需求才對。社區大樓區分所有權人為了提高建築物價值與維護生活品質，依法循民主程序訂定規約成立管理組織，並藉由專業的管理服務人協助順利推動各項管理維護事務。另一方面，專業的管理服務人依照政府規定參加講習取得證照後成立具有良好的統合能力

的公寓大廈管理維護公司；在企業組織及專業訓練的優勢條件下，提供專業知識和技術，深受公寓大廈的倚重與肯定。

　　然而真實的社會發展卻完全不是這一回事，管理服務業者專業能力普遍不足、彼此惡性競爭，只仲介人力而不提供管理。許多社區大樓每年換管理公司，卻往往越換越不滿意。

　　理想與現實之間為何存在如此大的差異？是哪些因素使得國內公寓大廈管理至今仍未能步入正軌？要找出問題癥結，就必須檢討並比對政府的產業發展政策與近年來管理服務市場的演變趨勢！

　　政府當初在訂定「公寓大廈管理服務人管理辦法」時，因為主管機關內政部營建署希望藉推動本質屬於民政事務的公寓大廈管理同時加強建築物維護機能。因此將公寓大廈管理服務人設計區分為防火避難設施類技術服務人員、設備安全類技術服務人員及事務管理人員。成立公寓大廈管理維護公司的最低標準，就是資本額一千萬元以上、然後置有領得公寓大廈事務管理認可證人員一人以上、技術服務認可證人員四人以上。由此可以明顯看出當初規劃以技術服務為重心的設計理念。

　　矛盾的是，公寓大廈不過是眾多建築物型態當中的一種。與其他建築的差異其實只有在於其分散的所有權以及因而衍生的公共事務決策方式而已，其他安全防災、設備維護或是環保衛生等工作與一般機關、學校、醫院、商場、工廠等等建築殊無二致。主管機關把原本從事一般建築物管理維護工作的服務人員從業資格冠上「公寓大廈」四個字之後，這些「建築物維護技術服務人員」的就業出路反倒被限制在集合住宅而越形狹窄。而把原先「建築物管理維護公司」名稱改成「公寓大廈管理維護公司」，則不免令人懷疑這些公司到底還能不能再繼續服務公寓大廈以外的其他建築？

　　更糟糕的是，各項建築物維護工作其實早在「公寓大廈管理條例」及相關管理辦法制定前就已經各自形成獨立的行業。從社會專業分工的發展趨勢與其他管理相關業者各自具有特定專業資格限制的現實來

看，公寓大廈管理服務在保全、環保、機電、消防、公共安全檢查、建築營造等技術性行業的競爭擠壓之下，除了行政事務管理與人力派遣外，實在找不到其他容許伸展的專業空間。主管機關違反了因事設人的管理原理，讓取得認可證的「技術服務人員」空有資格而無專業空間與就業市場，僅剩下湊足公寓大廈管理公司基本人數的唯一功能。

目前在公寓大廈管理服務市場上唯一銷路暢旺的是「公寓大廈事務管理服務人員」，許多社區大樓都已將取得該項資格當作擔任管理委員會總幹事的必要條件。然而從業人員要參加資格講習必須擁有國中以上學歷，這個「高不成、低不就」的標準卻剛好將許多目前正從事樓管工作又有心跨入專業服務領域的管理人員拒於門外，但是又不足以讓獲得這項資格的管理服務人得到一般民眾的專業肯定。

現行的公寓大廈管理服務人管理辦法規定，「一」名「事務管理服務人員」再加上四名根本不具就業市場與專業空間的「技術服務人員」就可以組成「公寓大廈管理維護公司」，從事派遣總幹事、行政助理與清潔人員業務。可是在這樣欠缺完整組織理論根據的制度設計下，即使「公寓大廈管理維護公司」和其派遣的「總幹事」之間，都存在著角色重疊的矛盾；也就是說如果總幹事具有獨當一面處理公寓大廈管理事務的能力，那麼管理公司既無存在的價值。反之管理機能若來自於管理公司，「總幹事」只是單純扮演「執行者」角色，那要求「總幹事」具備「事務管理服務人員」資格豈非多此一舉？

如此粗糙鬆散又充滿矛盾的組合，叫人如何相信原本設置是要推動管理專業化、證照化的「公寓大廈管理維護公司」具備專業服務能力，能夠協助社區大樓提昇管理效率？無怪乎營運空間日益跼促萎縮，淪落為「雙牌公司」經營「人力派遣」業務的入場券！

當前公寓大廈管理服務最大的問題在於缺乏「標準」，僅有的標準是「公寓大廈管理條例」及其施行細則。整個產業也尚未建立具有實質意義與標準化的專業服務內容。按照內政部所訂定的「管理維護契

約範本」，公寓大廈管理公司所提供給社區大樓的服務除了協助「監督」保全、機電、清潔等公司執行各項業務外，竟然盡是些「電話接聽」、「鑰匙保管」、「失物招領」這一類消極被動又缺乏技術深度的工作。

由於缺乏辨別優劣的「標準」，區分不出服務業者的好壞，社區大樓只好以價格來作為選擇管理公司的依據。

同樣也因為「標準」尚未建立，所以管理業者即使有心提昇專業管理品質，也難以獲得市場的青睞回應，久而久之自然放棄努力。

又由於整個行業除了「保全」與「公寓大廈管理維護」這兩項不難取得的特許資格外沒有其他進入障礙；以致新競爭者不斷加入，市場無可避免地走向價格競爭。建築在「標準」基礎上的「專業管理技術」與「服務品質」遂成為惡性競爭下的犧牲品，晾在市場上乏人問津。社區大樓對管理公司的需求就只剩下包裝在「管理」和「保全」外衣底下的「人力派遣」。

「雙牌公司」所提供的「人力派遣服務」沒有品質的差異，只有包裝的不同。雖然免除掉社區大樓人力招募與人事作業的麻煩，但卻存在以下六個不利於公寓大廈管理良性發展的隱憂：

一、「雙牌公司」為了求生存，必須儘可能壓低派遣人力的薪資福利，使得公寓大廈服務工作失去吸引優秀人才投入的誘因。再加上缺乏評定服務人員工作價值的「標準」，所謂工作表現其實是做人的功夫，因此容易出現人才反淘汰的現象。

二、「雙牌公司」的利潤來自於人力差價或是人才成本乘以一定比例的服務費。因此服務業者要追求最大獲利，就要讓社區大樓儘可能使用最多的人力。能夠設計成五個人的工作，絕對不會只安排三個人執行！這顯然違反公寓大廈管理追求效率的目標，卻完全符合業者的利益。

三、管理服務業者必須藉「專業分工」來達成前述目的，於是本來一個人可以包辦的工作就必須刻意切割，分開交由警衛、清潔、行政事務人員個別處理，但這種做法其實是更

進一步降低個別服務人員原本就已經不高的工作價值，妨礙服務工作的專業化發展。

四、由於欠缺法律以外的「標準」與專業工作技能，「雙牌公司」所派遣的服務人員若是學識稍高或歷練較廣；除了可能令業者尷尬外，有時甚至還會威脅到業者的存在價值。所以管理服務業者在招募人力或從事教育訓練時，必須適度「去智慧化」或「保留實力」以免危及自身利益。但這樣的動機卻又是與社區大樓管理積極延攬優秀人才和強化服務人員工作能力的方向背道而馳。

五、基於相同的道理，管理服務業者當然也排斥可能威脅到其營利生存的資訊化、自動化以及任何能夠改善公寓大廈管理效率的新制度或新方法。

六、社區大樓必須透過外在的管理服務業者來指揮、教導與控制其服務人員，除了溝通過程拉長與時效性不佳外，更糟糕的是還讓服務人員有機會利用兩邊老闆之間的矛盾與管理上的疏漏，左右逢源尋找對自己最有利、最清閒、最不必背負工作責任的空間。

要走出國內公寓大廈管理服務目前低效率、反效率的惡性循環，就必須由政府帶頭進行整體管理制度的檢討與翻修。

首先政府必須放棄過去公寓大廈管理無所不包的迷思，認清公寓大廈管理本質上是「建築物管理維護服務」或者在香港被稱為「物業管理」的一環。其功能是在幫助集合住宅制定公共事務決策與提昇管理效率。

完整的「物業管理」應包含目前「保全公司」與「公寓大廈管理維護公司」的服務內容，再加入符合業主個別需求的周邊項目。其服務對象為包括公寓大廈在內的各類型建築物，由單一主管機關統一管理。理論上，將目前專門經營「公寓大廈駐衛警保全服務」的服務業者納入「物業管理」範圍，不僅可以立即改善公寓大廈管理服務效率，也較有利於「保全業」的單純化發展。

「公寓大廈管理服務」仍可以是「物業管理」範圍內的一項特許資格，但其角色應定位在社區大樓的「顧問」或「經理人」，具備足夠的專業知識技術，能夠正確並且有效率的協助社區大樓解決問題，而非目前在社區大樓現場從事服務工作的作業人員。

政府在訂定相關法規限制「物業管理」服務人員從業資格與工作範圍前，必須先整合產業相關知識、釐清從業人員工作價值與需具備的職業技能；建立明確實用的服務價值體系並推動職能分級制度，才能提高從業人員學習意願與產業整體人力運用效率。除了基本的安全維護、建築物相關知識與防災技術外，「公寓大廈管理知識」與「公寓大廈服務技能」也應該是「物業管理」從業人員的工作能力指標。

政府應檢討目前「雙牌公司」人力派遣的運作方式是否暗藏勞力剝削情形，促使業者提昇「物業管理」服務附加價值，尋求建立勞、資與建築物業主三贏的理想薪獎制度。

產業需要良好的環境與合理的制度才能夠正常發展，優質的公寓大廈管理需要高效率的「物業管理」做為載具方能深植普及。期待政府大刀闊斧突破目前重重法令與現實障礙，規劃長遠宏觀的產業發展政策，創造全民安全美好的生活環境。

建立高效率的介面

三十年前，電腦還是個只有少數頂端知識精英才能接觸使用到的遙遠名詞。時至今日，大部份十歲以上的小朋友都已經具備使用電腦收集資料與製作報告的能力，電腦儼然已經成為現代人工作、學習和娛樂不可或缺的基本工具。其中關鍵即在於電腦的操作介面不斷改善，讓使用者越來越不需要依靠學習與記憶繁複的指令，單憑藉圖形指示、經驗與直覺就能夠靈活運用電腦眾多便利強大的功能。

電腦以外，人類生活中各個層面莫不是如此。日常各種器物設施功能越來越齊備，但使用操作卻是越簡單易懂，帶給人們莫大的方便。這樣的進步除了歸功於科技進步外，還得感謝因為人類不斷累積智慧經驗所創造出來的「介面革命」。

如果從「介面」的觀點來檢驗目前的公寓大廈管理，現行的作業方式實在存在不少值得研究改進的地方。

辦理過公寓大廈管理組織報備申請作業的人都有過相同的經歷，就是申請人必須提供報備主管機關一張建築物基本資料表，表內要填寫建築物的地號、建號、面積等資料。申請人要按照建築物使用執照上的數字一一填入，然後檢附使用執照影本提出申請。而地方主管機關承辦人員在收到申請文件，再依照使用執照上的數字檢核申請人所填寫的資料是否正確。如果發生疏漏或錯誤，地方主管機關就會退回所有文件要求申請人補正後再重新申請。

這樣的作業方式令人費解！如果申請人與審核人員資料都是來自於同一張使用執照，那麼申請人只要提供使用執照影本即可？為什麼要申請人謄抄與加總一遍，再叫承辦人員以相同的方式來驗證申請人的算術與抄寫能力？

如果建築物區分所有數目曾經因為房屋合併或分割而發生變動，申請人還得自己奔波戶政或地政機關取得相關的證明文件提供報備主管機關當作附件，否則報備申請不會通過。

奇怪的是，這些文件資料其實也都是政府核發提供的呀！而且政府不是已經把這些資料全面電子化了嗎！既然如此，叫申請人員去申請這個、檢附那個、把原始資料上的數字照抄或是加總一遍的意義何在呢？

如果主管機關多用點心力進行研究，就會發現很多文件其實可以省略；很多資料其實政府的資料庫已經有了！根本不需要民眾再另外提供。現在的行政作業很多是在做虛功，做了等於沒做，徒然浪費申請民眾與公務人員的時間精神。

　　如果主管機關再多用點心，把政府現有的資料整合起來，讓民眾可以直接透過網際網路取得房屋以及區分所有權人資料；甚至於直接列印各項行政作業所需要的文件表格，減輕民眾辦理報備的作業負擔，相信一定能夠鼓勵更多未立案的社區大樓成立合法的管理組織。

　　國內存在許多屋齡二十年以上的公寓，絕大多數未依法成立管理組織。這種類型的集合住宅缺乏僱請專人服務的經濟規模，但這並不意味小型的公寓大廈就不需要管理或是法律的制約保障。

　　然而政府提供給民眾參考的「公寓大廈規約範本」卻是個專門為中大型公寓大廈量身訂做的版本；對於公寓居民而言複雜而不實用。如果有一份「公寓版」的「規約範本」配合簡易的程序讓小型公寓管理與公權力接軌，相信大部份居民都會樂意配合。

　　目前的「公寓大廈規約範本」只有單一版本，難以滿足各種類型公寓大廈的不同需求。就像鞋店只賣一種尺寸式樣的鞋子，要如何期待客人踴躍光顧？政府要帶動優質的管理，就必須先歸納數種公寓大廈類型，按照其實際需要提供不同的「規約範本」，才能真正幫助民眾訂定完整實用的規約。

　　公寓大廈管理知識應為全民共有的財產。然而近年來政府推廣公寓大廈管理的方式，卻是以管理服務人為「推廣介面」，要求付費參加提供「公寓大廈管理知識」的資格講習才能取得從業資格。但由於缺乏法律層面外的應用「標準」，除了讓講習人員認識相關法令規定外，對提昇公寓大廈管理品質助益其實有限。

　　如果政府能夠公開「公寓大廈管理服務人講習」課程內容，便利民眾取得「公寓大廈管理知識」並參與探討，相信對於良好公寓大廈管理的推廣與深化將會產生更顯著的效果。

　　介面設計的良窳關係到整體工作執行效率，期待政府妥善規劃更簡單的作業流程，設計提供更人性化的公寓大廈管理資訊介面，讓優質的公寓大廈管理落實於社會的每一個角落。

包裝在管理下的人力派遣

　　人是組織發展的原動力，也是決定管理成敗的關鍵因素。公寓大廈管理執行層面的首要問題，就是如何取得執行各項公共事務的服務人力。

　　目前一般社區大樓取得人力的方式有二種：分別是管理委員會自聘管理服務人員與外包由樓管公司派遣。由於政府政策的驅使帶領，近年來人力外包方式有逐年成長的趨勢；但仍有約半數的公寓大廈仍採用自聘。亦有部份社區大樓將人力外包一段時間後又改回自聘，或是採混合方式——部份自聘、部份外包。

　　目前一般大樓管理公司承攬公寓大廈管理維護業務的方式是對外招募人力直接派駐社區大樓、提供基本的表格簿冊後，聽從管理委員指揮執行各項工作。由於缺乏專業訓練與工作要求，服務表現往往不如人意。

　　公寓大廈管理員屬於無固定雇主職業，大多由退休或二度就業人力擔任。從業人員可向職業工會或勞動合作社申請辦理勞健保或視個人需要另行投保職業意外保險、政府提供勞健保費用四成的補助，工作的待遇及條件則由從業人員與雇主自行協議訂定。

　　管理人力如果由大樓管理公司派遣，服務人員身份將成為管理公司的員工。與直接受雇於公寓大廈的方式相比，政府的補助變少、退休金等人事支出增加、勞動條件亦須符合勞動基準法規定。如此多繞一圈所造成的人事成本提高再加上維持管理公司營運的管銷利潤，最後還要開立發票另外再多付百分之五的營業稅，反映出來的人事費用自然要比管理委員會自行經營方式高上許多。這也是國內半數以上公寓大廈仍自行聘用管理人員的主要原因。

　　但成本高還不是外包方式的唯一缺點，看不見的浪費和損失才是長期被掩蓋住的大問題！

　　大部份管理公司憑藉派遣人力賺取中間差價生存。雖然市場競爭激烈，業者多以低價作為競爭手段，報價之低甚至不足以分攤管銷成本，但仍可以藉由以下途徑獲取額外利潤：

　　一、社區大樓支付給管理公司的服務費用包含服務人員的勞保、健保費用，但許多從業人員因為已領取勞保退休給付或由政府補助健保費用，因此無法或不必以管理公司員工身份再加入保險。這部份沒用出去的錢既未用於受雇人員、也不必退還管理委員會，而是變成為管理公司的外快。

　　二、社區大樓按月付給管理公司的服務費用也包含了服務人員的年終獎金，但從業人員的流動性高；服務人員若在年度中離職，原本離職員工應按比例獲得的年終獎金又變為歸管理公司所有。

　　三、服務人員請假或工作發生缺失時，管理公司會扣發其薪水或獎金，但社區大樓卻未必相對扣發管理公司的服務費用。形成服務品質不佳、管理公司反倒賺得更多的不合理現象。

　　原本應該運用在從業人員身上的保障福利沒有發揮出應有的功能，卻使第三者憑白獲利，這種不容易發現的浪費和損失長期累積十分驚人！

　　不過最嚴重的還是現行人力外包制度本身既已埋藏著利益與角色上的矛盾衝突，無法調和各方立場、共同合作為經營良好管理而攜手努力。

　　企業以追求利潤為目的，社區大樓定期支付給管理公司的固定金額服務費用裡包含了管理公司派駐人員的薪資、保險、獎金、管理公司的管銷成本與利潤。其中自然也涵蓋了為鼓勵服務人員良好工作表現的績效獎金。只是當管理公司與服務人員的錢全部混在一

起交由管理公司運用時，雙方的利益就直接發生衝突。管理公司球員兼裁判，顧了別人就顧不了自己。當服務人員工作表現良好而管理公司頒發獎金或加薪予以鼓勵時，管理公司的利潤卻因而相對減少，形成了獎勵員工就是在懲罰自己的矛盾現象。

正因為如此，管理公司怎麼可能用心於管理品質的提升？當然就偏愛雇用不需要支付勞健保費用的高齡退休人員，更希望服務人員最好做到一半自動不幹。因為人員的流動性越高，對管理公司營收越有助益。運氣好抓到管理員打瞌睡又沒被管理委員會知道，每次罰五百公司就賺五百。然而這些符合企業利益的期待，卻是與建立良好管理所追求的人事穩定、積極鼓勵等原則恰好背道而馳！

人力外包的缺點還不僅如此，它將社區大樓管理區分成員工、雇主和雇主的老闆三個層級。三個階層中，最底層的員工與和最高層雇主的老闆朝夕相處，卻得要透過平日不在服務現場、只能靠二手資訊來了解狀況的管理公司居間指揮協調。讓現場服務人員得以利用三角關係中的矛盾與漏洞推諉怠惰，拿著其中一個老闆當做應付另一個老闆的擋箭牌，規避自己應盡的責任義務。在這種不良的制度設計下，社區大樓縱有再完善的管理規劃也不可能貫徹落實。

由於先天制度上的缺陷，使得管理公司始終難以呈現令人滿意的績效。只能仲介人力與辦理不能發揮管理作用的人事管理工作，而無法真正協助社區大樓發揮有效的管理機能。因此公寓大廈人力外包一段時間後收回自營，實肇因於所謂交給專業管理公司管理與社區大樓自行經營之間沒有明顯差異所致。

民國八十四年立法院通過「公寓大廈管理條例」，翌年內政部公佈了「公寓大廈管理服務人管理辦法」，規劃以「公寓大廈管理維護公司」為媒介，來帶動社會良好公寓大廈管理發展。

然而隨後的社會發展卻逐漸演變為樓管公司必須是一間「雙牌公司」，同時要經營「公寓大廈管理」與「保全」兩項業務。當社區大樓需要管理公司提供人力時，必須和公寓大廈管理維護公司與

保全公司分別簽訂合約。由管理公司提供「總幹事」來處理行政事務、保全公司派遣警衛負責安全維護。

「雙牌公司」的營運方式極端缺乏效率，嚴重影響到公寓大廈管理的正常發展。其形成源自於以下兩個原因：

一、政府未將「公寓大廈管理維護公司」比照「保全公司」核定為可由勞雇雙方自行約定工作時間、得不受勞基法工時規定限制的行業。因此業者要提供必須彈性調整工作時間的「公寓大廈」警衛人力時，就不得不另外以「保全公司」的名義派遣。另一方面，「保全公司」又受到「保全法」限制不得從事「公寓大廈管理」業務，於是「雙牌公司」遂成為服務業者不得不然的無奈選擇。

二、由於「公寓大廈管理」的「標準」尚未建立，一般人即使沒有特別的知識技術也可以加入從事，致使新的競爭者不斷湧入。因此遵照政府規定成立的「雙牌公司」，也樂於將門檻並不算高的「雙牌公司」資格拿來當作行業「聊勝於無」的「進入障礙」。

由於法令不當的切割與限制，使得國內「公寓大廈管理服務」始終受制於「雙牌公司」的迷思與困境，因為缺乏專業表現與服務效率而呈現以下現象：

一、政府近年來雖持續推動「公寓大廈管理」的專業化、證照化宣導，以及舉辦優良公寓大廈、優良公寓大廈管理維護公司評選等推廣活動，但仍有半數以上的社區大樓未透過大樓管理公司，仍然自行聘僱管理服務人員。顯示目前的「公寓大廈管理服務」尚未獲得社會的普遍接受認同。

二、國內有高達千家的大樓管理公司，然而設置網站的卻寥寥可數。即使有，其網頁內容也往往乏善可陳。不是放些警衛人員舉手敬禮、操練擒拿的相片，就是強調經管理念或

「三心二意」之類的空洞訴求，再不然就是標榜自己具備「社區發展」或「社區總體營造」等已經逾越「公寓大廈管理」範圍的能力。對於能夠真正吸引顧客、突顯自己專業效能的核心服務內容、控制方法，卻罕見詳細用心的說明介紹。可見整個行業的知識密集程度尚有待提昇。

三、電腦早已成為各行各業不可或缺的基本作業工具，但在公寓大廈管理方面，卻罕見電腦自動化功能的有效應用。大部份社區大樓不是仍以人力處理文書或財務作業，就是僅將電腦當作打字機使用。顯示公寓大廈管理服務尚停留在勞力密集的人工作業階段，徒具備各項管理元素而缺乏系統化的整合運用。

四、許多社區大樓採用招標方式來選擇管理公司，這代表就買方的角度而言，各家管理公司所提供的服務完全沒有差異。或意味社區大樓住戶普遍缺乏辨別管理公司服務品質好壞的能力，因此往往自動放棄選擇的權力，任由出價最低的大樓管理公司主宰交易。

五、常見大樓管理公司所派遣的服務人員在公寓大廈與管理公司服務合約期滿後，留在社區大樓繼續接受管理委員會僱用，或換套制服變成為另一家管理公司的員工，顯示員工對管理公司忠誠度普遍不足。不過相對大樓管理公司也缺乏保障服務人員長期穩定工作的能力，往往管理案場服務結束，服務人員也隨即跟著失業。

六、不管是公寓大廈管理公司或是保全公司，其收入皆來自於人力差價，或是偶見以人事費用乘以一定百分比、通常稱為「管銷費用」的名義收取。這代表管理公司依照社區大樓規模，公共事務複雜程度、服務項目多寡、為公寓大廈所帶來的經營效率提昇等「非人力派遣因素」計算向社區大樓收取「管理」服務費的「對價關係」並不存在，管理對於人力其實就像是買菜順便抓把蔥這樣的附帶關係。

七、常見到大樓管理公司為了要減少人事支出，將原本三個人的工作建制縮減成為二個人；也就是讓服務人員每天上十二小時的班，一個月休假二日或四日。業者雖解釋其出自從業人員自願，但事實上卻是為了賺錢而將人力壓榨到極限、完全不顧員工生活與工作品質的惡質行逕。

八、大樓管理公司透過登報或是公民營就業服務機構替社區大樓招募人力，其從業條件，不論公司規模大小，幾乎皆是年齡、身高與沒有前科。待遇則隨著年齡的增長而遞減，顯示資歷、經驗和專業工作技能在服務工作中毫無附加價值。同時也代表目前的公寓大廈管理服務，除了從業人員依照年齡、身高所推估出來的體能狀況外，沒有其他任何「品質標準」。業者所販賣的，完完全全是不經加工、不含智慧的原始勞力。

九、由於大樓管理公司缺乏協助社區大樓創造有效管理機制以及將管理工作賦予其派遣人員執行的能力，使得警衛人員工作內容始終侷限於訪客登記、掛號信處理、保持良好服務態度與不要打瞌睡。連帶使得管理公司自身「管理」、「控制」、「督導」、「考核」派遣人員的角色也跟著變得無足輕重、可有可無。

這樣的經營模式，使得大樓管理公司非但未能發揮帶動台灣社會良好公寓大廈管理的功能，反而變成公寓大廈管理進步發展的障礙，原因來自：

一、政府從未針對規範公寓大廈管理行業營業內容的相關法規進行整合，營造產業良好的經營環境。服務業者必須成立兩家公司，才能經營完整的公寓大廈管理人力派遣，因此從先天上就已經註定缺乏服務效率的命運。

二、但政府卻又在已經沒有效率的人力派遣業務上，針對並非大樓管理公司「服務」所創造出來的人事費用課徵營業稅。

使得社區大樓透過管理公司獲得人力時，在人力成本上平白多出百分之五的負擔，如此當然更降低民眾的接受意願。

三、由於缺乏系統化的科學研究，因此國內公寓大廈管理尚未建立經得起檢驗的「標準」或「準則」。也就是說，大樓管理公司相對於社區大樓或所派遣的服務人員，根本不具有專業知識與管理技術上的優勢。這種狀況就像是政府先設立了會計師，但會計師據以作業的一般會計作業原則和相關會計稅務法令規定卻猶未出爐，如何能期待其發揮帶動良好管理的設置目的？

四、由於專業化的「管理服務」亦尚未出現，因此大樓管理公司在執行人力派遣後，除了分攤服務案場部份行政文書工作外，根本找不到其他能夠發揮的專業空間。本身既無可供表演的舞台，又如何能獲取社區大樓的接受肯定？

五、大樓管理公司賺取人力差價或依照人力成本計價收費的營利方式，會使得管理公司導引社區大樓在經費狀況許可下使用最多的人力。為達此目的，管理公司必須刻意切割與降低個別服務人員的工作價值。在這樣的交易規則下，服務業者當然會為了自身利益而犧牲社區大樓的人力運用效率。

六、同樣源自於「人力外包」制度的缺陷，使得大樓管理公司的收入產生自對派遣員工薪資、獎金或福利的苛扣剝削，或隱藏於社區大樓的浪費損失。讓管理公司自失善良忠誠的服務立場與客戶的信任。

七、派遣工作人員雖然隸屬於大樓管理公司，卻沒有一般營利事業員工與企業禍福與共的緊密關係。大樓管理公司縱使賺再多錢，其派遣人員也分沾不到些許好處。因為他們儘管名義上是公司員工，但實際上卻從未在那家公司上過班，也不清楚公司的服務範圍與內部工作性質。他們和管理公司的關連不過就是當初面試、領取制服和不超過三天

的職前訓練，此外就只剩下每個月從銀行存摺看到來自公司的薪水進帳。既然沒有紅利獎金、沒有加薪、也沒有升遷機會；大樓管理公司對其派遣人員行為的「管理」、「控制」，全靠精神鼓勵和道德勸說！

八、大樓管理公司的利潤與員工薪資獎金全部混在一起，不但斷送了社區大樓為追求良好管理而實施人性化薪獎制度的希望。也腐蝕了管理公司領導統御其派遣員工應有的公正超然立場。再加上人事任用權其實掌握於社區大樓管理委員會，管理公司太容易被看破手腳，讓原本應受其指揮制約的派遣人員洞悉其缺乏資源與實質控制能力、凡事只能聽命於管理委員的跛腳現實。在派遣人員的眼中，大樓管理公司是壓榨自己勞力的剝削者，唯有降低付出，才能夠使交易關係趨於公平。

由於行業發展走進了人力派遣的死胡同，使得大樓管理公司只能像一個低聲下氣的小媳婦，週而復始地向管理委員與住戶扮笑臉、賠不是，再三保證會努力改善人員的服務態度、工作品質並加強教育訓練，卻永遠對改變現況無能為力。

「管理」的意義是運用規劃、組織、協調、指導和控制等基本活動，有效的利用組織內所有人員、金錢、物料、機器、方法等資源，促進其相互密切配合，以順利達成組織特定任務以實現其目標。其目的在增加產出或提高效率。

用此標準檢驗國內公寓大廈管理運作現況，可以確定目前大樓管理公司提供給社區大樓的服務無關乎「管理」，而是百分之百的「人力提供」。在「雙牌公司」模式運作下，管理公司不提供「管理」，保全公司也不保證「保全」。其服務方式不但增加社區大樓的營運成本，還反而破壞社區大樓應有的管理機制。因此要提升國內公寓大廈管理，建立健全的交易制度與管理服務專業倫理應是首要當務之急。

系統化公寓大廈管理

所謂系統，指的是同類型的事物，依照合理的原則，以一定的秩序相互聯屬而成為首尾連貫的整體。

系統化的意思，則是將所要管理的人事物，以合理的原則與科學化的方法加以結合，使得工作過程得以簡化、單純、進而降低成本或提高質量。

「管」「理」二字各有其不同的意思，「管」指的是對行為加以限制，「理」的意義則是依循一定的方法和程序。「管理」兩個字合起來，就是經由限制的手段，來達成特定的目的。

系統化管理，則是指對於要處理的事物，設計出由特定的人以固定的作業方法和運用特定的工具執行，以獲致及提高處理事物的控制能力與產出。在系統化管理的作業過程中，任何一個工具或操作程序動作都有其整體連貫的特定意義；若非在作業中存在特殊的機能，就是留到後續處理過程再進行查核驗證。

公寓大廈管理的目的是要處理集合住宅區分所有權人和住戶的共同事務，現代社會對於公寓大廈管理有以下期待：

一、帶來安全的保障與充份的尊重。

二、公共行政事務能夠確實有效率的執行，並定期自動回報反應各項管理維護作業執行狀況。

三、定期執行各項維護工作，使得公共環境清潔衛生、公共安全得以確保、機電與防災設施隨時保持正常。

四、提供能增進區分所有權人與住戶生活便利的服務。

五、管理服務人員具備專業知識與工作技能，能夠完全掌握管理資訊及建築物狀況，並充分了解與公寓大廈管理實務有

關的法令規定。隨時提供需要知道的區分所有權人或住戶，發揮良好溝通機能。

六、當住戶有違反公共利益的行為發生時，管理服務人員能夠在第一時間依照法律程序予以制止並視狀況進行後續處理，防止違規現象繼續仿效蔓延。

七、意外狀況發生時，管理服務人員能夠在最短的時間內進行適當的處置。降低意外災害所可能帶來的損失或不便。

八、以最低的成本發揮最具價值的管理服務功能。

然而傳統的公寓大廈管理卻大多依循舊有的運作模式，停留在以下狀況：

一、社區大樓所聘用的管理員或警衛大多缺乏專業的工作技能，提供的服務項目僅限於訪客登記、掛號信處理以及收取管理費。工作表現往往不是看處理事情的能力，而是看做人的本領。

二、管理委員會除了要聘僱警衛或管理員外，還必須聘用一名總幹事來處理日常行政事務。如果總幹事無法自行處理財務與文書工作，還得要再請一名行政助理或由管理委員協助辦理財務或文書管理事務。

三、行政工作仍停留在人工作業階段，無法即時反應現實管理狀況。管理行政作業人員常耗費時間反覆處理相同的資料。縱使部份社區大樓使用電腦，也僅使用簡單的文書或試算表處理功能。索取資料或詢問管理訊息往往得等待相當漫長的人工作業時間。

四、財務作業管理凌亂鬆散，缺乏有效控制機制，難以預防舞弊行為。

五、區分所有權人或住戶向管理人員提出問題時，最可能得到的答覆是「不知道」，而從管理委員或總幹事所得到的答案也未必完整正確。

六、當有違規行為發生的時候，管理委員會或服務人員往往採取不正確的處理方法，造成更多不必要的衝突誤會。要不就是不加理會。坐視違規行為侵害到其他住戶利益。住戶得自靠力救濟來維護自己的權益，或者乾脆有樣學樣，讓違規情形一再擴大普及。

七、樓梯間被住戶堆滿了私人的物品，防火門被上鎖堵死。一旦災害發生，極可能造成嚴重的傷亡。

八、建築物的設施從不做定期檢查維修，一直要等到損失或不方便發生後才被迫進行處理。

　　歸納起來，普遍存在於傳統公寓大廈管理的現象是「只做維護而不做管理」。「只雇用服務人員而不要求該從事工作的內容和作業方法」。「只應付眼前問題而缺乏預警準備」，「只求交代工作而不求執行效率」。

　　深入分析更不難發現，傳統的公寓大廈管理方式根本缺乏「完整明確的工作目標」、「標準化的作業方法」、「自動化的作業工具」、「專業化的人力運用」、「嚴密的作業執行控制」、「良好的溝通介面」與「教育訓練與職能等級制度」等建立良好管理的基本元素。

　　要徹底解決傳統公寓大廈管理死氣沉沉、績效不彰的陳疴，滿足公寓大廈居民對現代化管理的期待，唯一的解決方案就是導入系統化的管理，才能完全轉變傳統社區大樓公共事務鬆散粗糙的運作型態。

　　系統化的公寓大廈管理具有以下特色：

一、服務內容完整化；

二、作業程序標準化；

三、工作執行自動化；

四、人力運用專業化；

五、作業控制完整化；

六、溝通介面人性化；

七、教育訓練制度化。

服務內容完整化

系統化公寓大廈管理的目標，就是要有效率的執行公寓大廈的共同事務。包括行政事務、維護事務與住戶服務事務等三大工作類別。

行政事務包含會議行政工作、公共基金處理工作、公告處理工作、公共文件處理工作、公共財產處理工作以及住戶發生違規行為處理工作。

維護事務則包含公共環境清潔衛生維護工作、防災機能維護工作、人身與財產安全維護工作、公共設施機能維護工作與建築物修繕維護工作等項目。

住戶服務事務則以掛號信處理為典型代表。

傳統的公寓大廈管理服務人員大多欠缺處理行政事務的能力、而負責辦理行政工作的總幹事或行政助理又普遍缺乏科學化的管理技能，經常使用效率低落、甚至錯誤的作業方法來執行各項管理工作。

系統化的公寓大廈管理則充份運用電腦自動化的功能，將原本耗費大量人工的抄謄、打字、排版、編輯、校對、結轉、整合、計算、查詢、印製等煩複財務與文書工作全部交給電腦執行。

管理服務人員只要透過簡單的操作，就可以產生各種行政事務所需要的憑證與文件以執行各項作業控制

傳統的公寓大廈管理除了將電梯、機械設備、清潔衛生等專業工作發包給特定廠商或個人進行保養與維護外，幾乎就不再從事其他預防性的維護工作。

原因出在大部份維護工作的目的是在防範未來可能發生的不方便或損失，除非意外狀況真的發生，否則有做沒做住戶沒有感覺。

　　再加上缺乏作業執行控制機制，無法有效掌握作業執行狀況。就算主事者起頭搞的轟轟烈烈，到最後也必定落得虎頭蛇尾、無疾而終。經常是維護機能早就消失殆盡，而住戶們卻仍渾然不知。

　　然而，許多維護工作其實是既簡單又能明顯發揮管理上的功效。譬如，管理服務人員定期巡視樓梯間與公共通道，逐一檢查與記錄避難通道是否被人堆置物品以及防火門是否遭人上鎖或阻擋，就可以及時發現問題予以處理，維持逃生避難通道的暢通、有效保障住戶安全。

　　又像管理服務人員每隔一段時間把自動充電器具的插頭拔下，等電池內電力耗盡後再重新插上充電，就能夠延長蓄電池的使用壽命、降低設備維護成本。

　　不像傳統公寓大廈管理方式總是要被動地等到問題出現再來解決，系統化的公寓大廈管理主動執行能夠增進住戶共同利益的維護工作，積極減少任何意外損失發生的可能。

　　一般公寓大廈管理服務人員除了幫忙住戶代收掛號信以外，就很少再能看到其他服務。

　　有時房屋出租或出售，服務人員幫忙屋主介紹帶看，結果一不小心就惹來不務正業或是利用職務賺取外快的指責批評，常令服務人員左右為難、無所適從。

　　其實，只要管理得當並掌握公平原則，服務人員可以為住戶帶來許多原先意想不到的生活便利。

　　譬如，公寓大廈如果購置住戶共同使用的設備或用品，交給管理服務人員保管維護，住戶需要時向服務人員登記取用，就可以避免住戶重複購買的浪費情形發生。

　　又像屋主可以向管理服務人員登記房屋要出租或出售，資料輸入電腦後服務人員列印房屋租售資料張貼於公佈欄，讓來找房子的人能夠很容易的獲取屋主或聯絡人的資訊。就是既不費力氣、也不違反公平原則而又極具助益的服務方式。

系統化的公寓大廈管理追求住戶最高的福祉，充分運用人力與管理資源，提供豐富的生活服務項目。

作業程序標準化

現代管理有兩大基本要求，一是任何工作都要建立與妥善保存完整的工作記錄，另一個要求是所有的工作都必須具備明確的文字、圖面、聲音或影像等資訊傳播媒體進行指導並規範執行工作的程序及方法。

傳統的公寓大廈管理沒有固定的工作方式，亦缺乏檢驗工作成效的標準；不要求服務人員在工作中建立記錄，也不進行後續的追蹤評核。經常可見管理人員虛耗精力在處理不具管理意義的工作。

系統化的公寓大廈管理則以公共事務運作為核心，把管理服務人員的工作場所當成一個管理事務所。著眼在公共事務的執行與管理機能的維護，追求用最精簡的人力創造出最豐富的工作價值。

傳統公寓大廈管理的另一個共同現象是缺乏整合，管理事務完全集中在個人身上，當負責處理特定事務的人不員在時，工作就隨之停頓，也無法取得相關的資料或訊息。

系統化的公寓大廈管理則講求團隊效果，要求每一個服務人員具備一定的工作能力，能夠隨時接手處理各項管理事務，有效維護公寓大廈的管理機能與工作執行效率。

系統化管理追求作業目的與作業程序的合理化，將每一項管理作業目的予以明確定義規範、再將每一個作業拆解到最細微的動作、隨後加以進行有意義的連結、清楚界定出責任的歸屬，並在可能出現問題的地方設置檢查點，預防作業過程中任何可能發生的疏漏或錯誤。

作業程序標準化完成之後，接著便可以運用工具進行自動化，進一步降低人力負荷並減少錯誤發生的機會。

　　以公共文件管理為例，管理委員會有義務替全體住戶保管日後可能使用到的文件。因此公共文件一定要妥善管理，不但要預防遺失，更要在需要使用的時候，在最短的時間內可以找到。

　　公共文件產生時，應該要立即進行登記，並製作公共文件記錄單以便日後借出使用時記載借用、歸還與處理的經過。

　　公共文件需要定期清點，否則借出的時間長了就可能會找不回來。每次清點都要建立記錄，以便釐清作業人員的工作責任。

　　除此之外，公共文件還需要定期整理，挑選出超過保存時效或必要的文件進行報廢。以免文件逐日堆積，既佔用空間又影響尋找的效率。

　　導入自動化之後，管理服務人員只要將公共文件的類別與名稱輸入電腦，就可以直接列印記載完整文件訊息的公共文件記錄單，然後按照順序擺放在檔案夾內。

　　要使用文件時，只要利用電腦就可以快速查詢到公共文件擺放的地方，如果文件已被借出使用，從公共文件記錄單上就可以知道是誰借用與何時借用。

　　相對於傳統公寓大廈管理毫無章法的作業方式，詳細規劃每一個作業標準化動作的系統化管理，將工作的程序與目的劃分的條理分明，是建立社區大樓管理效能的基本條件。

工作執行自動化

　　電腦是管理工作上效率最高的作業工具。系統化的公寓大廈管理使用整合性的電腦管理作業系統，管理人員只需要負責輸入自己所處理的事務資料，其他儲存、計算、結轉、整合、輸出等工作全部交給電腦來處理。

　　傳統的公寓大廈管理方式把電腦當作打字機使用。相同的資料分別存放在不同的電腦檔案，若有變更就必須開啟各個檔案逐一更

改，一有疏漏遺忘，即造成資料不一致的現象。作業人員需要耗費大量時間精力反覆進行核對檢驗。

自動化的資料庫系統則全然不同，作業人員在一處修改資料，所有應用相同資料的不同文件都自動跟著同步更新。不但有效降低錯誤發生的機會、也使得工作效率大幅提高。

從系統化管理的角度來看，人其實是最不牢靠的工作成員。與其他工具相比，人的記憶能力有限、數字計算速度緩慢又經常出錯、人會怠惰、疲勞還不時會受到情緒、健康等因素左右而影響工作效率。

但是管理卻又不得不靠人來判斷與執行，因此系統化的公寓大廈管理朝向「文書製作」、「財務管理」、「作業執行控制」、「資訊傳達」、「教育訓練」等五個方向進行自動化發展，用以彌補人力之窮，強化整體管理效能。

文書製作自動化

公寓大廈管理包含了許多文書製作的工作。如日常公共事務的公告、召開會議時從會議通知、管理工作報告到會議記錄的準備提供、住戶發生違規行為時管理委員會用來進行制止的書面催告、乃至於對外通知聯絡的信函等，皆是管理過程中不可或缺的必要應用文件。

不像傳統管理方式都是等到事務狀況發生再由行政人員開始撰稿、打字、排版、校對，系統化的公寓大廈管理預先製作好所有管理上所需要的文件，一旦使用需要發生，管理服務人員只要透過簡單幾個電腦點選動作，甚至不需要打字，就可以直接列印各種文件加以使用。

以公告的製作為例，公寓大廈公告通常具有共同的主題與類似的內容，如財務狀況的定期揭露、召開會議的通知、設備保養維護記錄的公佈、清潔衛生作業的配合要求等等。不同的通常就只有日期時間或地點而已。

　　自動化的管理作業系統提供各種可能使用到的預設主題，管理服務人員只要點選系統預設的主題，電腦就會自動輸入預定的公告內容，服務人員簡單更改公告內容的日期時間或地點，接著按下螢幕上的列印按鈕後就算大功告成。

　　又像當住戶有違反法律或公寓大廈規定行為發生時，管理服務人員也只要直接從電腦列印用來制止住戶違規行為的書面催告文件，再填上違規人姓名、門號樓層與違規日期時間，即已符合法律上對公寓大廈管理組織處理違規行為程序上的要求。

　　使用資料庫系統進行文書製作的另一大好處是便於管理。文件製作完成後，電腦系統會自動記錄所有輸入的資料，方便日後查詢或再做進一步的彙整處理。

財務管理自動化

　　電腦最早應用在企業，就是用來處理繁複的財務管理工作。公寓大廈公共基金收支處理雖較一般企業會計作業方式簡單，但仍少不了登記、計算、沖銷、結轉、核對、製表等一連串步驟，往往耗費大量的精神與時間，令非會計專業人員望之生畏。

　　系統化的公寓大廈管理以電腦取代傳統管理的人工作業方式，將絕大部份財務處理工作交由電腦代勞。服務人員只要在工作中輸入自己所經手處理的各項收支資料，電腦會隨時計算與顯示完全正確的財務狀況訊息供管理人員進行驗證查核。製作財務報表也只要在電腦螢幕上直接選取列印，所有原先人工處理的打字、計算、核對、編輯排版等工作都在瞬間由電腦自動完成。

　　系統化公寓大廈管理的自動化財務作業方式不但精簡人力的運用、縮短作業時間、提高管理作業準確性，更能有效杜絕人為舞弊、大幅提高社區大樓財務作業的安全性。

作業執行控制自動化

早期工業界普遍使用表格要求作業人員填寫，事後再加以統計、分析、比對以了解和控制工作的執行。在電腦尚未普及以前，管理報表資料的會整、分析處理完全以人工方式進行，過程費時費力又容易發生錯誤。但在管理科學技術尚不發達的當時，這卻是提高生產力與控制力的唯一方法。

傳統的公寓大廈管理也用表格來記錄各項管理訊息。所不同的是，公寓大廈管理鮮少對於服務人員所留下的工作記錄再進行任何追蹤、研究、分析或比對等後續處理動作。這意味傳統公寓大廈管理完全放棄運用建立工作記錄後加以整理分析所應發揮的控制機制，也使得做記錄這項工作本身失去了原本的意義。

公寓大廈管理重心不同於製造業所追求的產量提升，而是在眾多維護事務的執行控制與管理實際狀況的有效掌握。資訊革命後，電腦與人的介面越來越人性化、操作方式也越來越簡單，自然成為處理繁複管理控制工作的最佳工具。

系統化公寓大廈管理充份運用了電腦大量儲存資料以及快速運算的優勢，要求管理服務人員將任何有控制意義的管理資料輸入電腦，以便藉電腦的即時狀況顯示與管理報表的記錄追蹤來掌握及控制管理作業狀況。

資訊傳達自動化

公寓大廈管理的重要工作之一，就是要讓人知道有哪些規定必須遵守，有哪些措施需要配合。此外，管理組織的各項管理狀況也必須適時傳達給區分所有權人和住戶了解。才能在良好的溝通基礎上建立起和諧互信的關係。

　　傳統的公寓大廈管理始終無法解決資訊儲存與傳達的問題，經常是訂了很多規定，卻不知道應如何去保存與應用。往往預先印製好一大堆的書面資料擺放在一格一格文件櫃裡，結果不是擺著佔了地方又派不上用場，就是真正要用的時候偏偏找不到，浪費空間又缺乏效率。

　　系統化公寓大廈管理將所有與社區大樓管理相關的資訊按照合理的分類儲存在電腦裡，當資訊使用的需要發生時可以立即透過簡單的操作程序列印使用。不但省下擺放資料的空間，也不會造成資源的浪費。

　　除了列印書面資料外，系統化公寓大廈管理服務人員還可以利用生動活潑的多媒體單元向住戶說明社區大樓的各項管理規定，將電腦自動化的功能發揮到淋漓盡致。

教育訓練自動化

　　傳統的公寓大廈管理由於缺乏明確的工作要求，更不用說標準化的作業方法。因此教育訓練的必要性與成果並不明顯，社區大樓與管理公司都不重視。就算有，也僅是針對相關法律規定與意外狀況處理原則以人員面對面講授方式進行。成本高效果卻不好。

　　系統化公寓大廈管理則必須透過嚴格的訓練才能使服務人員運用標準化的作業方法來執行各項管理工作，因此教育訓練成為系統化管理不可或缺的重要部份。

　　系統化的管理運用存放在電腦中的多媒體單元當做服務人員教育訓練的教材，服務人員只要在所服務的社區大樓利用工作閒暇就可以自行播放多媒體單元以了解各項管理的原理、作業的方法與電腦操作的程序。

　　除了具備用來對服務人員做講解說明的多媒體單元外，電腦還可以列印出各等級管理服務人員進行訓練時所應觀看學習的多媒體項目表，以便有效控制人員學習的進度與內容。

　　學習告一段落之後，電腦還必須具備產生各個職能等級的能力測驗表的功能，以便驗收服務人員的學習成果。

　　系統化的管理需要系統化的教育訓練，而自動化則是教育訓練成功的首要條件。

人力運用專業化

　　傳統公寓大廈管理經常是運用了眾多的人力卻不見明顯的工作成效。服務人員大部份時間處在閒置狀態，當意外狀況出現需要處理時，又因為缺乏教育訓練與資訊掌握能力，難以發揮出令人滿意的表現。

　　系統化的管理則設定由受過專業訓練的服務人員，依照標準化的作業方法並運用自動化作業工具，發揮完整的管理機制，推動各項管理維護工作的正常運作。

　　公寓大廈管理工作主要在處理日常生活住戶間權利義務關係與執行固定行政工作，大部份工作內容並不涉及高深艱奧的學問和技術。因此只要提供便利的作業工具並加以用心訓練，管理服務人員不但可以獨當一面處理多項維護性與服務性事務，還可以執行幾乎所有的行政管理作業。

　　除此之外，系統化的公寓大廈管理還要求管理服務人員具備公寓大廈管理法令規定知識、扮演好訊息傳達的溝通角色與隨時掌握社區大樓的各種管理狀況。

　　系統化的公寓大廈管理給予服務人員專業的教育訓練，讓在第一線處理管理事務的服務人員直接掌握確實的管理訊息。將服務人力價值發揮到最高極限，並為管理服務人員帶給專業工作尊嚴。

作業控制完整化

　　傳統公寓大廈管理所面臨的最大難題之一在於無法確實掌握各項工作的執行狀況，管理委員會往往對於管理人員在做些什麼、執行方法與工作進度一無所悉，作業品質亦無從要求。

　　系統化公寓大廈管理除了運用標準化的作業方法外，還需要配合實施作業執行控制，才能真正發揮管理機能，有效控制管理作業的進度與品質。

　　良好的管理來自於良好的作業記錄，系統化公寓大廈管理使用自動化作業工具，在作業過程中同步建立完整的處理記錄或憑證，一般作業憑證由管理服務人員依照系統化方法妥善保存供日後追蹤查證，工作記錄則在作業完成後呈送管理委員會核閱並公佈出來，讓全體住戶共同了解與檢驗。

　　系統化公寓大廈管理將工作責任明確劃分給每一個管理服務人員，其中最基本的任務就是將工作中所發生的各項管理訊息輸入電腦，以便電腦進行自動化處理，即時反應當時的管理狀況。因此每一次服務人員到班退班的工作交接，不單僅是管理工作責任的移交，更是一次管理狀況的檢查確認。

　　不僅如此，系統化公寓大廈管理還將作業執行控制工作也交由管理服務人員自己執行。管理委員會只要決定好定期執行的工作項目並輸入電腦，管理服務人員就會在每個月初或星期開始所列印出來的月工作計畫表與週工作計畫表上看到排定執行的計畫性工作項目。管理服務人員負責自行檢查是否完成所有計劃中的工作。並針對未完成的工作項目，填寫說明作業未完成的原因和處理經過。在月份或星期結束時呈送管理委員會核閱。

　　每個月份結束時，管理委員會除了從上一個月份的月工作計畫表了解計畫性工作的執行狀況外，還可以從管理服務人員所列印提

供的各項管理狀況報表了解社區大樓管理實際運作情形。系統化的
公寓大廈管理讓管理委員不必事必躬親，只需要定期閱覽報告並針
對異常及無法解決的問題加以了解和裁示，就能夠全盤掌握管理
狀況。

在計畫性工作之外，系統化的公寓大廈管理也對於臨時性任務
進行專案工作管理。管理服務人員在接獲工作指示後將專案工作內
容輸入電腦，之後並隨著工作進度輸入簡要的處理經過。在輸入專
案結束資料以前，管理委員可以在管理服務人員每週、每月結束和
管理委員會召開會議時所呈送的管理狀況報表中看到未結案的專
案工作處理情形。因此任何管理委員會所交辦的事項，管理服務人
員都必須自行確認追蹤，並定期接受管理委員會的檢核及指導，直
到工作完成為止。

系統化管理的作業執行控制將社區大樓所有管理事項從事前
的工作計畫、文件憑證的製作、資料存放的方式、一直到後續追蹤
檢核的處理流程都做好周密的設計及規範，是維護公寓大廈完整管
理機能、確保各項公共事務確實執行的最佳保障。

溝通介面人性化

公寓大廈管理包含了大量的訊息傳遞工作，諸如：

一、相關法律及管理規定必須要傳遞給需要知道及配合遵守
的區分所有權人和住戶。

二、需要住戶配合的管理維護作業實施前必須通知到相關的
住戶。

三、公共基金的運用情形與管理維護作業執行狀況需要定期
向全體住戶揭露。

四、區分所有權人或住戶對公共事務的意見要傳達給管理委
員會。

五、執行管理維護工作的程序及方法要教導讓管理服務人員
　　充分了解應用。

六、管理服務人員要向管理委員會報告管理狀況或作業執行
　　情形。

溝通機制的良窳主掌了管理經營的成效。像社區大樓這樣的非
營利性組織，如能保持溝通管道的暢通，使各項訊息能夠正確迅速
地傳達給需要的人，管理就已經成功了一半。

傳統的公寓大廈管理經營重心集中於總幹事個人，總幹事除了
具備象徵管理機制的行政作業能力外；更重要的是，總幹事擁有較
完整的管理專業知識，並實際處理各項管理事務，通常是社區大樓
唯一能勝任溝通協調任務與提供正確管理資訊的靈魂人物。

系統化的公寓大廈管理藉由自動化與教育訓練使每一位管理
服務人員具備遠超過傳統總幹事的作業能力與專業知識。同樣也藉
由人性化的溝通介面使管理服務人員得以發揮前所未有的完整溝
通機能。

為了維護公寓大廈的管理機制，系統化公寓大廈管理要求服務
人員在遇見新搬入的屋主或住戶時，要主動提供規約或「公寓大廈
管理條例」規定。在發現住戶將進行裝修時，立即列印提供裝修注
意事項。在住戶提出管理上的建議時，會將住戶的意見輸入電腦，
直到傳達任務完成才結束管制。

此外，系統化公寓大廈管理在規劃作業程序與執行方法時就已
經融入了能充份發揮資訊傳達機能的設計：所有管理維護作業記錄
和作業執行控制報表都要公佈讓全體住戶了解與檢核、電腦中的
管理狀況資料在每一次服務人員交接班時進行核對簽認、公共基
金收支報表須長時間張貼於公佈欄直到新月份的財務報表產生公
告才予以取下更換。每個月列印管理費繳費通知單同時列印前月
份公告摘要併同上個月財務收支報表寄給未進住社區大樓的區分

所有權人，各種措施都是要加強溝通效果、確保管理資訊的有效傳遞。

系統化公寓大廈管理由管理服務人員來執行溝通任務，服務人員必須是社區大樓的萬事通，具備充足的管理知識、通曉相關法律與社區大樓管理規定、更要確實了解社區大樓狀況，能夠隨時正確回答住戶與管理委員所提出來的問題。

要達成上述目標，系統化公寓大廈管理首先必須克服傳統公寓大廈管理無力解決的教育訓練問題。因為要把服務人員變成管理專家，就必須投資大量的時間、人力和準備龐大的資料教材進行系統化的訊息傳輸。而教育訓練所需要的場地、設備、交通、餐飲、師資等，卻又無一不是人力與金錢的龐大負擔。

其次就資訊的儲存與傳遞而言，人其實是非常不理想的應用媒介。人腦記憶容量有限，在運用語言傳達訊息時又往往失之精確；幾經轉述，訊息的內容就難免失真走樣。透過管理服務人員來傳遞訊息，就必須先克服人力先天上的不足，否則難保資訊傳達錯誤失真，衍生無謂糾紛。

資訊傳遞的形式有很多種，語言的效率高，但精密度差。文字的精密度高，但效果不像語言那麼生動富有感情。照片及動態影像傳達具體事物形狀、大小、顏色、位置或動作的效果比語言文字都好，但卻不易表達抽象的意念或原理。仔細比較，各種訊息媒體及傳達方式各有缺點，也各有擅長。

而人對於訊息內容的接收也各有深淺不同的反應。訊息的內容如果太過具體明確，可能會遺漏其背後的通則原理，令人無法類推到其他事物加以應用。但若過於深奧抽象，又極可能讓人只知其事理，卻無法落實應用。

系統化公寓大廈管理妥善運用各種資訊傳遞型態優勢，規劃在不同的狀況情境下運用最理想的資訊傳達模式。因此當管理委員向管理服務人員詢問社區大樓狀況時，簡單直接的口頭答覆效率最

高。當新進住的住戶詢問管理規定時，服務人員可以從電腦列印出相關的管理規定才算詳細清楚。如果住戶對文字表述方法或規定內容還有疑問，需要再進一步說明時，管理服務人員還可以播放電腦多媒體單元，讓情境式多媒體表達方式同時以表達抽象原則與具體事例兩個層次含義的動態多媒體影像來解答對方的疑惑。各種資訊傳遞方式可以視服務現場狀況需要交互應用，達到最好的溝通效果。

現代管理以知識及資訊的運用為核心。系統化的公寓大廈管理將訓練管理服務人員成為管理專家所需要的法律常識、社區大樓管理規定、防災救難技能、管理原理、作業執行方法及程序、電腦操作步驟、意外狀況處理準則等專業知識資訊都製作成電腦多媒體單元作為教育訓練的基本教材。打破了傳統教育訓練時間、空間、師資與設備器材各項限制，是現代化管理的最佳典範。

教育訓練制度化

人是組織的基本動力，也是決定管理成敗的最大變數。

大凡工作內容越精細、作業方式越先進、經營績效越卓著的企業機關，對於從業人員的專業工作能力要求就越嚴格。系統化的公寓大廈管理也不例外，相對於傳統的公寓大廈管理對教育訓練需求的可有可無，系統化的教育訓練與相配套的職能等級制度是追求最高工作成效的現代化優質管理不可或缺的一部份。

系統化公寓大廈管理對服務人員的工作能力要求甚高，管理服務人員必須認識住戶、必須要了解「公寓大廈管理條例」內容、要清楚社區大樓的詳細管理規定、要熟悉電腦操作、要依照標準化的程序及方法執行各項管理服務作業、還要具備防災救難的基本技能、熟記臨時狀況的應變處理原則……。原因是只要服務人員沒有符合其中任何一項要求，就可能會影響到社區大樓管理機能的完整發揮。

　　專業能力不會從天而降，想要管理服務人員具備任何一項知識、技能乃至於態度觀念，都必須透過教導、啟發、示範、練習、測驗的程序，反覆的學習、加強、檢驗與應用。

　　然而公寓大廈管理事務種類繁多、牽涉領域寬廣深遠，要按照系統化公寓大廈管理的高標準規格進行教育訓練，不但工程浩大、而且非短期內能見到成效。若以傳統人員授課方式進行，成本更將高的令人咋舌卻步！

　　教學內容設計也是一大難題，教學方向如果太偏重理論原則，極可能會造成學習人員欠缺將抽象理論概念對應到處理現實工作的能力。反之如果都只講述實例，又怕學習人員無法觸類旁通、碰到類似狀況時不能舉一反三。單元課程時間稍長，擔心學員注意力無法集中，可是時間太短又不能完整表述所要教授的課程內容。

　　系統化公寓大廈管理運用各種良好方法、充分結合人性因素及電腦自動化功能，突破了重重實施教育訓練所面臨的困難。建構出成本低效果佳、完全滿足公寓大廈管理專業人力需求的系統化教育訓練與的職能等級制度。

　　系統化公寓大廈管理將管理服務人員依專業知識技能分做五個等級。最高等級服務人員具備完整的專業能力、能夠處理從淺到深所有層面公寓大廈大大小小事務，最基礎等級的新進人員也必須要完成職前訓練、具備基本作業處理能力、能在資深同仁協助下維持管理事務的正常運作。

　　系統化公寓大廈管理充份運用電腦多媒體功能，將各職能等級教育訓練課程內容製作成多媒體單元。並運用情境表達方式交互介紹課程內容原理及應用實例，讓學員充份了解如何活用各項管理知識與工作技能。

　　與傳統呆板的人員教授方式相比，內容生動活潑、聲光效果豐富的多媒體教學方式不但增進學習效果、提高學習興趣，而且更突破了時間與空間的限制，使學習人員得以隨時在工作崗位自我充實進修。

　　學習除了實施教導和示範外，還需要靠實際演練來加深印象並找出學習過程中所忽略的部份補救加強。系統化公寓大廈管理由職能等級較高的管理服務人員輔導帶領職能等級低的學習人員在觀看完多媒體單元之後，逐一操作練習各作業執行與電腦操作項目，以增強記憶，鞏固學習效果。

　　學習人員在完成操作練習之後，最後還必須接受測驗，以驗收訓練成果、確保服務人員具備應有的專業知識及工作能力。

　　傳統的公寓大廈管理沒有專業能力分級制度，僅用年齡來區分服務品質和人員薪資。也缺乏客觀的工作價值評核標準，因此無法依據服務人員的工作表現給予適當獎勵，最後造成人力反淘汰的現象。

　　系統化公寓大廈管理運用教育訓練與職能等級制度，結合社區大樓管理服務品質與個人學習動機，讓每一個等級的管理服務人員都樂意學習更高等級的工作技能與專業知識，以爭取更好的待遇和工作條件，是提高管理服務品質的最佳保障。

推動社區大樓 e 化管理的障礙

電腦是人類智慧的結晶，一台電腦背後所代表的是許許多多優秀努力的人一棒接一棒的奮鬥。電腦龐大資料的儲存與快速計算的能力，補足了人力先天的不足，為人類社會各個領域帶來便利與突破。

時至今日，電腦早已成為各行各業的不可或缺的基本設備。但奇怪的是，電腦在公寓大廈管理上的運用一直停留在粗淺階段。大部分社區大樓管理上使用電腦，但卻普遍把電腦當成打字機與掌上計算機來用，完全沒有發揮出電腦應有的功能。

電腦未能在公寓大廈管理上發揮作用原因來自：

一、社區大樓為非營利組織，不像一般公司企業必須面對市場競爭，e 化其實是為求生存不得不然的選擇。公寓大廈因為不會倒，所以不注重效率，也不知道要如何化提高效率。

二、管理服務產業與社區大樓的交易制度是以人力計價，社區大樓所使用管理公司的派遣人力越多，派遣公司的利潤越高。e 化因為能提高管理效率、降低人力使用，因此管理服務產業不會鼓勵、不會建議，更不會協助管理委員會推動 e 化。

三、目前實際從事公寓大廈管理服務的「總幹事」工作重要性與影響力會因為 e 化而降低，擔心工作不保或待遇降低，因此也不會支持推動 e 化。

其中值得探討的是社區大樓住戶與管理委員明明是 e 化管理的最大受益者，但同樣不捧場，原因是：

一、公寓大廈管理為公共事務，投入服務無法為個人帶來好處；有功無賞、打破要賠的情勢造就出不求有功、但求無

過的消極態度，因此難以接受或嘗試與別人不同的、即使
是帶來更大效益的管理方法。

二、在主觀上許多管理委員不相信物業管理公司或管理服務
人員，也不願意採用超出自己理解能力或不熟悉的作業方
法，怕顯現出自己能力不足。因此不會考慮 e 化管理，要
讓各項管理作業皆能在自己控制掌握之下。

三、二十年前為推動企業資訊化，政府動用大筆經費上電視作
廣告，並成立推廣小組巡迴提供中小企業免費諮詢，大力
宣傳鼓勵企業應用 e 化。但政府到現在卻還沒有一個單位
對於推動公寓大廈管理 e 化採取過任何具有鼓勵作用的
具體措施。社區大樓完全聽不到推動 e 化的聲音，當然就
按兵不動，過一天算一天。

四、目前公寓大廈管理服務產業交易制度不利於社區大樓管
理品質提升，但偏偏服務產業又是社區大樓最主要的資訊
來源。因此除非消費者搞清楚這個道理，團結起來改變目
前不合理的交易規則，解決服務業者與社區大樓利益衝
突，否則服務產業仍將繼續扮演管理 e 化最大的絆腳石。

五、推動公寓大廈 e 化管理，需要政府或社會意見領袖或權威
人物帶領提倡，排除民眾對實施 e 化管理的疑慮。但至今
社會在此領域還沒有夠份量的人物出現，更嚴重的是，公
寓大廈管理缺乏完整、周延、簡單、一致的邏輯，連能夠
經得起科學檢驗的客觀價值系統都付諸闕如。也就是
說，e 化管理的基礎其實尚極其脆弱貧乏。

所以要推動社區大樓 e 化管理，還有待社區大樓居民與管理服
務產業更多的努力！

問答精選

（摘自作者於崔媽媽基金會網站
　公寓大廈討論區答覆公寓大廈
　管理相關問題內容）

外牆漏水該管理委員會修嗎？

我家外牆有漏水損壞要求管理委員會處理，管理委員會竟然說外牆、窗子、玻璃是專有部分要我們自行負責，這什麼跟什麼，完全是坑住戶的錢！

　　管理委員會的說法並不是沒有依據，外牆屬於專有部分，只是使用受到規約規定或區分所有權人會議的限制，法律上並未因此規範外牆漏水要管理委員會動用公共基金處理。專有部分外牆漏水，到底該不該拿公共基金來修，應該視這件事交給管理組織處理是否比個別住戶處理更有效率決定。（譬如樓上處理好自己外牆不漏水，卻會造成樓下住戶外牆漏水時，就應該由管理組織統一處理）只要把這道理想清楚，由大家一起做決定，就可以避免日後不必要的爭議了！

　　社區大樓成員管理費該出多少錢是由「約定好的管理維護事項」的性質與數量來決定的。公寓大廈如果定期洗外牆，其成員就必須共同負擔洗外牆的支出。如果外牆滲水也要管理委員會用公共基金修繕，其成員管理費就必須加入修外牆支出金額預估與發生機率的計算。反之如果社區大樓區分所有權人選擇自行處理外牆清洗和修繕，不麻煩管理委員會代為處理，則其管理費負擔自然會輕鬆一些。公寓大廈「管理維護事項」最好預先約定清楚，以免日後遇到狀況發生爭端。

管理委員不做事該怎麼辦？

我們是剛成立不到一年的新社區的管委會財務委員，起初主委比較主動的在處理事情，但是後來主委就開始會把事情往外推，推到後來就變成沒人在處理。我們平常是上班族，下班之後連想要休息的機會都很少，結果主委還把事情往我們這裡推，我們跟主委間已經因為這樣有過幾次不愉快的經驗。我們已經口頭上講了很多次，甚至連要怎樣處理的流程都已經告訴主委了，但是他總是會來一句「那你可不可以……」，每次聽到這裡，心裡一把火就上來，很想回他一句「主委到底是誰！」另外還有一個荒廢的副主委，遇到事情竟然說「我懶的……」，結果事情就變成是我們跟另外一個被我們拖下水的委員處理，請問我們該怎麼辦？

　　既然那傢伙做的不好，另外找個人把他換下來不就得了！但我想你們一定辦不到，如果可以你們早就做了！畢竟大部份頭腦清楚的人不會去坐那個名為「主任委員」，事實上卻是「值日生」的位置。

　　肯擔任管理委員或主任委員多半具有愛心，願意為鄰居服務。但他們的愛心善意卻經常被人濫用，濫用到下次不敢再自告奮勇出來做好人。這是為什麼社區大樓在選舉管理委員時，大家總是萬般謙讓、隨時拿得出來一百個自己無法勝任的理由，極力慫恿別人去做。因為大家都明白，這差事有功無賞、打破要賠，吃力不討好、常常得罪人。

　　當我們嫌人家辦事不努力時，是不是該回想一下，當初推人家出來的時候，是不是曾經哄過人家「事情不會太多啦！」、「到時候大家一起來幫你啦！」也順便想想，做這事的人自己能得到些什麼好處。換了是自己，可以做的心甘情願、無怨無悔嗎？

　　解決問題的方法有二：一是建立好的公寓大廈管理制度，事先預防大大小小、風風雨雨事情的發生。二是把所有執行層面的工作交給有能力的管理服務人來執行。把管理委員的角色重新定義為公共事務的決策者，只負責參加開會與提供管理服務人工作指示。

　　只是我們社會民眾至今仍難改「又要馬兒好、又要馬兒不吃草」的貪便宜心態，反正現在事情有個傻瓜在做，何必多花那個錢。這個傻瓜不做，再期待下一個傻瓜跑出來。這個觀念不改，台灣社會公寓大廈管理將難有突破性的進步。

社區財委突然罷工該怎麼辦？

小弟目前是菜鳥社區主委（接任四個月），因為財委的理念與多數委員不合，從上次月會中提案被否決之後開始罷工（沒見到辭呈，不算請辭）。溝通無效，據了解目前無論是社區住戶還是委員會成員都無人願意接任，這樣下去只好由小弟做「主兼財」，但這樣似乎是非常不妥。有人說可以委託專業會計擔任，但社區經費不寬裕，一個月要花八千～一萬二來補這一塊似乎不太可行。請教各位前輩要如何走下一步？

　　財委為什麼可以挾持管理委員會，要大家聽他的？那是因為他管錢管帳，這樣的付出讓他認為自己可以交換做決定的權力。當大家不聽他的，他就癱瘓管理作業，讓大家知道他的厲害、他的重要。

　　這種社區大樓由出力做事的人來做決定是非常普遍的現象。否則，如果大家都是委員，為什麼其他人不用做事卻有相同決定事情的權力？或者倒過來說，為什麼同樣是管理委員、甚至一樣是住戶，當財委的就該與眾不同、動手做事？

　　社區大樓通常不願意主動面對這種不公平關係，因為大家都抱著搭便車心理，想占別人便宜。財委、主委或所有管理委員最好是盡力做事，卻凡事維護公共利益、尊重大家意見的志工，更重要的是，付出要不求回報。許多管理委員為了迎合眾人期待讚揚，也就真的如此付出，但當他們發現自己的努力居然連做決定的特權都換不到時，他們會感到憤怒、挫折，並中止自己的善意施與。

　　社會上大部分關係靠利益決定，可是公寓大廈卻常刻意忽略這個現實，期待靠別人的善意施捨來解決問題。當財委因為不願或不能替大家管錢作帳時，管理陷入危機。但大家卻仍不願意從根本解決這個問題，而是期待下一個善心人士出現。因為在公寓大廈，省錢是最高的指導原則。社區大樓內部關係是否公平、管理會不會被下一個出力做事的管理委員把持沒這麼重要！

　　不管是八千還是一萬二，只要社區大樓裡沒人能解決眼前財務作業停擺的問題，這個錢都是該花的。除非所有人都認為內部關係公平性、財務狀況的公開透明和日後發生惡性循環互信降低所造成交易成本增加全部加起來都沒這個價值，那社區大樓的未來就只能寄望老天保佑了！

管理委員可以球員兼裁判嗎？

本社區是成立沒多久的新大樓社區，有幾項問題請教：

1. 目前管委會開會通過決議案：財務委員兼帳務管理人並向管委會收取壹萬元記帳費，請問這種未經過區分所有權人開會表決就由管委會自行決議是否有瑕疵？（球員兼裁判）是否公平？誰來監督？

2. 為否定上項之決議，本住戶尋求本社區住戶之認同，至住戶之信箱投信徵求所有住戶之連署。結果所有信件被本社區之管理員主任說經由本社區主委與副主委同意將住戶信箱內之連署信件全部竊取，請問竊信是否有違法？

3. 目前本住戶已徵求住戶五分之一住戶連署是否可以推翻前項之訴求？以上麻煩給予解答！謝謝！感激不盡！

　　貴社區管理組織剛成立，因此委員們沒經驗，他們依手邊現有的資源，想到解決財務管理的辦法就是讓財委兼會計，然後領取一萬塊做酬勞。這的確是球員兼裁判，不值得鼓勵。但你所採取的對應辦法卻也同樣會帶來嚴重的後遺症！

　　區分所有權人與管理委員會之間是一種約定關係，管理委員經推選代表全體區分所有權人來做公共事務決策時，應同時核定單次與全部例行性與非例行性支出的授權額度，以便管理委員會或主任委員在任期中在被授權範圍內核決各項作業與支出。要不然管理委員會大手筆三兩下把公共基金消耗殆盡，或是太小氣什麼錢都不敢花、連雞毛蒜皮小事都要大家開會同意，對社區大樓而言都不是好

事。公寓大廈應該把這樣的關係明訂在規約裡，因為這是管理組織最基本、不可或缺的權利義務關係。只是政府規約範本只教大家訂個要經區分所有權人決議才可以動支的重大修繕標準。民眾照抄的決果是上有政策、下有政策，管理委員會碰到超過額度的重大支出時，只要把單項費用拆成幾筆小額支出就可以規避這條規定與區分所有權人的監督，讓這規定完全失去作用。

不過目前的狀況是管理委員會只是決定每個月付財委一萬元記帳費，住戶們就跳出來大力反對，嘗試發動聯署推翻管理委員會決議。這無異是在向管理委員宣告：「你們是群笨蛋！」「你們沒有做決定的權力！」、「你們做的決定我們不喜歡可以隨時推翻！」管理委員會若接受這樣的對待，等於承認自己的角色就只是個「公差」、「公僕」、「值日生」。試問在這樣的關係下，還有誰會願意出來擔任管理委員？如果大小事情都要經過大部分人同意才可以做，那設置管理委員會還有什麼意義呢？

公寓大廈管理的良窳，受其成員人際關係的影響，最後也會在其成員的人際關係呈現出來。好的管理必須包含尊重、信任、包容與體諒，如果在社區管理組織初期即將這些元素破壞，日後發展極容易走上惡性循環。

民主就是自作自受，台端如果對社區大樓公共事務不放心，就應該自己出馬為眾人服務。現在既然是別人出來，就應該給予信任和尊重。對公共事務有不同看法或更好的點子，可以提供出來讓管理委員會參考，但仍應尊重其做決定的權力。人做的事很難十全十美，眾人之事更難處理，因此管理委員會處事雖有不妥，仍希望您能以包容與體諒，幫助管理委員會找出好的管理辦法，這才會是社區發展之福。

目前公寓大廈管理的困境在於沒人知道該如何正確處理事情，於是儘管瓜田李下，財委還是受不了誘惑或人情壓力接受了每個月一萬塊酬庸兼任記帳工作。管理委員會做決定的當下可能會覺

得些點不妥，只是為了解決眼前問題，也顧不了其中「球員兼裁判」的尷尬矛盾！

從指揮管理員將住戶信箱內信件拿走這件事可以再次印證管理委員會缺乏正確判斷能力，這個做法激起住戶公憤，於是大家開始連署，打算用開會來解決問題。

但開會真能解決問題嗎？

貴社區的兩個問題，第一是財委球員兼裁判，第二是管理委員會把住戶的信拿走。開會時討論：

一、財委不得兼任支薪會計或記帳人員；

二、管理委員會不可以把住戶信箱內的信拿走。

順利的話，五分鐘就可以結束。只是鋸掉了外面的箭，留在身體裡的呢？

這個會議如果通過以上決議，代表的是區分所有權人反對並撤銷了管理委員會的決定做為，收回這二件事情的決定權，這無異是打在管理委員會臉上的一記耳光，宣告他們做錯事情，令其極為難堪。

最理想的發展，是管理委員們從善如流，接受大家意見承認錯誤，問題解決了，社區居民從此過著幸福快樂的生活，只是這種機會實在不高！

比較有可能發生的，是管理委員們堅持自己的決定是對的，這麼做是為社區好，公共事務不可能做到每一個人都滿意，大家要體諒管理委員的辛苦，應該支持「義務服務」、「無給職」管理委員所做的決定。

如果這樣的呼籲無法息止眾人猛烈的攻擊砲火，管理委員最後多半拋下一句話：「要不你來做看看！」、「那我不做總可以吧！」燙手山芋往外一扔，有沒有人接無所謂。自己既沒拿錢替大家做事，何苦沒由地任人糟蹋？

任何人碰到這種狀況，要留住尊嚴就只能辭職不幹，叫大家另請高明。反正管理委員吃力不討好，能夠無事一身輕、旁邊涼快專挑別人毛病豈不更好！

如果貴社區的發展走到這一步，請問現在有預備人選準備接任管理委員了嗎？這些問題接任的人有能力處理嗎？這割開的傷口要多久才能癒合呢？

公寓大廈管理是微型的政治體制，參與者必須具備政治性格與政治手腕才能勝任並促使公共事務順利運作。但一般人不是政治人物，也缺乏對政治運作的正確認識，往往抱著服務社會的熱情投入社區大樓服務。但與一般社會服務工作不同的是，擔任志工通常是在服務社會弱勢，善心的付出即使做得不好也會獲得鼓勵，做得好更會獲得感激肯定。而服務公寓大廈卻是在幫助和自己社會經濟狀況相彷的鄰居，做好事情未必獲得肯定讚揚，做錯決定卻必須面對眾人無情的指責檢討。

與擔任志工最大的差別，在於管理委員握有權力，這使他們變得不可愛。但住戶們卻通常不願接受這個事實，他們期待的管理委員是友善小白兔，能夠無私無我地為自己、為眾人謀福利。但是當自己權利受到侵害影響時，他們又要能像超人一樣替自己捍衛權益。因此當管理委員會有不合己意的做為或不做為時，便企圖干涉或加以羞辱（例如某些社區規定將連續不參加開會的管理委員除名），制約管理委員扮演好自己期待的角色。

而在管理委員的認知裡，自己既然參與社區大樓服務、出力幫忙解決大家的問題，比其他人更了解公共事務狀況，當然應該擁有做決定的權力。要不然自己豈不是變成「值日生」、「公差」或「跑腿」？許多人都認為在處理公共事務時，「權力」應與投入的時間或貢獻成正比，因此自己做事做得多、狀況更清楚，講話當然應該可以比較大聲。哪裡知道住戶的心裡期待卻是「小事你們解決，大事由我做主」，而且「何謂大事小事，由我決定」。於是就會發生某

些社區管理委員會只是替管理員裝台冷氣，就引發住戶強烈反彈，認為管理委員會擅做主張、浪費公帑，必須負責下台。

「管理」的重要定義之一是「透過他人來完成工作的方法」。在社區大樓，要每一個成員鉅細靡遺地了解與參與其公共事務是不可能且沒有效率的。因此區分所有權人必須選任代表，透過管理委員來解決問題。但管理委員會一經成立具備主體性，即與區分所有權人形成某種立場或利益衝突。（如管理委員會不願退抵建商所預收的公共基金或為了捍衛共同利益而與住戶發生衝突）雙方都希望擁有決策的權力，期待對方尊重退讓。類似的關係極為常見，任何人只要把自己事情交給他人處理，就難免出現類似的患得患失心理；即委託人不得不把事情交給對方，卻又擔心對方沒辦法替自己把事情辦好。如果委託人因而不敢授予受委託人相當決策權力，受委託人就只好事事請示，把問題留給事主，受委託人變成只能傳遞訊息與跑腿，讓「委託」、「分勞」失去意義。

公寓大廈管理良好、有效率運作的基礎是社區大樓推選出代表（管理委員）、設置公共基金（交給管理委員運用保管，否則管理委員這差事沒人要做）並建立規範。大部分的公寓大廈做到前面二項，卻漏掉第三項「建立規範」。往往成為日後各種混亂衝突的根源。

「規範」是衡量一個社會文明程度的重要指標，越進步的社會，「規範」通常越多、越細、越合理、越符合人性，也越能夠真正發揮作用。「規範」不只來自法律或權力，亦來自於理性、倫理、道德、信用等等。「規範」不見得一定形諸文字，有時不成文的規範反而具有更大的影響力。

一個理想的公寓大廈，管理委員會應該具備解決各種問題的能力，因而受到住戶的肯定支持。住戶們選出管理委員，就應該相信、尊重他們所做的決定。但和社會一般社區大樓一樣，貴社區管理委員會因為缺乏足夠的判斷力，做出一個住戶認為有瑕疵的決議。引

發大家不滿，決定出手進行干預。聯署行動又引發管理委員會做出了另一個更嚴重的錯誤決定（抽出住戶信箱中的聯署書），結果讓管理委員會與住戶之間的關係更為惡化。

這樣的發展令人擔憂！在我們社會，社區大樓的管理委員通常沒人要做。管理委員被賦與的期待是幫大家解決問題，但其能夠運用的資源卻非常有限。事實上大部分管理委員抱著愛心與服務熱忱想把工作做好，只是他們分不清做管理委員與做志工根本是兩碼子事，更不知道要把公寓大廈管理弄好有多麼地困難。

貴社區是剛成立的公寓大廈管理組織，社區的文化、人與人的關係正在形成。如果這個時候大家決定對管理委員會打下那一巴掌，這無異是在告訴所有人，你即使是出自好心替大家服務，但你如果不小心把糖當成鹽搞壞一鍋菜，我們還是要修理你！大家看到這一幕，下次還會有人自告奮勇當好人嗎？

再者，做錯事被指責、被羞辱的管理委員，是會深切悔悟，警惕自己以後好好處理公共事務？還是覺得上一次當學一次乖，這種好人以後千萬不能做？

更嚴重的是這些管理委員心裡面會覺得受傷害。他們下來後很可能用相同、甚至於更嚴苛的標準來對待以後的管理委員，希望其他人一塊體會他們所受到的待遇、嚐嚐被苛求、被傷害的滋味。當人善意付出卻得不到回應，甚至連基本的尊重包容都看不到時，憎恨就會出現，這是人性的一部分。

要建立社區大樓成員間的尊重信任非常困難，要毀掉它卻非常簡單。依現在發展看來，貴社區正往這個方向前進！

回頭檢視整個事情的起源，財委兼記帳難道真有這麼罪大惡極嗎？它值得毀掉建立社區長期互信、尊重、和諧關係的機會嗎？這問題值得三思！

（續前）第一次的區分所有權人會議上因大家都不認識，要選委員的人都紛紛的表示要義務的服務，其實只要自己提名選自己就可選上的。現在是要拿錢辦事好像有違背當初的意思！

在連署之前我們已經有寫意見書得到的答案是（請按正常程序來）那是不是要我們連署啊？我們並沒有反對管委會，而是針對財委兼記帳有意見、如果真要記帳收費是不是財委要避嫌一下，就辭去財務委員這樣就不為難了！

管委會真有權利這麼大喔？可以指使管理員將住戶的信箱內信件拿走嗎？很多的住戶都很不滿管委會可以任意的拿走他們的信件（已經引起另外的一個問題），住戶沒有安全感，我們好像住進了監獄，隨時被監視！就因為管委會將信箱內的連署信件拿走，現在已經連署達到 1/5。以上請問我可以拿連署單請管委會將這列入開會的討論議題嗎？我們很簡單只是希望管委會尊重住戶而已。以上希望能得到解答。謝謝！

　　貴社區一連串風波起源於財委不避嫌地同意接任每個月一萬元的記帳工作，這個決定混淆監督者與執行者的角色，破壞社區大樓原本監督制衡的機能。

　　這不禁讓人想到，管理服務人在做些什麼？

　　常有人說總幹事是社區大樓的靈魂人物，公寓大廈管理要上軌道，就必須找個優秀的總幹事。「總幹事」儼然成為社區大樓管理機制的代表，決定了公寓大廈管理的發展命脈。

　　貴社區住戶與管理委員會的衝突起源自財委兼任記帳工作，這不禁讓人好奇，管理主任為什麼不記帳？管理主任如果記帳管帳，貴社區的衝突不就都不會發生了嗎？

很多社區也是這樣，總幹事不負責也不會記帳管帳，這個問題管理委員會得要另行處理，要不另外請位會計，要不由財委自己做。

可是公寓大廈最重要的事不就是把財務，把公共基金的收支、處理運用搞清楚嗎？在社區大樓的公共事務裡，有哪件事會比這件更頻繁？更重要？為什麼總幹事偏偏就不負責處理？

有些社區的說法是，把錢交給總幹事管不安全。好吧！那不要讓總幹事碰錢就得了。每個月把繳款通知和繳款單發給住戶讓他們自己到附近銀行去繳費或轉帳，用支票來支付所有廠商的服務費用。總幹事不是就碰不到錢了嗎！為什麼不叫總幹事來管帳呢？

可是總幹事不懂會計啊！許多總幹事和管理委員都會這麼說。總幹事為什麼需要懂會計？公寓大廈又不是營利組織，公寓大廈不需要報稅，沒有資產攤提折舊、沒有股東權益的問題。公寓大廈根本就不需要像一般公司製作資產負債表、損益表，公寓大廈只要定期對全體住戶揭露其收入支出狀況、公共基金餘額和有哪些人還沒繳管理費就行了。所以社區大樓應該採用的是現金收付制會計方法，而不是企業使用的權責發生制會計方法。可是一般社區大樓搞不懂這點，請的人也都只會公司會計，於是做出大家看不懂的財務報表。

現金收付制的會計方法很多人聽不懂，但只要說流水帳大家就知道是怎麼一回事。這是大家從國中收班費就在開始使用的方法，他的特色是簡單，報表人人會做、大家看得懂。一般營利事業因為要與稅務接軌，所以不得不依政府規定處理帳務。公寓大廈不用報稅，所以使用現金收付制會計方法絕對沒有問題。目前社會約有一半社區大樓使用這種方法，另一半則仍在用錯誤、費事、企業在使用的權責發生制會計方法製作大部分人看不懂的財務報表。

如果社區大樓使用現金收付制的會計方法，如果總幹事工作中可以幾乎不必碰錢，那為什麼總幹事可以不管帳？如果總幹事連這個都不會，那他到底在做什麼？

　　有些社區總幹事會記帳，會製作財務報表。但是卻是用試算表（如 Excel）在做這些事。懂資訊的人就知道，這樣做事沒有效率。只是把電腦當成打字機在用，而且發生錯誤的機率很高。現在用來處理公寓大廈的資料庫系統很多，價格也不高。使用人只要負責資料輸入，其餘轉帳、計算、製作財務報表全部由電腦自動產生，可以讓管理委員會和住戶隨時知道財務狀況、哪些人還沒繳管理費，可以省下所有原來花在計算與檢核的時間，也可以省下請會計記帳的錢。誰操作？總幹事，甚至於警衛、保全員也可以操作。

　　如果有這麼好用的工具，管理委員會為什麼不用？為什麼整個社會幾乎已經全面 e 化了，可是效率高、好用、讓財務管理更安全的資料庫系統就是進不了公寓大廈？

　　公寓大廈管理的問題來自於服務產業的利益考量，目前服務產業的利潤來自人力差價，派遣越多人，樓管公司的營收越高。採用大家都搞不懂的會計方法，總幹事就有藉口說自己沒能力處理，管理委員會就必須再多請一名助理或會計。於是服務產業又多一個人頭可以賺錢。如果今天社區大樓要推動作業電腦化、自動化，管理委員會發現 e 化之後，不但會計不用請，甚至於連總幹事都可以省下來的時候，樓管公司不就平白少了二個人的營收了嗎？

　　之所以談這些，是想提醒您，貴社區所發生的衝突，不盡然全部都該由你們的管理委員會負責。管理委員會很可能只是不知道如何去處理公寓大廈所面臨的問題，而應該要處理問題、或是應該要協助處理問題的管理服務人（管理主任或樓管公司）卻選擇袖手旁觀、置身事外。

　　在我們的社會看清楚這一點，重新規範、調整服務產業利益與公寓大廈一致前，這樣的荒謬景象還會在全國社區大樓不斷重演！

　　再談第二個問題，貴社區的管理主任承管理委員之命把已經放進住戶信箱的聯署書抽出。這個過程中，管理主任或樓管公司有告訴管理委員會，這麼做會犯眾怒，甚至於有法律責任的嗎？我相信沒有！管理主任沒這個膽子，樓管公司也沒有！

　　現在最嚴重的公寓大廈管理問題在於管理委員會沒有解決問題的能力、住戶沒有解決問題的能力，連管理服務人也沒有解決問題的能力！問題的核心其實在於公寓大廈管理根本還沒有形成專業，所謂公寓大廈管理服務，其實只是用管理包裝下的人力派遣。

　　管理服務人（不管是總幹事或樓管公司）不應該是唯唯諾諾，供人使喚的「下人」、「奴才」，他們的功能是要幫助社區大樓解決所有可能發生的管理問題。管理服務人要有專業能力，要有主見看法。他們必須提供管理委員會能夠預防問題、解決問題的具體方案，他們要讓管理委員除了做決定外無事可做，因而得以做的優雅、獲得尊重。他們對所有管理委員違反法律規定、人情事理的決議或工作指示，應該表達反對意見並留下書面紀錄。他們必須在創造公寓大廈共同利益前提下建立專業倫理、自律規則與職業道德。

　　如果我們還認為總幹事是社區的靈魂人物，那總幹事應該是隨時照顧社區健康的醫生，而不是什麼都不會，被叫來叫去處理雜事的看護。

　　回顧整個事件是由財委球員兼裁判所引起的，其背後的原因是管理主任缺乏完整的專業能力。為何如此，交易制度使然。

　　除非消費者（公寓大廈管理委員會）看清楚這點，團結努力改變與服務產業的交易規則，否則這一切都很難改變。

管理委員會可以限制
未繳管理費住戶出入嗎？

我所居住的社區最近於佈告欄張貼管理委員會的會議紀錄其中有一項決議令我匪夷所思，公告中載明管委會通過爲防範宵小及維護已繳交管理費之住戶的權益，將於社區的六個主要出入口（包括地下停車場）裝設磁卡感應裝置限制出入且將盡快請廠商報價裝設。但就我的了解這明顯違反了「公寓大廈管理條例」第九條規定？他們這樣的行爲有觸法嗎？

　　管理委員會因為住戶沒繳管理費而限制其進出，或者限制住戶不可以使用共用設施，停止提供公共服務。萬一住戶接受這個條件，這個由管理委員會自己定義的對價關係成立嗎？住戶以後是不是再也不用繳管理費了呢？

　　管理費的用途是「管理」公寓大廈公共事務與「維護」建物設施的正常機能，社區大樓區分所有權人繳交管理費是因為其「擁有」該區分所有建物的一部分所發生的「共同管理維護」義務，而不是因為通行他人處所、使用他人電梯或享受他人服務所產生的費用或債務。因此管理委員會限制不繳管理費住戶通行權、禁止使用共用設施和停止提供公共服務，是自己搞錯了法律關係。日後再向住戶要求繳交管理費時，住戶是不是可以順著管理委員會邏輯主張因為自己沒有使用門禁卡電梯進出，沒有上健身房、休閒中心，通知警

衛不要幫自己代收掛號信而免除繳交全部或部分管理費的義務？如果管理委員會不同意，那住戶權益的損失又應該如何計算賠償？

　　但管理委員會面臨住戶不繳管理費時到底該怎麼辦？依「公寓大廈管理條例」第二十一條及第二十二條規定處理，前者不繳管理費住戶僅需負擔遲延利息，對不繳管理費行為完全無制裁嚇阻作用。後者處罰太重太狠，一般公寓大廈或管理委員會難以下得了手。最重要的是訴訟對一般管理委員會而言太費時費事，因此社區大樓寧可想些法律外的方法，動用「私刑」來解決問題。

　　其實「公寓大廈管理條例」的核心精神是用行政罰來嚇阻公寓大廈住戶不繳管理費的行為（第十八條與第四十九條規定），只是這條規定大家不知道，於是公寓大廈管理委員會只好另闢蹊徑，踩在法律邊緣自力救濟，遂造成目前各種公寓大廈管理亂象。

閱覽公共資料是否要受限制？

主委收到區分所有權人的存證信函，要求依公寓大廈管理法則第三十五條要求閱覽或影印管委會保管的會計憑證等資料，正常應當照要求執行，因該區分所有權人、要求八十六年至九拾六年的相關資料。請問：

1. 可以調閱十年之久的資料嗎？
2. 該區分所有權人才買一年且並未住在此大廈有權調閱之前之資料嗎？
3. 資料是否僅給該區分所有權人，須由誰交給該區分所有權人及在旁監督？

公寓大廈的資料應該隨時保持公開透明，亦即任何住戶要求閱覽或影印時，都應該配合提供，不論其動機目的。

因此，貴社區大樓若十年前資料還在，那就提供給他吧！如果找不到，也直接了當告訴他，沒有就是沒有，看他又要如何？

就管理方法而言，住戶或利害關係人只要要求就提供閱覽或影印，是最簡單的管理規則。否則一旦加入任何限制條件，那就會開始對限制的「定義」起爭辯，從此沒完沒了。

此外，社區大樓應該要把管理文件、憑證的責任，交給管理服務人員。住戶要看、要影印，直接向服務人員索取、登記即可，連向管理委員會報備都可不必。

上述情形如果能做到，貴社區大樓文件資料大概也沒什麼人有興趣看了！

管理委員會有權用公款包紅白包嗎？

我們社區的管理委員自行決定用管理基金包紅白包給住戶，請問這樣是合理的嗎?有沒有什麼條款可以約束呢？

　　社區大樓公共事務不太可能用正面表列的方式一一限制支出項目，這是總務行政性質工作的特色。因此公寓大廈管理組織除了應該在規約中明定維護項目外，還必須用授權方式來維持管理組織運作的效率。管理委員會和常務委員、主任委員應該都要有一個經費核決權限，在這個範圍內，由他們本著公益良心替大家決定哪些錢該花，哪些錢不該花。否則社區大樓很可能會因為缺一支筆或少一桶油，讓整個管理維護陷入停頓。

　　紅白包該不該包要看對象。服務社區多年的總幹事嫁女兒，主任委員用公共基金包個紅包當然無可厚非，這是人情事故。警衛上班途中騎車摔傷，管埋委員會又豈有不聞不問的道理。可是如果是住戶閒來沒事寄張紅白帖給主任委員，那可麻煩大了！

　　管理委員在一般社區是個服務性質的工作，不像機關首長還有特支費可以使用。如果在這個職位上接到紅白帖，用自己的錢不甘心，用公共基金會馬上牽扯出公平性的問題。因為並不是每個住戶家裡都有婚喪喜慶，就算有也不見得會發帖子給管理委員會。因此此例一開，立即會發生公平不公平的問題。替管理委員會與社區大樓帶來無窮的煩惱。

　　這煩惱是那位亂發帖子的住戶造成的。他不該把管理委員列為寄發紅白帖的對象。紅白帖背後所代表的是人情，而人情的對象應

該是「人」，而不是一個機關或一個位子。住戶與管理委員的關係是從鄰居發展出來的，要講「人情」，帖子應該發給那位「與自己交好鄰居」，而不是那位「擔任管理委員的鄰居」。當雙方有二個以上關係時，要選最親近的來用，這是人際關係的基本倫理！

即使住戶發帖子的動機是欣賞管理委員平日做人處事，希望能藉此結交。還是應該用鄰居的關係，而不是住戶與管理委員會的關係往來。一來棄鄰居關係不用顯得生分，二來因為公平性問題會造成對方左右為難，第三禮尚往來，人與人的關係講究的是有來有往；發帖子給管理委員，收了禮以後怎麼回？什麼時機回？人家不做管理委員後這關係該如何處理？從這些觀點看發帖子這事除了多撈點油水外，沒有一點好處。

當然管理委員會接到帖子如果完全不回應也不通人情，因此最好的辦法，就是管理委員寫張卡片，或者全體管理委員一起寫張卡片，誠摯地表達祝賀或慰問做為回應。沒辦法，誰叫大家碰上這樣的鄰居！

愛車被偷或被刮可否要求管理委員會賠償嗎？

我是住在一個社區大樓中的住戶，幾天前地下室的愛車被不明人士惡意刮車，我已報警處理，但管委會警衛室的監視錄影器，無法正確照到我的停車格位置（說是監視死角，約有十五個車位照不到）。所以抓不到人，要自認倒楣！但心想我可是按月繳交管理費，為何要有差別待遇？別人的車位就管理的到，我的車位就是管理死角。是否有人可以告訴我這樣的管理是否有行政疏失？是否有大廈管理條例約束到著一點？我是否可以向管委會或值班警衛求償？或是減免管理費？

這問題應該找保險公司，而不是管理委員會！

車子停在路邊收費停車格被偷，政府不會賠你。即使你付了停車費，但政府收你的錢是供你停車，可從沒說過要幫你保管！

那一般私人停車場呢？如果停車場入口或牆壁貼了「本停車場僅供停放車輛，恕不負車輛與物品保管責任」的告示，那就表示車子如果被偷，車主只能自認倒楣。因為人家醜話已經說在前面，要停不停你自己決定！

那你的管理委員會答應過要幫你保管你的車子嗎？如果有，你當然可以向管理委員會求償！如果沒有，那還是去找保險公司會比較快些！

　　公寓大廈管理組織存在的目的，是要解決集合住宅共有設施的維護與修繕問題，維護建築物與其設施的正常機能。因此，鐵捲門壞了管理委員會應負責找人修理；消防設備故障時，管理委員會須決定如何修復或更新。

　　那維護停車場停車安全是管理委員會的責任嗎？車子好端端停在停車場被破壞，管理委員會應該賠償嗎？除此之外，窗子被颱風吹壞，或是外牆滲水，管理委員會應該出錢嗎？以及管理委員會既然請了保全幫大家看門，結果家裡還是被小偷光顧，管理委員會或是保全公司該負責任嗎？

　　以上問題答案，應視公寓大廈是否將這些關係納入其管理維護事項而定。前面提及，公寓大廈管理組織成立與運作的目的是在解決其成員（區分所有權人與住戶）的共同問題。但所謂共同問題，其實隨社區大樓的規模、使用性質、共同使用的空間設施、統一管理是否具有效率與大多數成員的主觀意願而異。

　　譬如像帷幕大樓玻璃窗壞了，如果由區分所有權人或住戶自己負責處理，就有可能換上顏色式樣不一致的玻璃或窗框，影響建物整體美觀。如果帷幕玻璃統一交給管理委員會負責，除了可以保持建物外觀的一致外，處理效率也通常較為理想。

　　又像大樓管理委員會是否幫住戶處理垃圾，往往要視大樓有沒有適合統一收集垃圾的空間，有沒有足夠的經費委任垃圾清運公司或雇用專職環保人員負責而定。基本上，效率差異會決定某一項工作由住戶自己負責，或是由管理委員會統一處理。

　　因此任何公寓大廈，除了保養電梯、發電機、環境衛生等明確到不能再明確的共同管理維護事項外，還有很多事情是需要其成員自行去界定，並且經過區分所有權人會議決議通過，載明於規約或會議紀錄。才能正式成為其成員與成員、成員與管理組織間的權利義務關係，以及其管理委員會或管理負責人必須執行的管理、維護、服務事項。

　　但天下沒有白吃的午餐！公寓大廈管理組織負責的公共事務或服務範圍越廣越多，成本就越高，其成員所必須分擔的費用也必然水漲船高。因此，社區大樓當然可以規定，住戶停在地下室的車子若有任何損傷應由公共基金支付予以復原，反正以後每一個人都有碰到這種狀況的機會。也可以規定住戶外牆滲水應由管理委員會負責修復，只要在計算管理費的時候把這些項目維護成本考慮進去然後向區分所有權人收取，有何不可呢？

　　只是沒有一個管理委員會真有本事能包山包海、把住戶照顧到如此無微不至。因為當住戶們了解所有的服務的背後都會跟著帳單的時候，他們的理性會幫助他們做出選擇，決定那些屬於自己真正需要，而且統一交給管理組織處理會比自己更有效率，又沒有第三者可以提供更有效率服務的項目。

　　因此愛車被刮傷，還是找保險公司吧！保險才是經濟社會解決這個問題的方法，除非你真的在你的公寓大廈規約或區分所有權人會議紀錄找到求償的依據，否則還是省省自己和管理委員會寶貴的時間吧！

沒有證照可以擔任總幹事嗎？

我現在居住的社區，總幹事乙職是由保全公司的管理組長兼任，最近聽說主委準備叫一位管委會的委員擔任總幹事，但是他並沒有證照，請問這位委員是否可以擔任總幹事？如果不行請問有什麼罰則？區分所有權人會議中是否可以否決這位委員擔任總幹事？

二十年前有天我突然在家附近路上看到往北二高的指示路牌，當時大家都知道北二高還要一、二年才通車。因此我很納悶這麼早就把指示路牌做好，豈不是會讓一些搞不清楚狀況的人白跑一趟。後來一想，這一定是因為當時路牌裝設工程配合高速公路工程發包簽約，結果高速公路工程落後，可是路牌裝設工程卻按照原訂計畫完成，於是就出現這種告訴你有路可走，其實此路不通的現象。

又隔了幾個禮拜再看到同一個路牌，發現指示往北二高的標示已經用膠布遮蓋起來。我想已經有很多人上過當，打電話開罵，逼交通單位趕緊補救所致。

每一次當有人問到總幹事是不是要有證照才能擔任時，我就會想到前面北二高路牌的往事。民國八十四年「公寓大廈管理條例」出爐時，就已經標示公寓大廈管理進入專業化時代；從業人員或管理公司從業前須取得專業證照或資格，否則將被處罰。其實任何一個專業都應如此，也都是如此。這是在保護投入專業服務的從業人員，同時保護需要與接受專業服務的人。

　　但與其他專業不同的是，公寓大廈管理尚未發展出自己的「專業」，卻已經先有了「專業資格」；即從業人員必須參加講習取得認可證才能從業，可是取得專業資格的背後，卻沒有專業標準、專業知識、專業技術、專業倫理和專業道德。

　　就地取材吧！就在討論區裡我們發現總幹事做出來的財務報表會被財委嫌，還被問說到底會不會用電腦。這問題當然可能出在財委身上，只是一個取得專業資格的管理服務人為什麼要低聲下氣、讓人挑三揀四？為什麼不能理直氣壯的告訴管理委員，我做出來的就是完全正確、符合國家標準的財務報表？公寓大廈的財務報表，本來就該如此！

　　專業的背後是從業人員必須服從的紀律。是某些非做不可的事、做這些事情一定要採用的方法，以及某些絕對不可以做的事。就像醫師不能洩漏病人病歷不僅關係個人道德，還是法律問題，違反這規定的醫生甚至可能被取消醫師資格。但總幹事必須服從的紀律是什麼？管理公司要遵守的規定是什麼？為什麼某些社區在管理公司交接之際，還要指定委員保管重要的文件憑證，害怕管理服務人中間動手腳？如果社區大樓連這點小事都在怕，那政府、服務產業和從業人員到底在做什麼？

　　立法至今十幾年過去，管理服務人的專業紀律只有區區幾條。而且還是「認可證不可以借給別人用」，「認可證到期要去辦理更新」。沒有專業標準的專業講習聽到的全是公寓大廈管理周邊其他人在做的事情。請問這樣的認可證有何價值？這樣的專業資格又如何獲得社會尊重？

　　再想另外一個問題吧！如果社會上存在一種技術能夠幫忙建立良好的公寓大廈管理，那這個技術、標準或講習應該是國家社會的公共財、要對民眾公佈才對啊！什麼時候這竟成了獨家秘方，只傳授想從業的人，一個人收六千？

　　因此用有沒有證照來檢核一個人能不能做好他的專業工作，在別的領域或許可行，但在公寓大廈管理，那張證照是只要去「買」就有了！

　　依版主敘述，你們委員自己下來做總幹事，如果不領薪水，依營建署解釋就不違法，如果支薪，則違反「公寓大廈管理條例」。現況最糟糕，保全公司管理組長兼任總幹事，是既違反「公寓大廈管理條例」又違反保全法。

　　只是我不禁要問，這有意義嗎？路標是好了，可路還沒通呢！

附錄

公寓大廈管理管理條例

說明中華民國 84 年 6 月 28 日總統華總(一)義字
第 4316 號令公布全文五十二條

中華民國 89 年 4 月 26 日總統華總(一)義字
第 8900104430 號令修正第二條條文

中華民國 95 年 12 月 31 日總統華總(一)義字
第 09200243911 號令修正

中華民國 95 年 1 月 18 日總統華總(一)義字
第 09500005871 號令修正發布第二十九條條文；
增訂第五十九之一條條文

第 一 章　　總　則

第 一 條　　為加強公寓大廈之管理維護，提昇居住品質，特制定本條例。本條例未規定者，適用其他法令之規定。

第 二 條　　本條例所稱主管機關：在中央為內政部，在直轄市為直轄市政府；在縣（市）為縣（市）政府。

第 三 條　　本條例用辭定義如下：

　　　　　　一、公寓大廈：指構造上或使用上或在建築執照設計圖樣標有明確界線，得區分為數部分之建築物及其基地。

　　　　　　二、區分所有：指數人區分一建築物而各有其專有部分，並就其共用部分按其應有部分有所有權。

　　　　　　三、專有部分：指公寓大廈之一部分，具有使用上之獨立性，且為區分所有之標的者。

四、共用部分：指公寓大廈專有部分以外之其他部分及不屬專有之附屬建築物，而供共同使用者。

五、約定專用部分：公寓大廈共用部分經約定供特定區分所有權人使用者。

六、約定共用部分：指公寓大廈專有部分經約定供共同使用者。

七、區分所有權人會議：指區分所有權人為共同事務及涉及權利義務之有關事項，召集全體區分所有權人所舉行之會議。

八、住戶：指公寓大廈之區分所有權人、承租人或其他經區分所有權人同意而為專有部分之使用者或業經取得停車空間建築物所有權者。

九、管理委員會：指為執行區分所有權人會議決議事項及公寓大廈管理維護工作，由區分所有權人選任住戶若干人為管理委員所設立之組織。

十、管理負責人：指未成立管理委員會，由區分所有權人推選住戶一人或依第二十八條第三項、第二十九條第六項規定為負責管理公寓大廈事務者。

十一、管理服務人：指由區分所有權人會議決議或管理負責人或管理委員會僱傭或委任而執行建築物管理維護事務之公寓大廈管理服務人員或管理維護公司。

十二、規約：公寓大廈區分所有權人為增進共同利益，確保良好生活環境，經區分所有權人會議決議之共同遵守事項。

第 二 章　　住戶之權利義務

第　四　條　　區分所有權人除法律另有限制外,對其專有部分,
　　　　　　　　得自由使用、收益、處分,並排除他人干涉。

　　　　　　　　專有部分不得與其所屬建築物共用部分之應有部
　　　　　　　　分及其基地所有權或地上權之應有部分分離而為移轉
　　　　　　　　或設定負擔。

第　五　條　　區分所有權人對專有部分之利用,不得有妨害
　　　　　　　　建築物之正常使用及違反區分所有權人共同利益之
　　　　　　　　行為。

第　六　條　　住戶應遵守下列事項:
　　　　　　　　一、於維護、修繕專有部分、約定專用部分或行
　　　　　　　　　　使其權利時,不得妨害其他住戶之安寧、安
　　　　　　　　　　全及衛生。
　　　　　　　　二、他住戶因維護、修繕專有部分、約定專用部
　　　　　　　　　　分或設置管線,必須進入或使用其專有部分
　　　　　　　　　　或約定專用部分時,不得拒絕。
　　　　　　　　三、管理負責人或管理委員會因維護、修繕共用
　　　　　　　　　　部分或設置管線,必須進入或使用其專有部
　　　　　　　　　　分或約定專用部分時,不得拒絕。
　　　　　　　　四、於維護、修繕專有部分、約定專用部分或設
　　　　　　　　　　置管線,必須使用共用部分時,應經管理負
　　　　　　　　　　責人或管理委員會之同意後為之。
　　　　　　　　五、其他法令或規約規定事項。

　　　　　　　　前項第二款至第四款之進入或使用,應擇其損害最
　　　　　　　　少之處所及方法為之,並應修復或補償所生損害。

　　　　　　　　住戶違反第一項規定,經協調仍不履行時,住戶、
　　　　　　　　管理負責人或管理委員會得按其性質請求各該主管機
　　　　　　　　關或訴請法院為必要之處置。

第 七 條　　公寓大廈共用部分不得獨立使用供做專有部分。其
　　　　　　為下列各款者，並不得為約定專用部分：
　　　　　　一、公寓大廈本身所占之地面。
　　　　　　二、連通數個專有部分之走廊或樓梯，及其通往室
　　　　　　　　外之通路或門廳；社區內各巷道、防火巷弄。
　　　　　　三、公寓大廈基礎、主要樑柱、承重牆壁、樓地
　　　　　　　　板及屋頂之構造。
　　　　　　四、約定專用有違法令使用限制之規定者。
　　　　　　五、其他有固定使用方法，並屬區分所有權人生
　　　　　　　　活利用上不可或缺之共用部分。

第 八 條　　公寓大廈周圍上下、外牆面、樓頂平臺及不屬專有
　　　　　　部分之防空避難設備，其變更構造、顏色、設置廣告物、
　　　　　　鐵鋁窗或其他類似之行為，除應依法令規定辦理外，該
　　　　　　公寓大廈規約另有規定或區分所有權人會議已有決
　　　　　　議，經向直轄市、縣（市）主管機關完成報備有案者，
　　　　　　應受該規約或區分所有權人會議決議之限制。

　　　　　　　　住戶違反前項規定，管理負責人或管理委員會應予
　　　　　　制止，經制止而不遵從者，應報請主管機關依第四十九
　　　　　　條第一項規定處理，該住戶並應於一個月內回復原狀。
　　　　　　屆期未回復原狀者，得由管理負責人或管理委員會回復
　　　　　　原狀，其費用由該住戶負擔。

第 九 條　　各區分所有權人按其共有之應有部分比例，對建築
　　　　　　物之共用部分及其基地有使用收益之權。但另有約定者
　　　　　　從其約定。

　　　　　　　　住戶對共用部分之使用應依其設置目的及通常使
　　　　　　用方法為之。但另有約定者從其約定。

　　　　　　　　前二項但書所約定事項，不得違反本條例、區域計
　　　　　　畫法、都市計畫法及建築法令之規定。

　　　　　　　住戶違反第二項規定，管理負責人或管理委員會應予制止，並得按其性質請求各該主管機關或訴請法院為必要之處置。如有損害並得請求損害賠償。

第　十　條　　專有部分、約定專用部分之修繕、管理、維護，由各該區分所有權人或約定專用部分之使用人為之，並負擔其費用。

　　　　　　　共用部分、約定共用部分之修繕、管理、維護，由管理負責人或管理委員會為之。其費用由公共基金支付或由區分所有權人按其共有之應有部分比例分擔之。但修繕費係因可歸責於區分所有權人或住戶之事由所致者，由該區分所有權人或住戶負擔。其費用若區分所有權人會議或規約另有規定者，從其規定。

　　　　　　　前項共用部分、約定共用部分，若涉及公共環境清潔衛生之維持、公共消防滅火器材之維護、公共通道溝渠及相關設施之修繕，其費用政府得視情況予以補助，補助辦法由直轄市、縣（市）政府定之。

第十一條　　共用部分及其相關設施之拆除、重大修繕或改良，應依區分所有權人會議之決議為之。

　　　　　　　前項費用，由公共基金支付或由區分所有權人按其共有之應有部分比例分擔。

第十二條　　專有部分之共同壁及樓地板或其內之管線，其維修費用由該共同壁雙方或樓地板上下方之區分所有權人共同負擔。但修繕費係因可歸責於區分所有權人之事由所致者，由該區分所有權人負擔。

第十三條　　公寓大廈之重建，應經全體區分所有權人及基地所有權人、地上權人或典權人之同意。但有下列情形之一者，不在此限：

　　　　　　　一、配合都市更新計畫而實施重建者。

二、嚴重毀損、傾頹或朽壞，有危害公共安全之
虞者。

三、因地震、水災、風災、火災或其他重大事變，
肇致危害公共安全者。

第 十四 條　　公寓大廈有前條第二款或第三款所定情形之一，
經區分所有權人會議決議重建時，區分所有權人不同
意決議又不出讓區分所有權或同意後不依決議履行
其義務者，管理負責人或管理委員會得訴請法院命區
分所有權人出讓其區分所有權及其基地所有權應有
部分。

前項之受讓人視為同意重建。

重建之建造執照之申請，其名義以區分所有權人會
議之決議為之。

第 十五 條　　住戶應依使用執照所載用途及規約使用專有部
分、約定專用部分，不得擅自變更。

住戶違反前項規定，管理負責人或管理委員會應予
制止，經制止而不遵從者，報請直轄市、縣（市）主管
機關處理，並要求其回復原狀。

第 十六 條　　住戶不得任意棄置垃圾、排放各種污染物、惡臭物
質或發生喧囂、振動及其他與此相類之行為。

住戶不得於私設通路、防火間隔、防火巷弄、開放
空間、退縮空地、樓梯間、共同走廊、防空避難設備等
處所堆置雜物、設置柵欄、門扇或營業使用，或違規設
置廣告物或私設路障及停車位侵占巷道妨礙出入。但開
放空間及退縮空地，在直轄市、縣（市）政府核准範圍
內，得依規約或區分所有權人會議決議供營業使用；防
空避難設備，得為原核准範圍之使用；其兼作停車空間
使用者，得依法供公共收費停車使用。

　　　　住戶為維護、修繕、裝修或其他類似之工作時，未經申請主管建築機關核准，不得破壞或變更建築物之主要構造。

　　　　住戶飼養動物，不得妨礙公共衛生、公共安寧及公共安全。但法令或規約另有禁止飼養之規定時，從其規定。

　　　　住戶違反前四項規定時，管理負責人或管理委員會應予制止或按規約處理，經制止而不遵從者，得報請直轄市、縣（市）主管機關處理。

第 十七 條　　住戶於公寓大廈內依法經營餐飲、瓦斯、電焊或其他危險營業或存放有爆炸性或易燃性物品者，應依中央主管機關所定保險金額投保公共意外責任保險。其因此增加其他住戶投保火災保險之保險費者，並應就其差額負補償責任。其投保、補償辦法及保險費率由中央主管機關會同財政部定之。

　　　　前項投保公共意外責任保險，經催告於七日內仍未辦理者，管理負責人或管理委員會應代為投保；其保險費、差額補償費及其他費用，由該住戶負擔。

第 十八 條　　公寓大廈應設置公共基金，其來源如下：

　　　　一、起造人就公寓大廈領得使用執照一年內之管理維護事項，應按工程造價一定比例或金額提列。

　　　　二、區分所有權人依區分所有權人會議決議繳納。

　　　　三、本基金之孳息。

　　　　四、其他收入。

　　　　依前項第一款規定提列之公共基金，起造人於該公寓大廈使用執照申請時，應提出繳交各直轄市、縣（市）主管機關公庫代收之證明；於公寓大廈成立管理委員會或推選管理負責人，並完成依第五十七條規定點交共用

部分、約定共用部分及其附屬設施設備後向直轄市、縣
（市）主管機關報備，由公庫代為撥付。同款所稱比例
或金額，由中央主管機關定之。

　　公共基金應設專戶儲存，並由管理負責人或管理委
員會負責管理。其運用應依區分所有權人會議之決議
為之。

　　第一項及第二項所規定起造人應提列之公共基
金，於本條例公布施行前，起造人已取得建造執照者，
不適用之。

第 十九 條　　區分所有權人對於公共基金之權利應隨區分所有
權之移轉而移轉；不得因個人事由為讓與、扣押、抵銷
或設定負擔。

第 二十 條　　管理負責人或管理委員會應定期將公共基金或區
分所有權人、住戶應分擔或其他應負擔費用之收支、保
管及運用情形公告，並於解職、離職或管理委員會改組
時，將公共基金收支情形、會計憑證、會計帳簿、財務
報表、印鑑及餘額移交新管理負責人或新管理委員會。

　　管理負責人或管理委員會拒絕前項公告或移交，經
催告於七日內仍不公告或移交時，得報請主管機關或訴
請法院命其公告或移交。

第二十一條　　區分所有權人或住戶積欠應繳納之公共基金或應
分擔或其他應負擔之費用已逾二期或達相當金額，經定
相當期間催告仍不給付者，管理負責人或管理委員會得
訴請法院命其給付應繳之金額及遲延利息。

第二十二條　　住戶有下列情形之一者，由管理負責人或管理委
員會促請其改善，於三個月內仍未改善者，管理負責人或
管理委員會得依區分所有權人會議之決議，訴請法院強
制其遷離：

一、積欠依本條例規定應分擔之費用，經強制執
　　行後再度積欠金額達其區分所有權總價百分
　　之一者。

二、違反本條例規定經依第四十九條第一項第一款
　　至第四款規定處以罰鍰後，仍不改善或續犯者。

三、其他違反法令或規約情節重大者。

前項之住戶如為區分所有權人時，管理負責人或管
理委員會得依區分所有權人會議之決議，訴請法院命區
分所有權人出讓其區分所有權及其基地所有權應有部
分；於判決確定後三個月內不自行出讓並完成移轉登記
手續者，管理負責人或管理委員會得聲請法院拍賣之。

前項拍賣所得，除其他法律另有規定外，於積欠本
條例應分擔之費用，其受償順序與第一順位抵押權同。

第二十三條　　有關公寓大廈、基地或附屬設施之管理使用及其他
住戶間相互關係，除法令另有規定外，得以規約定之。

規約除應載明專有部分及共用部分範圍外，下列各
款事項，非經載明於規約者，不生效力：

一、約定專用部分、約定共用部分之範圍及使用
　　主體。

二、各區分所有權人對建築物共用部分及其基地
　　之使用收益權及住戶對共用部分使用之特別
　　約定。

三、禁止住戶飼養動物之特別約定。

四、違反義務之處理方式。

五、財務運作之監督規定。

六、區分所有權人會議決議有出席及同意之區分所
　　有權人人數及其區分所有權比例之特別約定。

七、糾紛之協調程序。

第二十四條　　區分所有權之繼受人,應於繼受前向管理負責人或管理委員會請求閱覽或影印第三十五條所定文件,並應於繼受後遵守原區分所有權人依本條例或規約所定之一切權利義務事項。

公寓大廈專有部分之無權占有人,應遵守依本條例規定住戶應盡之義務。

無權占有人違反前項規定,準用第二十一條、第二十二條、第四十七條、第四十九條住戶之規定。

第 三 章　　管理組織

第二十五條　　區分所有權人會議,由全體區分所有權人組成,每年至少應召開定期會議一次。

有下列情形之一者,應召開臨時會議:

一、發生重大事故有及時處理之必要,經管理負責人或管理委員會請求者。

二、經區分所有權人五分之一以上及其區分所有權比例合計五分之一以上,以書面載明召集之目的及理由請求召集者。

區分所有權人會議除第二十八條規定外,由其區分所有權人身分之管理負責人、管理委員會主任委員或管理委員為召集人;管理負責人、管理委員會主任委員或管理委員喪失區分所有權人資格日起,視同解任。無管理負責人或管理委員會,或無區分所有權人擔任管理負責人、主任委員或管理委員時,由區分所有權人互推一人為召集人;召集人任期依區分所有權人會議或依規約規定,任期一至二年,連選得連任一次。但區分所有權人會議或規約未規定者,任期一年,連選得連任一次。

召集人無法依前項規定互推產生時，各區分所有權人得申請直轄市、縣（市）主管機關指定臨時召集人，區分所有權人不申請指定時，直轄市、縣（市）主管機關得視實際需要指定區分所有權人一人為臨時召集人，或依規約輪流擔任，其任期至互推召集人為止。

第二十六條　非封閉式之公寓大廈集居社區其地面層為各自獨立之數幢建築物，且區內屬住宅與辦公、商場混合使用，其辦公、商場之出入口各自獨立之公寓大廈，各該幢內之辦公、商場部分，得就該幢或結合他幢內之辦公、商場部分，經其區分所有權人過半數書面同意，及全體區分所有權人會議決議或規約明定下列各款事項後，以該辦公、商場部分召開區分所有權人會議，成立管理委員會，並向直轄市、縣（市）主管機關報備。

一、共用部分、約定共用部分範圍之劃分。

二、共用部分、約定共用部分之修繕、管理、維護範圍及管理維護費用之分擔方式。

三、公共基金之分配。

四、會計憑證、會計帳簿、財務報表、印鑑、餘額及第三十六條第八款規定保管文件之移交。

五、全體區分所有權人會議與各該辦公、商場部分之區分所有權人會議之分工事宜。

第二十條、第二十七條、第二十九條至第三十九條、第四十八條、第四十九條第一項第七款及第五十四條規定，於依前項召開或成立之區分所有權人會議、管理委員會及其主任委員、管理委員準用之。

第二十七條　各專有部分之區分所有權人有一表決權。數人共有一專有部分者，該表決權應推由一人行使。

　　　　區分所有權人會議之出席人數與表決權之計算，於任一區分所有權人之區分所有權占全部區分所有權五分之一以上者，或任一區分所有權人所有之專有部分之個數超過全部專有部分個數總合之五分之一以上者，其超過部分不予計算。

　　　　區分所有權人因故無法出席區分所有權人會議時，得以書面委託他人代理出席。但受託人於受託之區分所有權占全部區分所有權五分之一以上者，或以單一區分所有權計算之人數超過區分所有權人數五分之一者，其超過部分不予計算。

第二十八條　　公寓大廈建築物所有權登記之區分所有權人達半數以上及其區分所有權比例合計半數以上時，起造人應於三個月內召集區分所有權人召開區分所有權人會議，成立管理委員會或推選管理負責人，並向直轄市、縣（市）主管機關報備。

　　　　前項起造人為數人時，應互推一人為之。出席區分所有權人之人數或其區分所有權比例合計未達第三十一條規定之定額而未能成立管理委員會時，起造人應就同一議案重新召集會議一次。

　　　　起造人於召集區分所有權人召開區分所有權人會議成立管理委員會或推選管理負責人前，為公寓大廈之管理負責人。

第二十九條　　公寓大廈應成立管理委員會或推選管理負責人。

　　　　公寓大廈成立管理委員會者，應由管理委員互推一人為主任委員，主任委員對外代表管理委員會。主任委員、管理委員之選任、解任、權限與其委員人數、召集方式及事務執行方法與代理規定，依區分所有權人會議之決議。但規約另有規定者，從其規定。

　　　　管理委員、主任委員及管理負責人之任期，依區分所有權人會議或規約之規定，任期一至二年，主任委員、管理負責人、負責財務管理及監察業務之管理委員，連選得連任一次，其餘管理委員，連選得連任。但區分所有權人會議或規約未規定者，任期一年，主任委員、管理負責人、負責財務管理及監察業務之管理委員，連選得連任一次，其餘管理委員，連選得連任。

　　　　前項管理委員、主任委員及管理負責人任期屆滿未再選任或有第二十條第二項所定之拒絕移交者，自任期屆滿日起，視同解任。

　　　　公寓大廈之住戶非該專有部分之區分所有權人者，除區分所有權人會議之決議或規約另有規定外，得被選任、推選為管理委員、主任委員或管理負責人。

　　　　公寓大廈未組成管理委員會且未推選管理負責人時，以第二十五條區分所有權人互推之召集人或申請指定之臨時召集人為管理負責人。區分所有權人無法互推召集人或申請指定臨時召集人時，區分所有權人得申請直轄市、縣（市）主管機關指定住戶一人為管理負責人，其任期至成立管理委員會、推選管理負責人或互推召集人為止。

第 三十 條　　區分所有權人會議，應由召集人於開會前十日以書面載明開會內容，通知各區分所有權人。但有急迫情事須召開臨時會者，得以公告為之；公告期間不得少於二日。

　　　　管理委員之選任事項，應在前項開會通知中載明並公告之，不得以臨時動議提出。

第三十一條　　區分所有權人會議之決議，除規約另有規定外，應有區分所有權人三分之二以上及其區分所有權比例合計三分之二以上出席，以出席人數四分之三以上及其區分所有權比例占出席人數區分所有權四分之三以上之同意行之。

第三十二條　　區分所有權人會議依前條規定未獲致決議、出席區
分所有權人之人數或其區分所有權比例合計未達前條
定額者，召集人得就同一議案重新召集會議；其開議除
規約另有規定出席人數外，應有區分所有權人三人並五
分之一以上及其區分所有權比例合計五分之一以上出
席，以出席人數過半數及其區分所有權比例占出席人數
區分所有權合計過半數之同意作成決議。

　　前項決議之會議紀錄依第三十四條第一項規定送
達各區分所有權人後，各區分所有權人得於七日內以書
面表示反對意見。書面反對意見未超過全體區分所有權
人及其區分所有權比例合計半數時，該決議視為成立。

　　第一項會議主席應於會議決議成立後十日內以書
面送達全體區分所有權人並公告之。

第三十三條　　區分所有權人會議之決議，未經依下列各款事項辦
理者，不生效力：

一、專有部分經依區分所有權人會議約定為約定共
用部分者，應經該專有部分區分所有權人同意。

二、公寓大廈外牆面、樓頂平臺，設置廣告物、
無線電台基地台等類似強波發射設備或其他
類似之行為，設置於屋頂者，應經頂層區分
所有權人同意；設置其他樓層者，應經該樓
層區分所有權人同意。該層住戶，並得參加
區分所有權人會議陳述意見。

三、依第五十六條第一項規定成立之約定專用部
分變更時，應經使用該約定專用部分之區分
所有權人同意。但該約定專用顯已違反公共
利益，經管理委員會或管理負責人訴請法院
判決確定者，不在此限。

第三十四條　　區分所有權人會議應作成會議紀錄，載明開會經過及決議事項，由主席簽名，於會後十五日內送達各區分所有權人並公告之。

前項會議紀錄，應與出席區分所有權人之簽名簿及代理出席之委託書一併保存。

第三十五條　　利害關係人於必要時，得請求閱覽或影印規約、公共基金餘額、會計憑證、會計帳簿、財務報表、欠繳公共基金與應分攤或其他應負擔費用情形、管理委員會會議紀錄及前條會議紀錄，管理負責人或管理委員會不得拒絕。

第三十六條　　管理委員會之職務如下：

一、區分所有權人會議決議事項之執行。

二、共有及共用部分之清潔、維護、修繕及一般改良。

三、公寓大廈及其周圍之安全及環境維護事項。

四、住戶共同事務應興革事項之建議。

五、住戶違規情事之制止及相關資料之提供。

六、住戶違反第六條第一項規定之協調。

七、收益、公共基金及其他經費之收支、保管及運用。

八、規約、會議紀錄、使用執照謄本、竣工圖說、水電、消防、機械設施、管線圖說、會計憑證、會計帳簿、財務報表、公共安全檢查及消防安全設備檢修之申報文件、印鑑及有關文件之保管。

九、管理服務人之委任、僱傭及監督。

十、會計報告、結算報告及其他管理事項之提出及公告。

十一、共用部分、約定共用部分及其附屬設施設備
之點收及保管。

十二、依規定應由管理委員會申報之公共安全檢
查與消防安全設備檢修之申報及改善之
執行。

十三、其他依本條例或規約所定事項。

第三十七條　管理委員會會議決議之內容不得違反本條例、規約
或區分所有權人會議決議。

第三十八條　管理委員會有當事人能力。

管理委員會為原告或被告時，應將訴訟事件要旨速
告區分所有權人。

第三十九條　管理委員會應向區分所有權人會議負責，並向其報
告會務。

第　四十　條　第三十六條、第三十八條及前條規定，於管理負責
人準用之。

第　四　章　管理服務人

第四十一條　公寓大廈管理維護公司應經中央主管機關許可及
辦理公司登記，並向中央主管機關申領登記證後，始得
執業。

第四十二條　公寓大廈管理委員會、管理負責人或區分所有權人
會議，得委任或僱傭領有中央主管機關核發之登記證或
認可證之公寓大廈管理維護公司或管理服務人員執行
管理維護事務。

第四十三條　公寓大廈管理維護公司，應依下列規定執行業務：

一、應依規定類別，聘僱一定人數領有中央主管
機關核發認可證之繼續性從業之管理服務人
員，並負監督考核之責。

　　　　　　　二、應指派前款之管理服務人員辦理管理維護事務。

　　　　　　　三、應依業務執行規範執行業務。

第四十四條　　受僱於公寓大廈管理維護公司之管理服務人員，應依下列規定執行業務：

　　　　　　　一、應依核准業務類別、項目執行管理維護事務。

　　　　　　　二、不得將管理服務人員認可證提供他人使用或使用他人之認可證執業。

　　　　　　　三、不得同時受聘於二家以上之管理維護公司。

　　　　　　　四、應參加中央主管機關舉辦或委託之相關機構、團體辦理之訓練。

第四十五條　　前條以外之公寓大廈管理服務人員，應依下列規定執行業務：

　　　　　　　一、應依核准業務類別、項目執行管理維護事務。

　　　　　　　二、不得將管理服務人員認可證提供他人使用或使用他人之認可證執業。

　　　　　　　三、應參加中央主管機關舉辦或委託之相關機構、團體辦理之訓練。

第四十六條　　第四十一條至前條公寓大廈管理維護公司及管理服務人員之資格、條件、管理維護公司聘僱管理服務人員之類別與一定人數、登記證與認可證之申請與核發、業務範圍、業務執行規範、責任、輔導、獎勵、參加訓練之方式、內容與時數、受委託辦理訓練之機構、團體之資格、條件與責任及登記費之收費基準等事項之管理辦法，由中央主管機關定之。

第五章　　罰則

第四十七條　　有下列行為之一者，由直轄市、縣（市）主管機關處新臺幣三千元以上一萬五千元以下罰鍰，並得令其限

期改善或履行義務、職務；屆期不改善或不履行者，得
連續處罰：

一、區分所有權人會議召集人、起造人或臨時召
　　集人違反第二十五條或第二十八條所定之召
　　集義務者。

二、住戶違反第十六條第一項或第四項規定者。

三、區分所有權人或住戶違反第六條規定，主管
　　機關受理住戶、管理負責人或管理委員會之
　　請求，經通知限期改善，屆期不改善者。

第四十八條　　有下列行為之一者，由直轄市、縣（市）主管機關
處新臺幣一千元以上五千元以下罰鍰，並得令其限期改
善或履行義務、職務；屆期不改善或不履行者，得連續
處罰：

一、管理負責人、主任委員或管理委員未善盡督促
　　第十七條所定住戶投保責任保險之義務者。

二、管理負責人、主任委員或管理委員無正當理由
　　未執行第二十二條所定促請改善或訴請法院
　　強制遷離或強制出讓該區分所有權之職務者。

三、管理負責人、主任委員或管理委員無正當理
　　由違反第三十五條規定者。

四、管理負責人、主任委員或管理委員無正當理由
　　未執行第三十六條第一款、第五款至第十二款
　　所定之職務，顯然影響住戶權益者。

第四十九條　　有下列行為之一者，由直轄市、縣（市）主管機關
處新臺幣四萬元以上二十萬元以下罰鍰，並得令其限期
改善或履行義務；屆期不改善或不履行者，得連續處罰：

一、區分所有權人對專有部分之利用違反第五條
　　規定者。

二、住戶違反第八條第一項或第九條第二項關於
公寓大廈變更使用限制規定，經制止而不遵
從者。

三、住戶違反第十五條第一項規定擅自變更專有
或約定專用之使用者。

四、住戶違反第十六條第二項或第三項規定者。

五、住戶違反第十七條所定投保責任保險之義務者。

六、區分所有權人違反第十八條第一項第二款規
定未繳納公共基金者。

七、管理負責人、主任委員或管理委員違反第二
十條所定之公告或移交義務者。

八、起造人或建築業者違反第五十七條或第五十
八條規定者。

有供營業使用事實之住戶有前項第三款或第四款
行為，因而致人於死者，處一年以上七年以下有期徒
刑，得併科新臺幣一百萬元以上五百萬元以下罰金；致
重傷者，處六個月以上五年以下有期徒刑，得併科新臺
幣五十萬元以上二百五十萬元以下罰金。

第 五十 條　　從事公寓大廈管理維護業務之管理維護公司或管
理服務人員違反第四十二條規定，未經領得登記證、認
可證或經廢止登記證、認可證而營業，或接受公寓大廈
管理委員會、管理負責人或區分所有權人會議決議之委
任或僱傭執行公寓大廈管理維護服務業務者，由直轄
市、縣（市）主管機關勒令其停業或停止執行業務，並
處新臺幣四萬元以上二十萬元以下罰鍰；其拒不遵從
者，得按次連續處罰。

第五十一條　　公寓大廈管理維護公司，違反第四十三條規定者，
中央主管機關應通知限期改正；屆期不改正者，得予停

業、廢止其許可或登記證或處新臺幣三萬元以上十五萬元以下罰鍰；其未依規定向中央主管機關申領登記證者，中央主管機關應廢止其許可。

受僱於公寓大廈管理維護公司之管理服務人員，違反第四十四條規定者，中央主管機關應通知限期改正；屆期不改正者，得廢止其認可證或停止其執行公寓大廈管理維護業務三個月以上三年以下或處新臺幣三千元以上一萬五千元以下罰鍰。

前項以外之公寓大廈管理服務人員，違反第四十五條規定者，中央主管機關應通知限期改正；屆期不改正者，得廢止其認可證或停止其執行公寓大廈管理維護業務六個月以上三年以下或處新臺幣三千元以上一萬五千元以下罰鍰。

第五十二條　　依本條例所處之罰鍰，經限期繳納，屆期仍不繳納者，依法移送強制執行。

第 六 章　　附則

第五十三條　　多數各自獨立使用之建築物、公寓大廈，其共同設施之使用與管理具有整體不可分性之集居地區者，其管理及組織準用本條例之規定。

第五十四條　　本條例所定應行催告事項，由管理負責人或管理委員會以書面為之。

第五十五條　　本條例施行前已取得建造執照之公寓大廈，其區分所有權人應依第二十五條第四項規定，互推一人為召集人，並召開第一次區分所有權人會議，成立管理委員會或推選管理負責人，並向直轄市、縣（市）主管機關報備。

　　前項公寓大廈於區分所有權人會議訂定規約前，以第六十條規約範本視為規約。但得不受第七條各款不得為約定專用部分之限制。

　　對第一項未成立管理組織並報備之公寓大廈，直轄市、縣（市）主管機關得分期、分區、分類（按樓高或使用之不同等分類）擬定計畫，輔導召開區分所有權人會議成立管理委員會或推選管理負責人，並向直轄市、縣（市）主管機關報備。

第五十六條　　公寓大廈之起造人於申請建造執照時，應檢附專有部分、共用部分、約定專用部分、約定共用部分標示之詳細圖說及規約草約。於設計變更時亦同。

　　前項規約草約經承受人簽署同意後，於區分所有權人會議訂定規約前，視為規約。

　　公寓大廈之起造人或區分所有權人應依使用執照所記載之用途及下列測繪規定，辦理建物所有權第一次登記：

一、獨立建築物所有權之牆壁，以牆之外緣為界。

二、建築物共用之牆壁，以牆壁之中心為界。

三、附屬建物以其外緣為界辦理登記。

四、有隔牆之共用牆壁，依第二款之規定，無隔牆設置者，以使用執照竣工平面圖區分範圍為界，其面積應包括四周牆壁之厚度。

　　第一項共用部分之圖說，應包括設置管理維護使用空間之詳細位置圖說。

　　本條例中華民國九十二年十二月九日修正施行前，領得使用執照之公寓大廈，得設置一定規模、高度之管理維護使用空間，並不計入建築面積及總樓地板面積；其免計入建築面積及總樓地板面積之一定規模、高

度之管理維護使用空間及設置條件等事項之辦法，由
直轄市、縣（市）主管機關定之。

第五十七條　　起造人應將公寓大廈共用部分、約定共用部分與其
附屬設施設備；設施設備使用維護手冊及廠商資料、使
用執照謄本、竣工圖說、水電、機械設施、消防及管線
圖說，於管理委員會成立或管理負責人推選或指定後七
日內會同政府主管機關、公寓大廈管理委員會或管理負
責人現場針對水電、機械設施、消防設施及各類管線進
行檢測，確認其功能正常無誤後，移交之。

前項公寓大廈之水電、機械設施、消防設施及各類
管線不能通過檢測，或其功能有明顯缺陷者，管理委員
會或管理負責人得報請主管機關處理，其歸責起造人
者，主管機關命起造人負責修復改善，並於一個月內，
起造人再會同管理委員會或管理負責人辦理移交手續。

第五十八條　　公寓大廈起造人或建築業者，非經領得建造執照，
不得辦理銷售。

公寓大廈之起造人或建築業者，不得將共用部分，
包含法定空地、法定停車空間及法定防空避難設備，讓
售於特定人或為區分所有權人以外之特定人設定專用
使用權或為其他有損害區分所有權人權益之行為。

第五十九條　　區分所有權人會議召集人、臨時召集人、起造人、
建築業者、區分所有權人、住戶、管理負責人、主任委
員或管理委員有第四十七條、第四十八條或第四十九條
各款所定情事之一時，他區分所有權人、利害關係人、
管理負責人或管理委員會得列舉事實及提出證據，報
直轄市、縣（市）主管機關處理。

第五十九條之一　　直轄市、縣（市）政府為處理有關公寓大廈爭議事
件，得聘請資深之專家、學者及建築師、律師，並指

　　定公寓大廈及建築管理主管人員，組設公寓大廈爭議
　　事件調處委員會。

　　　前項調處委員會之組織，由內政部定之。

第　六十　條　　規約範本，由中央主管機關定之。第五十六條規約
　　草約，得依前項規約範本制作。

第六十一條　　第六條、第九條、第十五條、第十六條、第二十條、
　　第二十五條、第二十八條、第二十九條及第五十九條所
　　定主管機關應處理事項，得委託或委辦鄉（鎮、市、區）
　　公所辦理。

第六十二條　　本條例施行細則，由中央主管機關定之。

第六十三條　　本條例自公布日施行。

公寓大廈管理條例施行細則

中華民國 85 年 10 月 2 日台內營字第 8585545 號令發布

內政部 94.11.16 台內營字第 0940011177 號令修正

第　一　條　　本細則依「公寓大廈管理條例」（以下簡稱本條例）
　　　　　　　　第六十二條規定訂定之。

第　二　條　　本條例所稱區分所有權比例，指區分所有權人之專
　　　　　　　　有部分依本條例第五十六條第三項測繪之面積與公寓
　　　　　　　　大廈專有部分全部面積總和之比。建築物已完成登記
　　　　　　　　者，依登記機關之記載為準。

　　　　　　　　　　同一區分所有權人有數專有部分者，前項區分所有
　　　　　　　　權比例，應予累計。但於計算區分所有權人會議之比例
　　　　　　　　時，應受本條例第二十七條第二項規定之限制。

第　三　條　　本條例所定區分所有權人之人數，其計算方式如下：
　　　　　　　　一、區分所有權已登記者，按其登記人數計算。
　　　　　　　　　　但數人共有一專有部分者，以一人計。
　　　　　　　　二、區分所有權未登記者，依本條例第五十六條
　　　　　　　　　　第一項圖說之標示，每一專有部分以一人計。

第　四　條　　本條例第七條第一款所稱公寓大廈本身所占之地
　　　　　　　　面，指建築物外牆中心線或其代替柱中心線以內之最大
　　　　　　　　水平投影範圍。

第　五　條　　本條例第十八條第一項第一款所定按工程造價一
　　　　　　　　定比例或金額提列公共基金，依下列標準計算之：
　　　　　　　　一、新臺幣一千萬元以下者為千分之二十。

二、逾新臺幣一千萬元至新臺幣一億元者，超過
新臺幣一千萬元部分為千分之十五。

三、逾新臺幣一億元至新臺幣十億元者，超過新
臺幣一億元部分為千分之五。

四、逾新臺幣十億元者，超過新臺幣十億元部分
為千分之三。

前項工程造價，指經直轄市、縣（市）主管建
築機關核發建造執照載明之工程造價。

政府興建住宅之公共基金，其他法規有特別規定
者，依其規定。

第　六　條　　本條例第二十二條第一項第一款所稱區分所有權總
價，指管理負責人或管理委員會促請該區分所有權人或住
戶改善，建築物之評定標準價格及當期土地公告現值之和。

第　七　條　　本條例第二十五條第三項所定由區分所有權人互
推一人為召集人，除規約另有規定者外，應有區分所有
權人二人以上書面推選，經公告十日後生效。

前項被推選人為數人或公告期間另有他人被推選
時，以推選之區分所有權人人數較多者任之；人數相同
時，以區分所有權比例合計較多者任之。新被推選人與
原被推選人不為同一人時，公告日數應自新被推選人被
推選之次日起算。

前二項之推選人於推選後喪失區分所有權人資格時，
除受讓人另為意思表示者外，其所為之推選行為仍為有效。

區分所有權人推選管理負責人時，準用前三項規定。

第　八　條　　本條例第二十六條第一項、第二十八條第一項及第
五十五條第一項所定報備之資料如下：

一、成立管理委員會或推選管理負責人時之全體
區分所有權人名冊及出席區分所有權人名冊。

二、成立管理委員會或推選管理負責人時之區分所
有權人會議會議紀錄或推選書或其他證明文件。

直轄市、縣（市）主管機關受理前項報備資料，應
予建檔。

第 九 條 本條例第三十三條第二款所定無線電臺基地臺等
類似強波發射設備，由無線電臺基地臺之目的事業主管
機關認定之。

第 十 條 本條例第二十六條第一項第四款、第三十五條及第
三十六條第八款所稱會計憑證，指證明會計事項之原始
憑證；會計帳簿，指日記帳及總分類帳；財務報表，指
公共基金之現金收支表及管理維護費之現金收支表及
財產目錄、費用及應收未收款明細。

第 十一 條 本條例第三十六條所定管理委員會之職務，除第七
款至第九款、第十一款及第十二款外，經管理委員會決
議或管理負責人以書面授權者，得由管理服務人執行
之。但區分所有權人會議或規約另有規定者，從其規定。

第 十二 條 本條例第五十三條所定其共同設施之使用與管理
具有整體不可分性之集居地區，指下列情形之一：

一、依建築法第十一條規定之一宗建築基地。

二、依非都市土地使用管制規則及中華民國九十
二年三月二十六日修正施行前山坡地開發建
築管理辦法申請開發許可範圍內之地區。

三、其他經直轄市、縣（市）主管機關認定其共同
設施之使用與管理具有整體不可分割之地區。

第 十三 條 本條例所定之公告，應於公寓大廈公告欄內為之；
未設公告欄者，應於主要出入口明顯處所為之。

第 十四 條 本細則自發布日施行。

公寓大廈規約範本

說明

內政部 85.5.27 台內營字第 8572700 號函訂定

內政部 92.11.11 台內營字第 0920090015 號函修正第二條條文

內政部 94.2.23 台內營字第 0940081581 號令修正

內政部 95.3.21 台內營字第 0950800996 號令

修正第五條、第七條規定，自即日生效。

內文

本○○○○公寓大廈訂定規約條款如下，本公寓大廈全體區分所有權人、無權占有人及住戶均有遵守之義務：

第　一　條　　本規約效力所及範圍。

本規約效力及於本公寓大廈全體區分所有權人、無權占有人及住戶。

本公寓大廈之範圍如附件一中所載之基地、建築物及附屬設施（以下簡稱標的物件）。

第　二　條　　專有部分、共用部分、約定專用部分、約定共用部分。

一、本公寓大廈專有部分、共用部分、約定專用部分、約定共用部分之範圍界定如后，其區劃界限詳如附件一標的物件之圖說。

（一）專有部分：指編釘獨立門牌號碼或所在地址證明之家戶，並登記為區分所有權人所有者。

（二）共用部分：指不屬專有部分與專有附屬建
　　築物，而供共同使用者。

（三）約定專用部分：公寓大廈共用部分經約定
　　供特定區分所有權人使用者，使用者名冊
　　由管理委員會造冊保存。

（四）約定共用部分：公寓大廈專有部分經約定
　　供共同使用者。

二、本公寓大廈法定空地、樓頂平臺為共用部
　　分，應供全體區分所有權人及住戶共同使
　　用，非經規約或區分所有權人會議之決議，
　　不得約定為約定專用部分。但起造人或建築
　　業者之買賣契約書或分管契約書已有約定
　　時，從其約定。

三、本公寓大廈周圍上下、外牆面、樓頂平臺及
　　不屬專有部分之防空避難設備，如有懸掛或
　　設置廣告物之情事，應依法令及下列規定辦
　　理（就下列三者勾選其一，未勾選者視為選
　　擇 1.之情形）：

　　1. 有關懸掛或設置廣告物依「公寓大廈管理
　　　條例」第八條規定辦理。

　　2. 非經規約規定或區分所有權人會議之決
　　　議，不得懸掛或設置廣告物。

　　3. 應符合下列規定：（選此項者，應配合就得
　　　懸掛或設置廣告物之範圍、懸掛或設置廣
　　　告物之規格等加以規定）。

四、停車空間應依與起造人或建築業者之買賣契
　　約書或分管契約書使用其約定專用部分。無
　　買賣契約書或分管契約書且為共同持分之停

車空間，經區分所有權人會議決議授權管理
委員會得將部分之停車空間約定為約定專用
部分供特定區分所有權人使用，其契約格式
如附件二。

五、區分所有權人及住戶對於陽臺不得違建，如
需裝置鐵窗時，不得妨礙消防逃生及救災機
能，應先經管理委員會同意，方得裝設。

六、共用部分及約定共用部分劃設機車停車位，
供住戶之機車停放，其相關管理規範依區分
所有權人會議決議為之。

第 三 條　區分所有權人會議。

一、區分所有權人會議由本公寓大廈全體區分所
有權人組成，其定期會議及臨時會議之召
開，依「公寓大廈管理條例」（以下簡稱本條
例）第二十五條之規定，召集人由具區分所
有權人身分之管理負責人或管理委員會主任
委員擔任。

二、區分所有權人會議，應由召集人於開會前十
日以書面載明開會內容，通知各區分所有權
人。但有急迫情事須召開臨時會者，得於公
告欄公告之；公告期間不得少於二日。管理
委員之選任事項，應在前項開會通知中載明
並公告之，不得以臨時動議提出。

三、下列各目事項，應經區分所有權人會議決議：

（一）規約之訂定或變更。

（二）公寓大廈之重大修繕或改良。

（三）公寓大廈有本條例第十三條第二款或第三
款情形之一須重建者。

(四) 住戶之強制遷離或區分所有權之強制出讓。

(五) 約定專用或約定共用事項。

(六) 管理委員執行費用之支付項目及支付辦法。

(七) 其他依法令需由區分所有權人會議決議之事項。

四、會議之目的如為專有部分之約定共用事項，應先經該專有部分之區分所有權人書面同意，始得成為議案。

五、約定專用部分變更時，應經使用該約定專用部分之區分所有權人同意。但該約定專用顯已違反公共利益，經管理委員會或管理負責人訴請法院判決確定者，不在此限。

六、會議之目的如對某專有部分之承租者或使用者有利害關係時，該等承租者或使用者經該專有部分之區分所有權人同意，得列席區分所有權人會議陳述其意見。

七、各專有部分之區分所有權人有一表決權。數人共有一專有部分者，該表決權應推由一人行使。

八、區分所有權人因故無法出席區分所有權人會議時，得以書面委託他人代理出席。但受託人於受託之區分所有權占全部區分所有權五分之一以上者，或以單一區分所有權計算之人數超過區分所有權人數五分之一者，其超過部分不予計算。代理人應於簽到前，提出區分所有權人之出席委託書，如附件三。

九、開會通知之發送，以開會前十日登錄之區分所有權人名冊為據。區分所有權人資格於開會前如有異動時，取得資格者，應出具相關證明文件。

十、區分所有權人會議討論事項，除第三款第一目至第五目應有區分所有權人三分之二以上及其區分所有權比例合計三分之二以上出席，以出席人數四分之三以上及其區分所有權比例占出席人數區分所有權四分之三以上之同意行之外，其餘決議均應有區分所有權人過半數及其區分所有權比例合計過半數之出席，以出席人數過半數及其區分所有權比例占出席人數區分所有權合計過半數之同意行之。

十一、區分所有權人會議依第十款規定未獲致決議、出席區分所有權人之人數或其區分所有權比例合計未達第十款定額者，召集人得就同一議案重新召集會議；其開議應有區分所有權人三人並五分之一以上及其區分所有權比例合計五分之一以上出席，以出席人數過半數及其區分所有權比例占出席人數區分所有權合計過半數之同意作成決議。前揭決議之會議紀錄依本條例第三十四條第一項規定送達各區分所有權人後，各區分所有權人得於七日內以書面表示反對意見。書面反對意見未超過全體區分所有權人及其區分所有權比例合計半數時，該決議視為成立。會議主席應於會議決議成立後十日內以書面送達全體區分所有權人並公告之。

十二、區分所有權人會議之出席人數與表決權之計算，於任一區分所有權人之區分所有權占全部區分所有權五分之一以上者，或任一區分所有權人所有之專有部分之個數超過全

部專有部分個數總合之五分之一以上者，其
超過部分不予計算。

十三、區分所有權人會議之決議事項，應作成會議
紀錄，由主席簽名，於會後十五日內送達各
區分所有權人並公告之。

十四、會議紀錄應包括下列內容：

(一) 開會時間、地點。

(二) 出席區分所有權人總數、出席區分所有權
人之區分所有權比例總數及所占之比例。

(三) 討論事項之經過概要及決議事項內容。

第　四　條　　公寓大廈有關文件之保管責任。

規約、區分所有權人會議及管理委員會之會議紀
錄、簽名簿、代理出席之委託書、使用執照謄本、竣工
圖說、水電、消防、機械設施、管線圖說、公共安全檢
查及消防安全設備檢修之申報文件、印鑑及有關文件應
由管理委員會負保管之責，區分所有權人或利害關係人
如有書面請求閱覽或影印時，不得拒絕。

第　五　條　　管理委員會委員人數。

為處理區分所有關係所生事務，本公寓大廈由區分
所有權人選任住戶為管理委員組成管理委員會。管理委
員會組成如下：

一、主任委員一名。

二、副主任委員一名。

三、負責財務管理之委員（以下簡稱財務委員）。

四、委員○○名。

前項委員名額，合計最多為二十一名，並得置候補委
員○○名。委員名額之分配，得以分層、分棟等分區方式
劃分。並於選舉前十日由召集人公告分區範圍及分配名額。

　　　　　　　主任委員、副主任委員及財務委員，由具區分所有權人身分之住戶任之。

　　　　　　　主任委員、副主任委員、財務委員及管理委員選任時應予公告，解任時，亦同。

第　六　條　　管理委員會會議之召開。

　　　　　一、主任委員應每二個月召開管理委員會會議乙次。

　　　　　二、管理委員會會議，應由主任委員於開會前七日以書面載明開會內容，通知各管理委員。

　　　　　三、發生重大事故有及時處理之必要，或經三分之一以上之委員請求召開管理委員會會議時，主任委員應儘速召開臨時管理委員會會議。

　　　　　四、管理委員會會議應有過半數以上之委員出席參加，其討論事項應經出席委員過半數以上之決議通過。管理委員因故無法出席管理委員會會議，得以書面委託其他管理委員出席。但以代理一名委員為限，委託書格式如附件三之一。

　　　　　五、有關管理委員會之會議紀錄，應包括下列內容：

　　　　　(一) 開會時間、地點。

　　　　　(二) 出席人員及列席人員名單。

　　　　　(三) 討論事項之經過概要及決議事項內容。

　　　　　六、管理委員會會議之決議事項，應作成會議紀錄，由主席簽名，於會後十五日內公告之。

第　七　條　　主任委員、副主任委員、財務委員及管理委員之資格及選任。

　　　　　一、主任委員由管理委員互推之。

　　　　　二、副主任委員及財務委員由主任委員於管理委員中選任之。

三、委員應以下列方式之一選任：

(一) 委員名額未按分區分配名額時，採記名單
記法選舉，並以獲出席區分所有權人及其
區分所有權比例多者為當選。

(二) 委員名額按分區分配名額時，採無記名單
記法選舉，並以獲該分區區分所有權人較
多者為當選。

四、委員之任期，自○年○月○日起至○年○月○
日止，為期○年○月（至少一年，至多二年），
其中主任委員、財務委員及負責監察業務之委
員，連選得連任一次，其餘委員連選得連任。

五、主任委員、副主任委員、財務委員及管理委
員有下列情事之一者，即當然解任。

(一) 主任委員、副主任委員及財務委員喪失區
分所有權人資格者。

(二) 管理委員喪失住戶資格者。

六、管理委員、主任委員及管理負責人任期屆滿
未再選任或有本條例第二十條第二項所定之
拒絕移交者，自任期屆滿日起，視同解任。

七、管理委員出缺時，由候補委員依序遞補，其
任期以補足原管理委員所遺之任期為限，並
視一任。

第 八 條　主任委員、副主任委員及財務委員之消極資格。

有下列情事之一者，不得充任主任委員、副主任委
員及財務委員，其已充任者，即當然解任。

一、曾犯詐欺、背信、侵占罪或違反工商管理法
令，經受有期徒刑一年以上刑期之宣告，服
刑期滿尚未逾二年者。

二、曾服公職虧空公款，經判決確定，服刑期滿尚未逾二年者。

三、受破產之宣告，尚未復權者。

四、有重大喪失債信情事，尚未了結或了結後尚未逾二年者。

五、無行為能力或限制行為能力者。

第　九　條　　主任委員、副主任委員、財務委員及管理委員之權限。

一、主任委員對外代表管理委員會，並依管理委員會決議執行本條例第三十六條規定事項。

二、主任委員應於定期區分所有權人會議中，對全體區分所有權人報告前一會計年度之有關執行事務。

三、主任委員得經管理委員會決議，對共用部分投保火災保險、責任保險及其他財產保險。

四、主任委員得經管理委員會決議通過，將其一部分之職務，委任其他委員處理。

五、副主任委員應輔佐主任委員執行業務，於主任委員因故不能行使職權時代理其職務。

六、財務委員掌管公共基金、管理及維護分擔費用（以下簡稱為管理費）、使用償金等之收取、保管、運用及支出等事務。

七、管理委員應遵守法令、規約及區分所有權人會議、管理委員會之決議。為全體區分所有權人之利益，誠實執行職務。

八、管理委員得為工作之需要支領費用或接受報酬，其給付方法，應依區分所有權人會議之決議為之。

第　十　條　　公共基金、管理費之繳納。

　　　　　　　一、為充裕共用部分在管理上必要之經費，區分
　　　　　　　　　所有權人應遵照區分所有權人會議議決之規
　　　　　　　　　定向管理委員會繳交下列款項。

　　　　　　　（一）公共基金。

　　　　　　　（二）管理費。

　　　　　　　二、管理費由各區分所有權人依照區分所有權人
　　　　　　　　　會議之決議分攤之。但第一次區分所有權
　　　　　　　　　人會議召開前或區分所有權人會議未決議時，
　　　　　　　　　買賣契約或分管契約有規定者從其規定，未
　　　　　　　　　規定者，各區分所有權人應按其共有之應有
　　　　　　　　　部分比例分擔之。

　　　　　　　三、各項費用之收繳、支付方法，授權管理委員
　　　　　　　　　會訂定。

　　　　　　　四、管理費以足敷第十一條第二款開支為原則，
　　　　　　　　　公共基金依每月管理費百分之二十收繳，其
　　　　　　　　　金額達二年之管理費用時，得經區分所有權
　　　　　　　　　人會議之決議停止收繳。

　　　　　　　五、區分所有權人若在規定之日期前未繳納應繳
　　　　　　　　　金額時，管理委員會得訴請法院命其給付應
　　　　　　　　　繳之金額及另外收取遲延利息，以未繳金額
　　　　　　　　　之年息一〇％計算。

第　十一　條　　管理費、公共基金之管理及運用。

　　　　　　　一、管理委員會為執行財務運作業務，應以管理
　　　　　　　　　委員會名義開設銀行或郵局儲金帳戶。

　　　　　　　二、管理費用途如下：

　　　　　　　（一）委任或僱傭管理服務人之報酬。

(二) 共用部分、約定共用部分之管理、維護費用或使用償金。

(三) 有關共用部分之火災保險費、責任保險費及其他財產保險費。

(四) 管理組織之辦公費、電話費及其他事務費。

(五) 稅捐及其他徵收之稅賦。

(六) 因管理事務洽詢律師、建築師等專業顧問之諮詢費用。

(七) 其他基地及共用部分等之經常管理費用。

三、公共基金用途如下：

(一) 每經一定之年度，所進行之計畫性修繕者。

(二) 因意外事故或其他臨時急需之特別事由，必須修繕者。

(三) 共用部分及其相關設施之拆除、重大修繕或改良。

(四) 供墊付前款之費用。但應由收繳之管理費歸墊。

第 十二 條　重大修繕或改良之標準。

前條第三款第三目共用部分及其相關設施之拆除、重大修繕或改良指其工程金額符合下列情形之一（請就下列三者勾選其一，未勾選者視為選擇 1.之情形）：

1. 新臺幣十萬元以上。

2. 逾公共基金之百分之五。

3. 逾共用部分、約定共用部分之一個月管理維護費用。

第 十三 條　共用部分修繕費用之負擔比例。

共用部分之修繕，由管理委員會為之。其費用由公共基金支付，公共基金不足時，由區分所有權人按其共

有之應有部分比例分擔之。但修繕費係因可歸責於區分所有權人或住戶所致者，由該區分所有權人或住戶負擔。

第 十四 條　共用部分及約定共用部分之使用。

住戶對共用部分及約定共用部分之使用應依其設置目的及通常使用方法為之。

第 十五 條　約定專用部分或約定共用部分使用償金繳交或給付。

共用部分之約定專用者或專有部分之約定共用者，除有下列情形之一者外，應繳交或給付使用償金：

一、依與起造人或建築業者之買賣契約書或分管契約書所載已擁有停車空間持分者，或該契約訂有使用該一共用部分或專有部分之約定者。

二、登記機關之共同使用部分已載有專屬之停車空間持分面積者。

前項使用償金之金額及收入款之用途，應經區分所有權人會議決議後為之。但第一次區分所有權人會議召開前或經區分所有權人會議之授權或區分所有權人會議未決議時，由管理委員會定之。

區分所有權人會議討論第一項使用償金之議案，得不適用第三條第四款提案之限制。

第 十六 條　專有部分及約定專用之使用限制。

一、區分所有權人及住戶對專有部分及約定專用部分之使用，應依使用執照所載用途為之。

二、區分所有權人及住戶對於專有部分及約定專用部分應依符合法令規定之方式使用，並不得有損害建築物主要構造及妨害建築物環境品質。

第 十七 條　財務運作之監督規定。

一、管理委員會之會計年度自○年○月○日起至○年○月○日止。

二、管理委員會應製作並保管公共基金餘額、會
計憑證、會計帳簿、財務報表、欠繳公共基
金與應分攤或其他應負擔費用情形、附屬設
施設備清冊、固定資產與雜項購置明細帳
冊、區分所有權人與區分所有權比例名冊
等。如區分所有權人或利害關係人提出書面
理由請求閱覽或影印時，不得加以拒絕。但
得指定閱覽或影印之日期、時間與地點。

第 十八 條　　糾紛之協調程序。

一、公寓大廈區分所有權人或住戶間發生糾紛時，由
管理委員會邀集雙方當事人進行協調。

二、有關區分所有權人、管理委員會或利害關係
人間訴訟時，應以管轄本公寓大廈所在地之
○○地方法院為第一審法院。

第 十九 條　　違反義務之處置規定。

一、區分所有權人或住戶有妨害建築物正常使用
及違反共同利益行為時，管理委員會應按下
列規定處理：

(一) 住戶違反本條例第六條第一項之規定，於
維護、修繕專有部分、約定專用部分或行
使權利時，有妨害其他住戶之安寧、安全
及衛生情事；於他住戶維護、修繕專有部
分、約定專用部分或設置管線，必須進入
或使用其專有部分或約定專用部分時，有
拒絕情事；於維護、修繕專有部分、約定
專用部分或設置管線，必須使用共用部分
時，應經管理負責人或管理委員會之同意
後為之；經協調仍不履行時，得按其性質

請求各該主管機關或訴請法院為必要之處
置。管理委員會本身於維護、修繕共用部
分或設置管線必須進入或使用該住戶專有
部分或約定專用部分,有拒絕情事時,亦同。

(二) 住戶違反本條例第八條第一項之規定,有
任意變更公寓大廈周圍上下、外牆面、樓
頂平臺及不屬專有部分之防空避難設備設
備之構造、顏色、設置廣告物、鐵鋁窗或
其他類似行為時,應予制止,經制止而不
遵從者,應報請主管機關依本條例第四十
九條第一項規定處理,該住戶應於一個月
內回復原狀,屆期未回復原狀者,由管理
委員會回復原狀,其費用由該住戶負擔。

(三) 住戶違反本條例第九條第二項之規定,對
共用部分之使用未依設置目的及通常使用
方法為之者,應予制止,並得按其性質請
求各該主管機關或訴請法院為必要之處
置。如有損害並得請求損害賠償。

(四) 住戶違反本條例第十五條第一項之規定,
對於專有部分、約定專用部分之使用方式
有違反使用執照及規約之規定時,應予制
止,經制止而不遵從者,應報請直轄市、
縣(市)主管機關處理,要求其回復原狀。

(五) 住戶違反本條例第十六條第一項至第四項
之規定有破壞公共安全、公共衛生、公共
安寧等行為時,應予制止,或召集當事人
協調處理,經制止而不遵從者,得報請地
方主管機關處理。

二、住戶有下列各目之情事，管理委員會應促請區分所有權人或住戶改善，於三個月內仍未改善者，管理委員會得依區分所有權人會議之決議，訴請法院強制其遷離。而住戶若為區分所有權人時，亦得訴請法院命其出讓區分所有權及其基地所有權應有部分：

(一) 積欠依本條例及規約規定應分擔費用，經強制執行再度積欠金額達其區分所有權總價百分之一者。

(二) 違反本條例相關規定經依本條例第四十九條第一項第一款至第四款處以罰鍰後，仍不改善或續犯者。

(三) 其他違反法令或規約，情節重大者。

三、前款強制出讓所有權於判決確定後三個月內不自行出讓並完成移轉登記手續者，管理委員會得聲請法院拍賣之。

第 二十 條　其他事項。

一、共用部分及約定共用部分之使用管理事項，本規約未規定者，得授權管理委員會另定使用規則。

二、區分所有權人資格有異動時，取得資格者應以書面提出登記資料，其格式如附件四。

三、區分所有權人將其專有部分出租他人或供他人使用時，該承租者或使用者亦應遵守本規約各項規定。

四、區分所有權人及停車空間建築物所有權者，應在租賃（或使用）契約書中載明承租人（或

使用人）不得違反本規約之規定，並應向管
理委員會提切結書，其格式如附件五。

五、本規約中未規定之事項，應依「公寓大廈管
理條例」、「公寓大廈管理條例」施行細則及
其他相關法令之規定辦理。

六、本公寓大廈公告欄設置於○○○。

第二十一條　　管理負責人準用規定之事項。

本公寓大廈未組成管理委員會時，應推選管理負責
人處理事務，並準用有關管理委員會應作為之規定。

第二十二條　　本規約訂立於民國○年○月○日。

營建署公寓大廈管理 Q&A 彙編摘錄

　　依據內政部營建署委託中華民國物業管理經理人協會之「公寓大廈管理維護委託專業服務案」辦理，完成彙編「公寓大廈管理 Q&A 修訂」乙輯。本輯「公寓大廈管理 Q&A 修訂」係以 93 年 12 月彙編之「公寓大廈管理 Q&A」為文本，依據 94 年至 96 年間民眾向內政部營建署函詢重覆性最多及管理組織普遍性面對的問題增修訂，編輯內容依問題性質增修分類為【區分所有權人會議】、【管理委員會及管理負責人】、【管理費及公共基金】、【區域規範】、【使用管理】、【住戶權利】、【違規處理】、【管理服務人】、【管理組織報備】及【法規適用】等 10 個單元以利檢索，收錄問題共計 200 題，本書摘錄其中 100 題供讀者參考。

【區分所有權人會議】

Q1：第二十七條第三項受託人於受託之區分所有權占全部區分所有權五分之一以上者，或以單一區分所有權計算之人數超過區分所有權人數五分之一者，其超過部分不予計算。是否適用於第二十五條第二項第二款書面請求召集會議額數之計算？

A：第二十七條第三項係針對委託出席區分所有權人會議之限制，其與第二十五條第二項第二款無關，且後者並無委託代理請求之規定，實質上亦無此必要。

Q2：第三十一條區分所有權人會議之決議，除規約另有規定外，……之同意行之。公寓大廈召開區分所有權人會議第一次訂定規約時，因為當時規約尚未訂定故無除外之情形得予適用，但對於規約之變更時，規約如有降低出席門檻之規定時，是否會造成規約之不穩定性，有無解決之道。

A：依第五十五條第二項，本條例施行前已取得建造執照之公寓大廈於區分所有權人會議訂定規約前，以第六十條規約範本視為規約，另依第五十六條第二項，規約草約經承受人簽署同意後，於區分所有權人會議訂定規約前，視為規約，故任何情況下，均有規約之規定可供遵循。為維持規約之穩定，可在規約範本或規約草約中訂定較高之修正規約門檻。

Q3：第二十八條第二項之規定，起造人召集的區分所有權人會議因出席未達定額時應就同一議案重新召集會議，其重新召集會議時，決議之形成是否有第三十二條之適用？又若出席人數已達定額但未獲致決議時，起造人可否再出面召集會議，如其再次召集會議並有獲致決議，則該決議是否會因為召集人不適格而遭致宣告無效或宣告撤銷？

A：起造人召集的區分所有權人會議因出席未達定額時應就同一議案重新召集會議，其重新召集會議時，決議之形成應可適用第三十二條。原第二十八條立法意旨在於規定起造人重新召集區分所有權人會議之義務，而未規定排除適用第三十二條，若出席人數已達定額但未獲致決議，起造人雖已無義務再次召集，但因依第二十八條第三項，起造人仍為公寓大廈之管理負責人，故起造人若為區分所有權人，依第二十五條第三項，仍具召集區分所有權人會議之合法地位，但如起造人已非屬區分所有權人，則應非屬合法之召集人。

Q4：第五十五條第一項之規定,本條例施行前已取得建造執照之公寓大廈,其區分所有權人應依第二十五條第四項規定,互推一人為召集人,但第二十五條第四項係指召集人無法互推產生時,申請主管機關指定臨時召集人之規定,兩者規定似有不同,在實務上,應如何執行？同條第二項之規定係以該公寓大廈未訂定規約前以規約範本視為規約,其適用對象係泛指本條例施行前之所有公寓大廈或僅限已有互推召集人但區分所有權人會議尚未召開或已召開之區分所有權人會議尚未對管理委員會組成作成決議者為限。

A：第五十五條第一項包括互推一人為召集人,以及依第二十五條第四項規定,召集人無法依前項規定互推產生時,各區分所有權人得申請直轄市、縣（市）主管機關指定臨時召集人,區分所有權人不申請指定時,直轄市、縣（市）主管機關得視實際需要指定區分所有權人一人為臨時召集人,或依規約輪流擔任,其任期至互推召集人為止。若互推召集人發生爭議,應以直轄市、縣（市）主管機關指定者為準。

　　第五十五條第二項係泛指本條例施行前之所有公寓大廈,在未訂定規約前以規約範本視為規約,但若未建立管理組織,將無法執行,故實務上應以依第五十五條第一項,申請指定或互推召集人後,方始適用以規約範本視為規約,因即使在未召開第一次區分所有權人會議成立管理委員會或推選管理負責人前,依二十九條第六項規定,合法之召集人係管理負責人,已能執行公寓大廈管理維護事務。

Q6：公寓大廈是否必須召集區分所有權人會議,訂定規約？其目的何在？

A：規約之定義,依照「公寓大廈管理條例」第三條第十二款之規定是：「公寓大廈區分所有權人為增進共同利益,確保良好生

活環境，經區分所有權人會議決議之共同遵守事項。」揆其性質係數個區分所有權人為一致的目的而作成之合同行為，對各區分所有權人及住戶具同一意義及利害關係，即所謂「居家憲法」性質。依私法自治及契約自由原則，其內容得由區分所有權人透過集會自行訂定，但不得違反強制、禁止規定，亦不得違背公序良俗及排除或變更區分所有權之本質。為落實公寓大廈自律管理精神，第二十三條規定，「有關公寓大廈、基地或附屬設施之管理使用及其他住戶間相互關係，除法令另有規定外，得以規約定之。」茲以本條例其他條文所訂得以規約之規定訂定之事項，整理如下：

1. 第十五條，住戶應依使用執照所載用途及規約使用專有部分、約定專用部分，不得擅自變更。

2. 第十六條，住戶飼養動物，不得妨礙公共衛生、公共安寧及公共安全。但法令或規約另有禁止飼養之規定時，從其規定。

3. 第二十五條，區分所有權人會議除第二十八條規定外，由具區分所有權人身分之管理負責人、管理委員會主任委員或管理委員為召集人；管理負責人、管理委員會主任委員或管理委員喪失區分所有權人資格日起，視同解任。無管理負責人或管理委員會，或無區分所有權人擔任管理負責人、主任委員或管理委員時，由區分所有權人互推一人為召集人；召集人任期依區分所有權人會議或依規約規定，任期一年至二年，連選得連任一次。但區分所有權人會議或規約未規定者，任期一年，連選得連任一次。召集人無法依前項規定互推產生時，各區分所有權人得申請直轄市、縣（市）主管機關指定臨時召集人，區分所有權人不申請指定時，直轄市、縣（市）主管機關得視實際需要指定區分所有權人一人為臨時召集人，或依規約輪流擔任，其任期至互推召集人為止。

4. 第二十九條，公寓大廈成立管理委員會者，應由管理委員互推一人為主任委員，主任委員對外代表管理委員會。主任委員、管理委員之選任、解任、權限與其委員人數、召集方式及事務執行方法與代理規定，依區分所有權人會議之決議。但規約另有規定者，從其規定。

5. 第三十一條，區分所有權人會議之決議，除規約另有規定外，應有區分所有權人三分之二以上及其區分所有權比例合計三分之二以上出席，以出席人數四分之三以上及其區分所有權比例占出席人數區分所有權四分之三以上之同意行之。

Q8：召開區分所有權人會議之要件及會議通知方式有無規定？

A：區分所有權人會議區分為定期會議及臨時會議兩種。「定期會議每年召開一次。臨時會議具備有下述要件之一時，得隨時召開之：一、發生重大事故有及時處理之必要，經管理負責人或管理委員會請求者。二、經區分所有權人五分之一以上及其區分所有權比例合計五分之一以上，以書面載明召集之目的及理由請求召集者。」「公寓大廈管理條例」第二十五條之規定。至開會通知之分送，依第三十條之規定，「區分所有權人會議，應由召集人於開會前十日以書面載明開會內容，通知各區分所有權人。但有急迫情事須召開臨時會者，得以公告為之；公告期間不得少於二日。」

Q9：召集臨時會議，應向何人請求辦理，是否業已修正可以由我們自己來召開？

A：區分所有權人會議應由召集人召集，並依「公寓大廈管理條例」第二十五條第二項第二款之規定「經區分所有權人五分之一以上及其區分所有權比例合計五分之一以上，以書面載明召集之目的及理由請求召集。」辦理。

Q10： 區分所有權人會議時行使表決權有何特別限制？又未能出席會議時，如何行使表決權？

A： 依照「公寓大廈管理條例」第二十七條第一、二項之規定，「各專有部分之區分所有權人有一表決權。數人共有一專有部分者，該表決權應推由一人行使。區分所有權人會議之出席人數與表決權之計算，於任一區分所有權人之區分所有權占全部區分所有權五分之一以上者，或任一區分所有權人所有之專有部分之個數超過全部專有部分個數總合之五分之一以上者，其超過部分不予計算。」表決權之計算，採出席人數及區分所有權比例合計。但為期保護佔有比例較少的區分所有權人之權益，故規定一區分所有權人之區分所有權占全部區分所有權五分之一以上者，其超過部分不予計算；或住一區分所有權人所有之專有部分之個數超過全部專有部分個數總合之五分之一以上者，其超過部分亦不予計算。同時顧及區分所有權人因事不克參加會議，故允許書面委託他人代理出席。

Q12： 問卷可否代替區分所有權人會議決議？

A： 有關區分所有權人會議之決議程序及相關規定，「公寓大廈管理條例」（以下簡稱條例）第三十一條及第三十二條業已明文規定，故以問卷或決選單方式寄發各區分所有權人抉擇並回收之方式，並不符前揭條例規定。

Q13： 無召集人之區分所有權人會議之效力？

A： 「無召集權人所召集之會議，所為決議當然無效，係自始確定不生效力，無待法院撤銷。最高法院二十八年上字第1911號著有判例，可資參照。」故區分所有權人會議之召集人未

依本條例第二十五條規定產生者，其區分所有權人會議之決議，自不生效力。

Q16：區分所有權人會議之主持人應由誰擔任？

A：區分所有權人會議之主持人於本條例係以主席稱之，該主席之資格，本條例並無規定，有關主持人之產生，應參考會議規範第十五條「除各該會議另有規定外，應由出席人於會議開始時推選」規定推選。

Q18：區分所有權人委託他人出席區分所有權人會議時，委託書之授權範圍及其提出期限有無限制？

A：本條例對於受託人，依第二十七條第三項規定，受託人於受託之區分所有權占全部區分所有權五分之一以上者，或以單一區分所有權計算之人數超過區分所有權人數五分之一者，其超過部分不予計算。又委託書內容是否應記載授權範圍，參酌民法第五百三十二條規定，委任人得概括委任或得指定一項或數項事務為特別委任，故委託事項應於委託書應可記載授權範圍。至有關委託書可否事後為之，按委託書係有無受託行使權利之依據及證明，似不得於事後補正。

Q20：僅有土地所有權者可否出席區分所有權人會議？

A：僅有土地所有權而無區分所有建築物所有權者，顯非該區分所有建築物之區分所有權人，自無參與該區分所有權人會議表決之權利，如涉及私權爭執，宜循司法途徑解決。

Q21：公寓大廈區分所有權人會議決議可否限制專有部分之營業時間？

A：專有部分之營業時間，除法律另有限制外，得自由使用，並排除他人干涉。

Q23： 公寓大廈重大修繕或改良標準為何？

A： 有關「重大」或「一般」修繕、維護及改良之認定，應依區分所有權人會議為之，如認定產生異議，亦應於區分所有權人會議中議決。

Q24： 區分所有權人會議召集人可否委託他人代理？

A： 條例並無區分所有權人會議召集人得委託之規定，其會議召集人之資格，仍應依上開條例第二十五條第三項規定。

Q25： 公寓大廈於管理負責人推選或管理委員會成立後，其區分所有權人會議召集人由原互推之召集人或具區分所有權人身分之管理負責人、管理委員會主任委員或管理委員擔任之疑義？

A： 無管理負責人或管理委員會，或無區分所有權人擔任管理負責人、主任委員或管理委員時，始由區分所有權人互推一人為召集人。因此，公寓大廈未推選管理負責人或成立管理委員會前，雖已互推產生召集人，於管理負責人推選或管理委員會成立後，其管理負責人、管理委員會主任委員或管理委員，如具有區分所有權人身分，自應由其擔任召集人，召開區分所有權人會議。

Q28： 公寓大廈召開區分所有權人會議，其區分所有權人為法人時，出席會議及選任管理委員之疑義？

A： 一、 是關於公寓大廈區分所有權人為法人時，其選任管理委員，依規約之規定，未規定者依區分所有權人會議之決議，至於管理委員之任期及連任次數自有條例第二十九條第三項規定之限制，不因具法人之身分而有所區別。

二、 「按公司為法人一種，並無自然實體，應指派代表人行使權利。」故法人應指派代表人出席會議行使其權利，

至於代表人人數及職權之行使，本條例未有明文，按條例第一條第二項規定，適用民法及公司法等其他相關法令規定辦理。

Q29： 區分所有權人會議委託出席之總人數，是否不得超過全體區分所有權人人數之五分之一？

A： 查條例僅對受託人受託之比例及人數設有限制，對於委託人之總人數並無限制。

Q31： 公寓大廈區分所有權人問卷方式可否視為區分所有權人會議決議？

A： 以問卷或決選單方式寄發各區分所有權人抉擇並回收方式代替區分所有權人會議之決議乙節，並不符合條例第三十至三十四條之規定。

Q32： 就同一議案重新召集區分所有權人會議時，應否踐行「公寓大廈管理條例」第三十條第一項之規定？

A： 「公寓大廈管理條例」第三十條其立法意旨係為確保召集人於召開區分所有權人會議時，應善盡開會通告之義務，故就同一議案重新召集區分所有權人會議時，仍有條第例三十條之適用。

Q33： 區分所有權人會議之議案經主席裁示鼓掌通過，所提建議案是否生效？

A： 未規定區分所有權人會議之決議表決方式，惟參照會議規範第五十五條規定，表決方式分為舉手表決（或以機械表決）、起立表決、正反兩方分立表決、唱名表決、投票表決五種，並未包括「鼓掌通過」此方式。另會議規範第六十條第一項所稱之無異議認可，係指就例行性事件或無爭論問題（參該

項第一款至第四款規定），得由主席徵詢全體出席人之意見，如無異議，即為認可，如有異議，仍應提付討論及表決；至於同條第二項雖規定「第五十八條所定以獲參加表決之多數為可決之議案，得比照前項規定以徵詢無異議方式行之，……」，惟同項但書亦規定主動議（如本案住戶規約之訂定動議）及修正動議仍不得以無異議認可之方式行之。是有關區分所有權人會議針對規約之修訂，仍應有區分所有權人明確意思之表示行為，僅以鼓掌方式通過議案，因無從知悉何人贊同、何人反對之意思，似為不妥。

Q34：關於函詢「公寓大廈管理條例」第三十一條區分所有權人會議決議，其規約自訂決議人數有無限制？

A：「公寓大廈管理條例」第三十一條，其立法意旨係區分所有權人會議決議除條例規定之決議條件外，基於「社區自治」之精神，得於規約另為不同之規定，該條文尚無最低門檻之限制。況且公寓大廈自得依其需要，透過區分所有權人會議決議，於規約中制定較條例嚴格或寬鬆之決議條件。

Q35：公寓大廈頂層或其他樓層其中一戶因法拍無人居住致未簽署同意書，其區分所有權人會議決議於頂層或該樓層設置無線電台基地台之效力？

A：條例第三十三條第二款所明定，該條文依其規定意旨，係對區分所有權人會議決議之限制，以保障頂層或其他樓層區分所有權人之權益，且該條文並無因法拍而排除適用之規定，故旨揭區分所有權人會議決議於頂層或其他樓層設置無線電台基地台，未取得頂層或該樓層區分所有權人同意時，不生效力。

Q36： 受託出席區分所有權人會議，可否再委託給第三人？

A： 受託人於受託時，其受託之比例及人數即受條例第二十七條規定之限制，倘受託人將超過部份以再委託給第三人之方式，而納入出席及表決權之計算，已違反第二十七條限制其受託比例及人數規定之意旨，故受託人不得再委託給第三人。

Q37： 區分所有權人會議得否限制區分所有權人行使表決權？

A： 區分所有權人表決權行使，依條例第二十七條規定辦理。又上開條文並無「除規約或區分所有權人會議另有規定外」之例外規定，是不得經由規約或區分所有權人會議決議加以限制。

Q39： 就同一議案重新召集區分所有權人會議時，其與第一次會議所須最少間隔時間？

A： 條例第三十二條第一項立法目的係為避免區分所有權人會議第一次會議未獲致決議、出席之人數或比例未達條例第三十一條定額時，由召集人就同一議案重新召集會議，使區分所有權人有再次參與會議之機會，並以降低出席、同意之人數及比例之門檻方式作成決議，俾利管理維護事務之執行，故條例第三十二條所稱就同一議案重新召集會議，自當於第一次會議結束後，始得進行會議召集之程序。條例第三十條第一項規定開會「通知」或「公告」之程序，應於第一次會議結束後始得進行。

【管理委員會及管理負責人】

Q40： 第八條第二項之規定，住戶違反規定時令其回復原狀而不履行時，原定由主管機執行回復原狀，現修正為得由管理負責人或管理委員會回復原狀，其執行是否有需經過區分所有權人會議決議之必要？

A： 不必要，因如違反第八條第二項，便已違反第一項向直轄市、縣（市）主管機關完成報備有案之規約或區分所有權人會議之決議，故已先存在區分所有權人會議決議，毋須再重覆決議，另依第三十六條第十三款，管委會之職務包括依本條例所定事項，亦不需再經區分所有權人會議決議之授權為之。

Q41： 第三條第九款之規定，管理委員由區分所有權人來選任且需由區分所有權人會議的決議訂定選任管理委員的方法；而管理負責人依第三條第十款之規定是由區分所有權人推選住戶一人來擔任，但條例中並未規定選任的方法，則其選任有無必要經過召集區分所有權人會議來做成決議呢？

A： 管理委員之選任規定於第二十九條第二項，但選任管理負責人，依施行細則第七條之推選方式即可。

Q42： 公寓大廈組設管理委員會之要件為何？是否強制成立管理委員會？

A： 按管理委員會之定義，依「公寓大廈管理條例」第三條第九款之規定，「指為執行區分所有權人會議決議事項及公寓大廈管理維護工作，由區分所有權人選任住戶若干人為管理委員所設立之組織。」由此觀之，管理委員會是屬執行機構；而

管理負責人之定義則依同條第十款之規定，「指未成立管理委員會，由區分所有權人推選住戶一人或依第二十八條第二項、第二十九條第六項規定為負責管理公寓大廈事務者。」按其設置目的係在代替管理委員會而為全體住戶共同事項之處理。依第二十九條之規定，「公寓大廈應成立管理委員會或推選管理負責人。」又，第五十五條之規定，「本條例施行前已取得建造執照之公寓大廈，其區分所有權人應依第二十五條第四項規定，互推一人為召集人，並召開第一次區分所有權人會議，成立管理委員會或推選管理負責人，並向直轄市、縣（市）主管機關報備。」故公寓大廈成立管理委員會為強制性規定，未成立時尚應推選管理負責人充代之。

Q43： 那些事項是法律賦予公寓大廈管理委員會之職權？

A： 管理委員會或管理負責人之法定職權除依第三十六條明文之職務外，散見在「公寓大廈管理條例」各條條文，茲整理如下：

1. 第六條所訂住戶應遵守事項，住戶違反後經協調仍不履行時，住戶、管理負責人或管理委員會得按其性質請求各該主管機關或訴請法院為必要之處置。

2. 住戶對於第八條所訂公寓大廈週圍上下、外牆面、樓頂平臺及防空避難設備未依規約或區分所有權人會議決議之限制而有變更構造、顏色、設置廣告物、鐵窗或其他類似之行為，管理負責人或管理委員會應予制止，並報請各該主管機關處罰。

3. 住戶對於第九條所訂共用部分之使用未依其設置目的及通常使用方法為之，管理負責人或管理委員會應予制止，並得按其性質請求各該主管機關或訴請法院為必要之處置。

4. 第十條之規定共用部分、約定共用部分之修繕、管理、維護，由管理負責人或管理委員會為之。

5. 第十四條之規定，公寓大廈經區分所有權人會議決議重建時，區分所有權人不同意決議又不出讓區分所有權或同意後不依決議履行其義務者，管理負責人或管理委員會得訴請法院命區分所有權人出讓其區分所有權及其基地所有權應有部分。

6. 第十五條之規定，住戶未依使用執照所載用途及規約使用專有部分、約定專用部分，或擅自變更使用，管理負責人或管理委員會應予制止，經制止而不遵從者，報請直轄市、縣（市）主管機關處理，並要求其回復原狀。

7. 第十六條之規定，住戶任意棄置垃圾、排放各種污染物、惡臭物質或發生喧囂、振動及其他與此相類之行為。或於防火間隔、防火巷弄、樓梯間、共同走廊、防空避難設備等處所堆置雜物、設置柵欄、門扇或營業使用或違規設置廣告物或私設路障及停車位侵佔巷道妨礙出入。或飼養動物，妨礙公共衛生、公共安寧及公共安全，管理負責人或管理委員會應予制止或按規約處理，經制止而不遵從者，得報請直轄市、縣（市）主管機關處理。

8. 第十七條之規定，住戶於公寓大廈內依法經營餐飲、瓦斯、電焊或其他危險營業或存放有爆炸性或易燃性物品者，未依中央主管機關所定保險金額投保公共意外責任保險，經催告於七日內仍未辦理者，管理負責人或管理委員會應代為投保。

9. 第十八條之規定，對於公共基金設專戶儲存，並由管理負責人或管理委員會負責管理。

10. 第二十二條所訂住戶違反義務之情形，由管理負責人或管理委員會促請其改善，於三個月內仍未改善者，管理負責

人或管理委員會得依區分所有權人會議之決議,訴請法院強制其遷離。如住戶為區分所有權人時,管理負責人或管理委員會得依區分所有權人會議之決議,訴請法院命區分所有權人出讓其區分所有權及其基地所有權應有部分;於判決確定後三個月內不自行出讓並完成移轉登記手續者,管理負責人或管理委員會得聲請法院拍賣之。

第三十六條所定管理委員會之職務如下:

1. 區分所有權人會議決議事項之執行。
2. 共有及共用部分之清潔、維護、修繕及一般改良。
3. 公寓大廈及其週圍之安全及環境維護事項。
4. 住戶共同事務應興革事項之建議。
5. 住戶違規情事之制止及相關資料之提供。
6. 住戶違反第六條第一項規定之協調。
7. 收益、公共基金及其他經費之收支、保管及運用。
8. 規約、會議紀錄、使用執照謄本、竣工圖說、水電、消防、機械設施、管線圖說、會計憑證、會計帳簿、財務報表、公共安全檢查及消防安全設備檢修之申報文件、印鑑及有關文件之保管。
9. 管理服務人之委任、僱傭及監督。
10. 會計報告、結算報告及其他管理事項之提出及公告。
11. 共用部分、約定共用部分及其附屬設施設備之點收及保管。
12. 依規定應由管理委員會申報之公共安全檢查與消防安全設備檢修之申報及改善之執行。
13. 其他依本條例或規約所定事項。

Q44：管理委員會之成員為何？區分所有權人以外之其他住戶是否可參加管理委員會？

A：按管理委員會之定義，依「公寓大廈管理條例」第三條第九款之規定，「指為執行區分所有權人會議決議事項及公寓大廈管理維護工作，由區分所有權人選任住戶若干人為管理委員所設立之組織。」故一般管理委員會之成員為住戶即可。至所稱住戶，依同條第八款定義，「指公寓大廈之區分所有權人、承租人或其他經區分所有權人同意，而為專有部分之使用者或業經取得停車空間建築物所有權者。」因此，承租人屬於住戶應當毫無疑問，惟依第二十九條規定之「管理委員、主任委員及管理負責人之任期，依區分所有權人會議或規約之規定，任期一年至二年，連選得連任一次。但區分所有權人會議或規約未規定者，任期一年，連選得連任一次。」所以，除區分所有權人會議之決議或規約另有限制外，承租人依法可以參加管理委員會的組成。

Q45：管理委員會任期屆滿尚未選任新管理委員期間公共事務如何運作？

A：任期屆滿之管理委員會管理委員全體解任後未改選時，應依本條例第二十九條第四項規定，自任期屆滿日起，視同解任。

Q46：公寓大廈管理委員會得否向住戶收取共用部分使用償金？

A：按各區分所有權人對建築物共用部分及其基地之使用收益權及住戶共用部分使用之特別約定，非經載明於規約者，不生效力，公寓大廈管理細則第二十三條第二項第二款業有規定管理委員會係指為執行區分所有權人會議決議事項及公寓大廈管理維護工作，由區分所有權人選任住戶若干人為管理委員所設立之組織，故管理委員會向住戶收取共用部分使用償金時，應符合前揭規定要件。

Q47：社區管理委員會訂定罰則事宜。

A：依「公寓大廈管理條例」（以下簡稱條例）第十六條第一項規定「住戶不得任意棄置垃圾、排放各種污染物、惡臭物質或發生喧囂、振動及其他與此相類之行為。」，同條第五項規定「住戶違反前四項規定時，管理負責人或管理委員會應予制止，或按規約處理，經制止而不遵從者，必要時得報請直轄市、縣（市）主管機關處理。」；條例第二十三條第一項規定「有關公寓大廈、基地或附屬設施之管理使用及其他住戶間相互關係，除法令另有規定外，得以規約定之。」。

　　來函所述亂丟垃圾或製造噪音等行為應屬違反前揭條例第十六條第一項之規定，管理委員會或管理負責人應予制止，或按規約處理，故規約如有罰款之規定，管理委員會或管理負責人自得依其規定執行，必要時亦得報請主管機關依條例第四十七條第二款之規定處以新台幣三千元以上一萬五千元以下罰鍰。

　　公寓大廈停車場之使用管理得訂定於規約中或於規約約定另行訂定「停車場使用管理辦法」，故有關違規停車之情事，如規約或停車場使用管理辦法對於不依規定停車之住戶有罰款之規定者，管理委員會或管理負責人自得依其規定執行，惟如有另得逕行予以鎖車之規定，因其涉及妨害他人行使權利，除非經其同意或有法律授權之明文規定，否則管理委員會或管理負責人不宜逕行為之，以免承擔法律責任。

　　惟應注意者，前開規約應依條例第三十一條經區分所有權人會議決議訂定始具效力，未依前揭條例第三十一條之規定訂定者，管理委員會或管理負責人自不得逕行執行。

Q48：公寓大廈管理委員會管理委員可否委託其他管理委員或住戶代為出席並執行投票？

A：按公寓大廈成立管理委員會者，應由管理委員互推一人為主任委員，主任委員對外代表管理委員會。主任委員、管理委員之選任、解任、權限與其委員人數、召集方式及事務執行方法與代理規定，依區分所有權人會議之決議。但規約另有規定者，從其規定。「公寓大廈管理條例」第二十九條第二項定有明文，所詢有關公寓大廈管理委員會管理委員可否委託其他管理委員代為出席並執行投票疑義乙節，查「公寓大廈管理條例」並無相關規定，如何適用，應依前揭規定為之。

Q49：公寓大廈管理委員為法人時應以何人為法定代理人，是否得以委託方式委由公司員工代為行使職權？

A：在區分所有權人會議決議規約中對於法人之管理委員事務執行方法另有規定者，自應從其規定。無規定者，由公司員工代為行使職權係公司業務內部行為關係，其代理行為非法所不許。

Q51：管理委員會得否提起刑事之告訴或為自訴？

A：依「公寓大廈管理條例」（以下簡稱條例）第三十八條規定「管理委員會有當事人能力。管理委員會為原告或被告時，應將訴訟事件要旨速告區分所有權人。」，惟依刑事訴訟法之規定，告訴及自訴係由被害人提起，告發係由第三人提起。

社區公共土地有被人侵占使用之情事，因管理委員會非被害人，故無法提起告訴或自訴，但得提起告發。

Q52： 依「公寓大廈管理條例」報備之管理委員會是否具有刑事訴訟之當事人能力？

A： 管理委員會不具刑事訴訟之當事人能力，公寓大廈管理委員會依本條例第三十八條有當事人能力，但依立法意旨係指管理委員會依民事訴訟法第四十條為訴訟之當事人，尚不得據此而謂管理委員會可提出刑事告訴，……且因其非刑事訴訟之適格之被害人（因管理委員會性質上屬非法人團體），依刑事訴訟法第三百十九條第一項前段之規定，亦不得提起自訴。

Q53： 管理委員會是否得依法具有法人資格，又得否為不動產登記之權利主體？

A： 按法人係指自然人以外，由法律創設之團體。公寓大廈管理委員會雖依法有當事人能力，惟除另依法取得法人資格者外，尚不得當然視為法人。如其具有法人資格並依法登記者，自得為不動產登記之權利主體。

Q54： 管理委員會拒接移交應如何處理？

A： 按管理委員會係指為執行區分所有權人會議決議事項及公寓大廈管理維護工作，由區分所有權人選任住戶若干人為管理委員所設立之組織，為「公寓大廈管理條例」第三條第九款所明定。又其組織及選任條例第二十九條第二項亦有明文。貴公寓大樓管理委員會之成立請依前揭規定辦理。至管理委員會拒絕移交，得依該條例第二十條第二項規定，報請主管機關或訴請法院命其移交，並有第四十九條第一項第七款規定之適用。

Q55： 非區分所有權人之住戶可否選任為管理委員會之委員職務？

A： 按「公寓大廈管理條例」第三條第八款規定：「管理委員會：指為執行區分所有權人會議決議事項及公寓大廈管理維護

工作，由區分所有權人選任住戶若干人為管理委員所設立之組織。」同條第十款規定：「住戶：指公寓大廈之區分所有權人、承租人或其他經區分所有權人同意而為專有部分之使用者或業經取得停車空間建築物所有權者。」依此規定，除非區分所有權人會議之決議或規約另訂有限制管理委員需為區分所有權人之住戶擔任，否則承租人為住戶，應有當選管理委員之資格。

Q56： 「公寓大廈管理條例」施行前已成立之管理委員會是否具有當事人能力？

A： 按公寓大廈管理委員會有當事人能力，固為「公寓大廈管理條例」第三十八條第一項所明定，惟在「公寓大廈管理條例」施行前業已取得建造執照之公寓大廈，應依該條例規定成立管理組織，亦為「公寓大廈管理條例」第五十五條第一項所明定；由此可知，公寓大廈管理委員會須依「公寓大廈管理條例」所定程序成立者，方能取得當事人能力，於「公寓大廈管理條例」施行前所成立之管理委員會因並非依「公寓大廈管理條例」所成立，除具有民事訴訟法第四十條第三項規定之非法人團體性質者外，不具當事人能力。

Q58： 「公寓大廈管理條例」公布實施前成立之管理委員會，及其所訂有關管理費用繳納事項之效力為何？

A： 一、公寓大廈於本條例公布施行前經核准為守望相助管理組織者，仍應依本條例第二十五條至第四十條、第五十五條之規定，成立公寓大廈管理組織，始得依前揭規定執行公寓大廈管理維護業務。

二、本條例公布施行前成立之公寓大廈管理組織所訂有關管理費用之繳納事項，係屬當事人契約關係，宜請逕依民法合意為之，如有爭議，宜請逕循民事程序解決。

Q60： 有關公寓大廈專有部分之共有人，可否同時被選任為管理委員會之管理委員？

A： 依條例第二十九條規定意旨，除區分所有權人會議決議或規約另有規定外，如具有住戶之身分，自得被選任為管理委員，其管理委員之選任，得依前揭條例於規約規定，未規定者依區分所有權人會議之決議為之。

Q61： 起造人得否擔任主任委員？

A： 起造人得否擔任主任委員，除區分所有權人會議決議或規約另有規定外，如具有住戶之身分，自得被選任為管理委員、主任委員，不因其同時具備起造人身分而有所區別。

Q62： 公寓大廈管理委員選任後，因管理委員辭職，致主任委員無法產生及辦理移交，其公寓大廈管理維護執行權責如何運作？

A： 本案公寓大廈業經依法選出管理委員組成第十一屆管理委員會在案，嗣後因委員辭任，僅餘2位管理委員，致不能成會而無法推選主任委員，除請其儘速依法補選或改選管理委員外，有關公寓大廈管理維護工作，該管理委員仍須依規定執行職務，且管理委員如具區分所有權人身分時，有關區分所有權人會議之召開，依條例第二十五條第三項規定，亦負有召集人之義務。

Q63： 公寓大廈遞補之管理委員任期之計算？

A： 關於社區部分管理委員因故於任期屆滿前解任，遞補之管理委員，其任期之計算，在不違反條例第二十九條第三項規定下，該遞補之管理委員如係為補足該屆管理委員會人數之不足，並非管理委員會之重新改選，其任期以補足原管理委員所遺之任期為限，並視為一任。

Q64：公寓大廈管理委員會任期屆滿解任後；新管理委員會未成立前之管理維護責任？

A：公寓大廈管理委員會任期屆滿解任後，除儘速依法成立管理委員會或推選管理負責人外，未成立或推選前，依條例第二十五條區分所有權人互推之召集人或申請指定之臨時召集人為管理負責人，仍無法互推或指定產生時，區分所有權人得申請直轄市、縣（市）主管機關指定住戶一人為管理負責人。

Q65：公寓大廈管理委員之選舉是否僅得於區分所有權人會議中舉行？

A：管理委員之選任事項，如規約有規定者，從其規定；未定於規約者，依區分所有權人會議之決議。惟若於區分所有權人會議選任管理委員者，依條例第三十條第二項規定，應於開會通知中載明並公告之，且不得以臨時動議提出。

Q67：公寓大廈管理委員會因部分管理委員辭職，其會議如何決議？

A：管理委員因辭職出缺時，由候補委員依序遞補，或依規約規定或區分所有權人會議決議補選之。又管理委員會會議之開議及決議，應依規約或區分所有權人會議決議規定，計算時不得扣除因辭職出缺之委員人數，如因出席人數不足致無法成會，自無法作成決議。

Q68：公寓大廈主任委員未經管理委員會同意，即代表管理委員會與業者簽約，是否違反「公寓大廈管理條例」？

A：主任委員雖對外代表管理委員會，惟涉及主任委員之權限及事務執行方法，當依規約之規定；規約未規定者，依區分所有權人會議決議。至關本案規約如未明定主任委員之權限，其與業者之簽約，自當於區分所有權人會議作成決議後始得為之。惟規約倘未規定，或區分所有權人會議未作成決議

前，主任委員即與業者逕行簽約，其契約之效力疑義，係屬私權爭執，自宜循司法途徑解決。

【管理費及公共基金】

Q71：公寓大廈管理費係按戶數來收取抑或按居住面積來分擔？

A：公寓大廈管理費原則上按其共有之應有部分比例分擔，但區分所有權人會議或規約另有規定者，從其規定。此為「公寓大廈管理條例」第十條第二項之規定，因此公寓大廈規約或經過區分所有權人會議之決議後，以管理費係按戶數收取者，自應從其規定。

Q72：公寓大廈承租人是否有義務分擔管理費？

A：公寓大廈管理費依「公寓大廈管理條例」第十條第二項之規定，由公共基金支付或由區分所有權人按其共有之應有部分比例分擔之。準此，管理費之繳納是區分所有權人（房東）之義務，雖然向現住之承租人收繳較為方便但承租人拒絕繳納時，所有權人仍應承負繳納之義務，至承租人及所有權人間之清償關係，自應適用民法之規定，逕循司法途徑解決。

Q73：公寓大廈設置公共基金可以作何用途？公共基金的來源如何籌措？

A：為落實公寓大廈之管理維護，關於共同利益及修繕、維護事項，需有公共基金之設置以做為經費來源。「公寓大廈管理條例」第十條第二項及第十一條第二項有明定「共用部分、約定共用部分之修繕、管理、維護費用」以及「共用部分及其相關設施之拆除、重大修繕或改良費用」由公共基金支付或由區分所有權人按其共有之應有部分比例分擔。另第十八

條規定公共基金的來源有四種：「一、起造人就公寓大廈領得使用執照一年內之管理維護事項，應按工程造價一定比例或金額提列。二、區分所有權人依區分所有權人會議決議繳納。三、本基金之孳息。四、其他收入。」其中，由起造人提列第一種基金來源，如果是本條例公布施行前已取得建造執造之公寓大廈，不適用之。也就是說，建築物是在「公寓大廈管理條例」公布施行前取得建造執造者，僅能適用後三種之基金來源，購屋者無權向建築業者追討該應提撥之基金費用。

Q74：有些住戶經常滯納管理費或公共基金，屢次催繳，總無法如願配合，應如何處理？

A：按「公寓大廈管理條例」第二十一條之規定：「區分所有權人或住戶積欠應繳納之公共基金或應分擔或其他應負擔之費用已逾二期或達相當金額，經定相當期間催告仍不給付者，管理負責人或管理委員會得訴請法院命其給付應繳之金額及遲延利息。」所稱催告，應以書面為之，例如郵政存証函或是法院認証函，以管理委員會主任委員之名義進行催告即可。又第二十二條第一項第一款之規定：「住戶積欠依本條例規定應分擔之費用，經強制執行後再度積欠金額達其區分所有權總價百分之一者，由管理負責人或管理委員會促請其改善，於三個月內仍未改善者，管理負責人或管理委員會得依區分所有權人會議之決議，訴請法院強制其遷離。」而該住戶如為區分所有權人時，管理負責人或管理委員會得依區分所有權人會議之決議，訴請法院命區分所有權人出讓其區分所有權及其基地所有權應有部分；於判決確定後三個月內不自行出讓並完成移轉登記手續者，管理負責人或管理委員會得聲請法院拍賣之。另第四十九條第一項第六款之規定：「區分所有權人或住戶違反第十八條第一項第二款規定

未繳納公共基金者,由直轄市、縣(市)主管機關處新臺幣四萬元以上二十萬元以下罰鍰。」依此規定可解決目前公寓大廈住戶拒繳管理費,而全體住戶又索求無門之窘況,立意甚佳。對於違反者課以強制其出讓所有權之處罰,民眾不可不慎。

Q75: 區分所有權人繳交的公共基金因為讓售他人,可否請求退還己繳交之本金?

A:「區分所有權人對於公共基金之權利應隨區分所有權之移轉而移轉;不得因個人事由為讓與、扣押、抵銷或設定負擔。」為「公寓大廈管理條例」第十九條之規定,按公共基金之用途在於支付公寓大廈共用部分、約定共用部分之修繕、管理、維護費用以及共用部分及其相關設施之拆除、重大修繕或改良費用,故其性質與一般儲蓄存款不同,為求專款專用之原則,故區分所有權人轉讓後其已繳納之公共基金不得退還。

Q76: 公共基金係由管理委員會或管理負責人保管,區分所有權人如何瞭解支用情形?

A:依照「公寓大廈管理條例」第二十條之規定:「管理負責人或管理委員會應定期將公共基金或區分所有權人、住戶應分擔或其他應負擔費用之收支保管及運用情形公告。」由此可知,公共基金保管及運用情形應定期公告,區分所有權即可瞭解公共基金實際收支情形,至究係按年、按月、按季公告及何一期日公告?並無限制,自可在規約或經區分所有權人之決議行之。

Q77：住戶積欠管理費之優先清償權。

A：「公寓大廈管理條例」第二十一條區分所有權人或住戶積欠
應繳納之公共基金或應分擔或其他應負擔之費用，依第二十
二條第三項規定，其受償順序與第一順位抵押權同。

Q78：公寓大廈管理委員會收取管理費所出具之收據應否繳納印花稅？

A：依據印花稅法第五條第二款規定，銀錢收據係屬印花稅之課
徵範圍。公寓大廈管理委員會收取管理費，如有書立銀錢收
據或代替銀錢收據自應依上開規定貼用印花稅票。惟公寓大
廈管理委員會如係收到票據（包括匯票、本票及支票），所
出具載有票據名稱、號碼及金額之收據，可依財政部七十八
年元月十日台財稅第七八一一三五八八七號函規定，免貼用
印花稅票。又印花稅法並無必須書立憑證之規定，公寓大廈
管理委員會收取管理費，如未出具應稅憑證（銀錢收據或代
替銀錢收據），即可免予課徵印花稅。

Q79：水電費問題如何區分？

A：水電費如為共用部分、約定共用部分之水電費分擔方式，依
「公寓大廈管理條例」（以下簡稱條例）第十條第二項及第
三項之規定，其費用由公共基金支付或由區分所有權人按其
共有之應有部分比例分擔之，惟區分所有權人會議或規約另
有規定者，從其規定。至於停車場範圍內是否有水、電錶，
則應至建築物現場實際勘察，如未設有分錶，則停車場應分
擔多少水電費，可依區分所有權人會議或管理委員會之決議
為之；如仍有爭議，亦可申請加裝分錶。

Q80： 公共基金之運用及管理委員會損害住戶權益時之處理。

A： 按公寓大廈組設之管理委員會係在執行區分所有權人會議決議事項暨公寓大廈管理維護工作，有關公共基金之運用亦應依區分所有權人會議之決議為之，此分別為「公寓大廈管理條例」第三條第九款及第十八條第三項所明定。區分所有權人或利害關係人對管理委員會有該條例第四十八條或第四十九條各款情事之一時，得列舉事實及提出證據依第五十九條之規定報請直轄市、縣（市）主管機關處理；如有損害住戶權益時，宜循司法途徑解決。

Q81： 區分所有權人積欠管理費，其房屋遭法院拍賣由第三人拍定，則原區分所有權人所積欠之管理費，管委會究竟應向原區分所有權人或拍定人請求繳納，須視情形而處理。

A： 關於拍定前之管理費請求繳納，實務上之見解，依拍賣公告之記載不同，可分為下列二種：

一、拍賣公告中載明：「拍定人應繼受執行債務人所積欠之管理費債務」或其他同義條款，則應由拍定人負擔：

　　強制執行程序之拍賣公告中若載明：「拍定人應繼受執行債務人所積欠之管理費債務」或其他同義條款，則拍定前所積欠之管理費，管委會得依債務承擔之規定向拍定人請求。

二、拍賣公告中無管理費負擔之記載，則應由原區分所有權人負擔：

　　繼受人對於原區分所有權人積欠管理費或其他應分擔費用之債務，因屬原區分所有權人與大廈管理委員會間之債權債務關係，後手之區分所有權人除已依民法第三百條或第三百零一條所定訂約承擔債務者外，管理委員會自應循條例所定之各規定加以請求；且區分所有

權之繼受人，其無論係經由自由交易買賣方式或經由法院拍賣取得，因對於前手積欠之管理費用或其他應分擔費用並無從知悉，而購買者（含拍賣程序之應買人）亦係針對該區分所有物之市場客觀價值、地理環境、有無物上擔保等加以評估其價值，苟尚應就該區分所有物之前手有無積欠管理費用及其他應分擔費用加以調查評估，因此部分並無公示性，除強人所難能，亦有礙交易之靈活，而此亦非「公寓大廈管理條例」第二十四條之立法本旨，是就前手已具體發生而積欠之管理費用及其他應分擔費用，實難令繼受人當然承受而負履行債務之責（新竹地方法院八十八年度簡上字第一一一號判決參照）。依此可知，關於區分所有權人積欠之管理費若拍賣公告中無前述「拍定人應繼受執行債務人所積欠之管理費債務」或其他同義條款之記載，則拍定人毋庸負擔原區分所有權人所積欠之管理費。

Q83：欠繳「公寓大廈公共基金」之繼受問題。

A：依「公寓大廈管理條例」（以下簡稱條例）第二十四條規定「區分所有權之繼受人，應於繼受前向管理負責人或管理委員會請求閱覽或影印第三十五條所定文件，並應於繼受後遵守原區分所有權人依本條例或規約所定之一切權利義務。」，衡其立法意旨無非係為維護「區分所有關係之一貫性」並貫徹「公寓大廈管理維護」之目的。

有關欠繳公共基金之原區分所有權人，如已將專有部分之區分所有權過戶他人，除與過戶後之新區分所有權人參照民法第三百條或第三百零一條規定，訂定債務承擔契約，願為原區分所有權人代為清償所欠之公共基金外，管理委員會仍應依條例第二十一條之規定辦理，不得逕向新區分所有權

人請求繳納之（參照內政部營建署八十六年二月二十六日台（八六）內營字第八六七二〇九號函）。但管理委員會宜參與原區分所有權人強制執行之債權分配，較易實現債權。

Q85：區分所有權人或住戶未依規約繳納公共基金如何處理疑義乙案？

A：區分所有權人或住戶違反「公寓大廈管理條例」第十八條第一項第二款未繳納公共基金者，由直轄市、縣（市）主管機關處新台幣四萬元以上二十萬元以下罰鍰，前揭條例第四十九條第一項第六款業有明定。規約如已明定區分所有權人於規定之日期前未繳納應繳金額之處理程序，區分所有權人未依規約繳納公共基金，自應依規約辦理。

Q88：公共基金可否作為投資使用？

A：「公共基金應設專戶儲存，其用途應以公寓大廈規約範本第十一條第三款例示項目為原則」，亦即不宜將公共基金投資購買基金或有價證券。

Q89：公共基金之保管運用如何規範？起造人是否可動支使用？

A：本條例第十八條第三項規定公共基金，由管理負責人或管理委員會負責管理，其運用應依區分所有權人會議之決議為之，起造人原不得動支提列之公共基金；但在起造人尚未移交且於第一次區分所有權人會議召開前，起造人是否可動支該項公共基金，應依規約草約約定內容為之。

Q90：公寓大廈管理委員會可否開設存款帳戶儲存公共基金及管理費用，其孳息應否扣繳所得稅？

A：一、依公寓大廈條例報備完成之公寓大廈管理委員會，可以管理委員會之名義開設存款帳戶，依銀行法相關規定辦

理定期存款及活期存款。至申請開立支票存款及活期儲
蓄存款，則須以主任委員或管理負責人名義申請開戶，
其管理組織名稱併列於戶名中。

二、公寓大廈管理委員會或社區管理委員會如僅對住戶收
取公共基金及相關管理費用，並無任何營利收入，其以
管理委員會名義設立專戶儲存公共基金或管理費用之孳
息，准予免納所得稅並核發免扣繳證明。

三、至於公寓大廈以起造人或管理負責人名義設立專戶衍生
之存款利息，其已扣繳之利息所得稅款，於成立前開管
理委員會後，得專案向管轄稽徵機關申請經查明後予以
退還。

Q92：管理委員因執行職務，而遭致訴訟所生之訴訟費用，可否由公共基金支付？

A：有關管理委員因執行職務，而遭致訴訟所生之訴訟費用如何
支付乙節，經查條例並無相關規定，惟公共基金及管理費之
運用，依條例第十八條規定，應依其區分所有權人會議決議
或規約規定辦理。至於區分所有權人會決議效力之爭議，係
屬私權爭執，宜循司法途徑解決。

Q94：公寓大廈新區分所有權人經法拍取得所有權後是否即需繳交管理費？

A：基於強制執行而取得不動產物權者，一經法院發給所有權權
利移轉證書，即發生取得不動產物權之效力，成為區分所有
權人，即需依規定繳交管理費。

【區域規範】

Q95： 什麼是區分所有權？

A：「數人區分一建築物而各有其專有部分，並就其共用部分按
其應有部分有所有權」。為「公寓大廈管理條例」第三條第
二款定義。在此意義下，區分所有權實包括專有部分及共用
部分之所有權。另「專有部分不得與其所屬建築物共用部分
之應有部分及其基地所有權或地上權之應有部分分離而為
移轉或設定負擔。」為「公寓大廈管理條例」第四條第二項
之規定，由此可知區分所有權之建築物，與其基地有一體之
特性。

Q96： 什麼是公寓大廈之專有部分？

A：按公寓大廈可分為兩部分，一為專有部分，另一為共用部
分。依「公寓大廈管理條例」第三條第三款之定義：「稱專
有部分，指公寓大廈之一部分，具有使用上之獨立性，且為
區分所有之標的者。」該所稱使用上之獨立性，其要件可以
是構造上區劃之獨立，也可以是區界範圍明確標示形式上區
劃之獨立。同時本條例第五十八條及第七條另有禁止做為專
有部分之規定，第七條規定：公寓大廈共用部分不得獨立使
用供做專有部分，因此本條例列舉數個屬於共用部分之空
間，如第五十八條第二項所稱之「法定空地、法定防空避難
設備及法定停車空間。」以及第七條第二款列示之「走廊或
樓梯，通路或門廳，以及社區內各巷道、防火巷弄。」依法
均不得為專有部分。

Q97：在購置公寓住戶中，專有部分所及範圍如何界定？

A：「公寓大廈管理條例」第五十六條第三項規定，建築物所有權第一次登記時其測繪原則，外牆以外緣為界，共用之牆壁，以牆壁之中心為界。因此專有部分所及範圍係以外牆之外緣以及共同壁之牆心為區界。另需特別說明，建築物外牆面雖已劃為外側住戶專有部分之範圍，但依照第八條第一項規定「公寓大廈周圍上下、外牆面、樓頂平臺及不屬專有部分之防空避難設備，其變更構造、顏色、設置廣告物、鐵鋁窗或其他類似之行為，除應依法令規定辦理外，該公寓大廈規約另有規定或區分所有權人會議已有決議，經向直轄市、縣（市）主管機關完成報備有案者，應受該規約或區分所有權人會議決議之限制。」外牆面使用不得任意為之，仍應受限制。

Q98：公寓大廈之共用部分持分比例計算方法有無規定？

A：「各區分所有權人按其共有之應有部分比例，對建築物之共用部分及基地有使用收益之權。但另有約定者從其約定。」為「公寓大廈管理條例」第九條第一項之規定。另「共用部分、約定專用部分之修繕、管理、維護，以及共用部分及其相關設施之拆除、重大修繕或改良，其費用由公共基金支付或由區分所有權人按其共有之應有部分比例分擔之。」此項共有之性質為「分別共有」而非「公同共有」。共用部分之持分依建築物登記為準，期以公示性拘束受讓人或繼受人。就其使用言，有時亦不得因為區分有權人應有部分比例之不同而有差異。例如直通樓梯（自避難層通達屋頂平台）之使用，不因住戶居所面積或位置不同而受使用之限制。

Q99：共用部分及約定共用部分在形式上如何區別或認定？

A：共用部分成立的原因有二，第一是法定共用部分，「公寓大廈管理條例」第五十八條第二項列舉「法定空地、法定防空避難設備及法定停車空間」三種為當然之共用部分。第二是構造上或性質上之共用部分，對建築物基礎結構及安全或維持共用所必需之部分。「公寓大廈管理條例」第七條所列示者，例如公寓大廈所占基地、連通專有部分之走廊、樓梯、通往大門之通道、公寓大廈基礎工程、主要樑柱、承重牆壁、樓地板、屋頂構造，其他固定的設備，並屬區分所有權人生活利用上不可或缺之共用部分。甚至約定專用部分有違法令使用限制之規定時，應予以禁止。另依規約而成約定共用部分，係指凡可供創設專有部分之建築空間，因區分所有權人會議之決議而變更為共用部分。例如大樓管理室。

Q100：公寓大廈共用部分（公共設施）可以單獨出售（或贈與、交換或設定抵押等）。

A：「公寓大廈管理條例」第四條第一項規定，「區分所有權人除法律另有限制外，對其專有部分，得自由使用、收益、處分、並排除他人干涉。」此一規定與民法第七百六十五條之規定相同。第二項則規定「專有部分不得與其所屬建築物共用部分之應有部分及其基地所有權或地上權之應有部分分離而為移轉或設定負擔。」意即共用部分（公共設施）是不可以單獨出售、贈與、交換或設定抵押權等。

　　公寓大廈共用部分的所有權是隸屬各區分所有權人，而共用部分與各區分所有權人的「專有部分」，具有同一經濟目的，不得與專有部分分離而為處分。值得注意的是，在民法中建物與基地是可以分離而為移轉或設定負擔，但在公寓大廈之情況中，基地之所有權或地上權，各

區分所有權人僅有其應有部分，為使公寓大廈的管理單純化，公寓大廈之建築物與其基地有一體之特性。

Q101：在專有部分的使用上，「公寓大廈管理條例」有何限制？

A：「公寓大廈管理條例」第十五條規定：「住戶應依使用執照所載用途及規約使用專有部分、約定專用部分，不得擅自變更。住戶違反前項規定，管理負責人或管理委員會應予制止，經制止而不遵從者，報請直轄市、縣（市）主管機關處理，並要求其回復原狀。」因此，本條例實施後，除原建物使用限制外，並受規約約束，以維護全體住戶之生活品質。

目前有許多餐廳、KTV、酒廊等無視使用執照所載用途，擅自在住宅區任意設立，不但因人員出入複雜影響其他住戶的生活安寧，更可能造成火災等嚴重影響生命財產安全，日前所發生多起公眾場所的嚴重火災，不少即是此類擅自變更使用用途者，然因此「公寓大廈管理條例」第十五條，對此類違規案件，亦有規定得由管理委員會制止，制止不理，訴請法院強制其遷離，住戶為區分所有權人時並可命出讓其房屋及拍賣，同時依照第四十九條第二項規定，「有供營業使用事實之住戶有因違反第十五條第一項擅自變更專有或約定專用之使用行為，因而致人於死者，處一年以上七年以下有期徒刑，得併科新壹幣一百萬元以上五百萬元以下罰金；致重傷者，處六月以上五年以下有期徒刑，得併科新壹幣五十萬元以上二百五十萬元以下罰金。」想要走法律邊緣的違規使用人，不可不慎。

Q102：公寓大廈停車空間約定專用部分使用管理權問題。

A：依「公寓大廈管理條例」（以下簡稱條例）第四條第一項規定「區分所有權人除法律另有限制外，對其專有部分，得

自由使用、收益、處分，並排除他人干涉。」；第九條第二項規定「住戶對共用部分之使用應依其設置目的及通常使用方法為之。但另有約定者從其約定。」，同條第四項規定「住戶違反第二項規定，管理負責人或管理委員會應予制止，並得按其性質請求各該主管機關或訴請法院為必要之處置。如有損害並得請求損害賠償。」；第十五條規定「住戶應依使用執照所載用途及規約使用專有部分、約定專用部分，不得擅自變更。住戶違反前項規定，管理負責人或管理委員會應予制止，經制止而不遵從者，報請直轄市、縣（市）主管機關處理，並要求其回復原狀。」。

停車位一般狀況應屬約定專用部分之情形，如規約（依條例第三十一條之規定訂定者）有汽車停車位禁止停放機車之規定，管理委員會自得依前揭條例第十五條之規定制止；停車位如屬共用部分之情形，如區分所有權人會議或規約另有約定者，管理委員會亦得依前揭條例第九條之規定制止；然停車位如屬專有部分之情形，依前揭條例第四條第一項之規定，因其得自由使用、收益、處分，並排除他人干涉，管理委員會則無制止之權力。

Q103：房屋買賣契約書所附分管協議書效力為何？

A：依「公寓大廈管理條例」（以下簡稱條例）第三條第五款「本條例用辭定義如下：……五、約定專用部分：公寓大廈共用部分經約定供特定區分所有權人使用者。……。」規定觀之，約定專用之方式並無特別規定，以口頭、書面（分管協議書）或依條例第三十一條規定均可。故有關房屋買賣契約書內所附分管協議書載明法定停車空間、法定空地或屋頂平台，經約定供特定區分所有權人使用之事項，既經各買受人同意並簽訂即具「公寓大廈管理條例」「約定專用」之效力。起造

人於申請建造執照時，所檢附之規約草約亦應已載明約定專
用之範圍及使用主體，故其應無效力之疑義。次參酌公寓大
廈規約範本第十四條之規定亦係依前揭說明之精神訂定。

Q104：共用之屋頂平台應合法使用管理，應拆除之違章事實不會受是否有約定使用權所影響？

A：屋頂平台性質上不許分割而獨立為區分所有之客體，應由
全體住戶共同使用，自係大樓之共同部分，縱使區分所有
人依約定就共有部分有專用權者，仍應本於共有物之性
質、構造使用之，且不得違背共有物之使用目的，始為合
法。屋頂平台之構造設計一般均供作景觀休閒、逃生避難
及管線設施安置等使用，另為免影響整棟房屋之載重設計
而危其安全，使用屋頂平台自不容任意加蓋建築物。是縱
使區分所有權人有使用屋頂平台之權限，其於平台上加蓋
建物，占用平台大部分面積，導致其他共有人喪失景觀休
閒等功能，且加重房屋之載重，即有違平台原有構造及功
能，並有危房屋與住戶之安全，實非依約定之方法而為管
理使用。

Q105：停車空間可分為共用部分、專用部分及約定專用之分別。

A：法定停車空間明列為共用部分，至獎勵增設之停車空間，
如非位於法定空地、法定防空避難設備範圍內，得為專有
部分；如屬共用部分但無同條例第七條規定不得為約定專
用部分情形者，得約定專用。

Q107：防空避難室或法定停車空間應視其構造性質認定屬共用部分或專有部分。

A：地下室作為防空避難設備及法定停車空間使用，是否屬於
共同使用部分而不能單獨成為所有權之客體，則非無爭

議。按依建築法第一百零二條之一第一項、及建築技術規則建築設計施工編第五十九條至第六十二條、第一四〇條至第一四四條規定,建築物應附建防空避難設備或停車空間,細繹此等規範意旨,乃期使興建房屋時能兼顧社會(停車位不足)及民防(防空避難)需求,但此等規定之意涵中,僅要求必須依法設置防空避難設備及法定停車空間、且不能挪作他用(用途限定),並無強制依法附建之防空避難設備或停車空間僅能由區分所有權人共有之意,蓋防空避難設備之設置,旨在因應空襲等災變發生時,附近居民(包含公寓大廈之區分所有權人、使用人與鄰近獨立住宅之住戶與行人)能有避難之空間,而停車空間之設置,目的亦在於解決鄰近街道之停車問題,並未進一步限制該等防空避難設備或停車空間僅能供作區分所有權人使用、而不能供非區分所有權人使用。換言之,建築物依法附建之防空避難設備及法定停車空間,若在構造上得與其他部分區隔分離、在使用上亦具有獨立之出入通道時,即非不得作為單獨之所有權客體,於區分所有權人間、或房屋出賣人與買受人間對於此一防空避難設備或法定停車空間有特別約定時,宜基於私法自治之精神,准許渠等將此地下室之法定避難設備或法定停車空間約定為共同使用部分、專用部分、甚或是專有部分而使用,在約定為專有部分時,即應認為該部分亦屬區分所有。

Q112:公寓大廈共用部分、約定共用部分如何認定?

A:有關公寓大廈共用部分、約定共用部分之認定,應依起造人於申請建造執照時,檢附專有部分、共用部分、約定專用部分、約定共用部分標示之詳細圖說,加以認定。另依條例第二十三條第二項第一款及第三十三條第一款規定,

約定共用部分之範圍及使用主體，非經載明於規約者，不生效力，且專有部分經依區分所有權人會議約定為約定共用部分者，應經該專有部分區分所有權人同意，否則不生效力。

【使用管理】

Q114：公寓大廈中那些地方不能占為己有專用之？

A：「公寓大廈管理條例」第七條規定：「下列各款，不得為約定專用部分：

1. 公寓大廈本身所占之地面。

2. 連通數個專有部分之走廊或樓梯，及其通往室外之通路或門廳，社區內各巷道、防火巷弄。

3. 公寓大廈基礎、主要樑柱、承重牆壁，樓地板及屋頂之構造。

4. 約定專用有違法令使用限制之規定者。

5. 其他有固定使用方法，並屬區分所有權人生活利用上不可或缺之共用部分。」

　　該限制之目的在於因應實際使用需要，明定應為共用部分而不得為約定專用部分者，以確保區分所有權人權益。例如，公寓大廈的一樓住戶王先生因為想要做個小本生意，經與全體住戶約定讓他在公寓大廈通往室外之庭院出入口擺置麵攤，經營賣麵生意，此約定有違「公寓大廈管理條例」第七條第二款之規定，王先生縱使事先與其他住戶有約定，仍不能在公寓大廈出入口處擺麵攤。

Q115：我購買七層大樓的頂樓時，與其他大樓住戶所簽訂的買賣契約書先有約定：「屋頂平台除由建商統一劃出之公共設施範圍外，歸頂樓住戶共同保管使用」，是否會抵觸「公寓大廈管理條例」第七條第三款所稱公寓大廈屋頂之構造不得約定專用的規定？

A：按「公寓大廈管理條例」第七條第三款所稱之「屋頂構造」係指構造物體之本身而言，第八條規定「公寓大廈周圍上下、外牆面、樓頂平臺及不屬專有部分之防空避難設備，其變更構造、顏色、設置廣告物、鐵鋁窗或其他類似之行為，除應依法令規定辦理外，該公寓大廈規約另有規定或區分所有權人會議已有決議，經向直轄市、縣（市）主管機關完成報備有案者，應受該規約或區分所有權人會議決議之限制。」該所稱「樓頂平台」係指屋頂構造上方之平台空間。而樓頂平台之保管使用應本於樓頂平台本來之用法，依其性質、構造使用之，且無違樓頂平台之使用目的始為合法。故樓頂平台可以約定為約定專用部分但於屋頂做為自己的室內或以圍牆阻隔而使用，則有違其使用目的。

Q116：區分所有權人併購隔壁的專有部分之後，僱工將相鄰牆壁打通，擴大客廳空間，是否符合規定？

A：按「專有部分、約定專用部分之修繕、管理、維護，由各該區分所有權人或約定專用部分之使用人為之，並負擔其費用。」為「公寓大廈管理條例」第十條第一項之規定。區分所有權人併購隔鄰之專有部分後，原來共同壁變成為內牆，將之拆除有無違反規定，端視該牆壁在構造上之作用而定。換言之，該牆壁若屬構造上之承重牆，則不得拆除。依據第七條第三款之規定，公寓大廈基礎、主要樑柱、承重牆壁、樓地板及屋頂之構造乃屬不得為約定專用部分

之項目，又該款規定之構造亦屬建築法第八條所定義建築物之主要構造，為建築物不可或缺之組成元素，不得任意拆除改裝。至於非屬構造上承重牆壁之分間牆，則不受前開限制。

Q118：公寓大廈除住宅使用外，是否可做其他用途？其限制如何？

A：「公寓大廈管理條例」第五條規定，「區分所有權人對專有部分之利用，不得有妨害建築物之正常使用及違反區分所有權人共同利益之行為。」其立法目的係在規範專有部分之使用正常化及創造相互間之共同利益。

而建築物之「正常使用」究係何指，概括而言，只要符合法令規定之使用方法即屬正常使用。亦即第十五條第一項之規定，「住戶應依使用執照所載用途及規約使用專有部分、約定專用部分，不得擅自變更。」而區分所有權人共同利益之行為，是建立在以人為基礎之健康、安全、無壓迫感、非擁擠、無損毀、無髒亂、無高度噪音及充分私密性、衛生等林林種種。

以人為主體的群居生活條件之完整被保護與不可侵犯之共同利益行為，此見諸本條例後述之修繕、管理、維護及至管理委員會之輕度介入行為，都是以共同利益為內容之延伸性規範。

Q120：行政院同意開放設置游泳池前即已設置之消防蓄水池申請兼作游泳池使用。

A：關於開放民間設置游泳池，前經行政院八十六年三月三日台（八十六）內○八七五九號函同意在案。且經本部八十六年三月二十五日台內營字第八六○二四九三號函請各地方政府辦理。至開放民間設置游泳池前即已設置之消防蓄水池，在不妨礙消防專用蓄水池之使用，並能符合各類場

所消防安全設備設置標準第三篇第四章第二節之設置規定，且經常保持其有效水量之原則下，得適用行政院同意開放民間設置游泳池之條件，申請兼作游泳池使用。

Q121：公寓大廈建築物屋頂平台可否加設圍籬。

A：按大廈住戶利用屋頂平台打球活動，需圍以網籬，該網籬如為臨時性且非屬建築法第七條所稱之雜項工作物者，在無危害公共安全條件下，其建築物高度計算，得依建築技術規則建築設計施工編第一條第七款第三目及第七之一款第三目規定，不計入建築物高度。惟屋頂平台之使用，因涉「公寓大廈管理條例」第八條規定，仍應經區分所有權人會議之決議辦理。

Q122：大樓內建商未售出之停車位，可否租予大樓外之人使用？

A：依「公寓大廈管理條例」（以下簡稱條例）第四條第一項規定「區分所有權人除法律另有限制外，對其專有部分，得自由使用、收益、處分，並排除他人干涉。」，第十五條第一項規定「住戶應依使用執照所載用途及規約使用專有部分、約定專用部分，不得擅自變更。」。建商亦屬區分所有權人，如將其所有未出售之停車位出租他人，似無不妥或違法之處。

Q123：公寓大廈之重大修繕或改良應如何決定？

A：涉公寓大廈之重大修繕或改良，而應踐行本條例第三十一條之程序始得為之，另亦釋示共用部分「重大」或「一般」修繕、維護及改良之認定，應依區分所有權人會議為之，如認定產生異議，亦應於區分所有權人會議中議決。

Q124：住宅得否經營美容院及仲介公司，社區大廈管理委員會可否於規約約定不得經營前述行業？

A：一、按區分所有權人除法律另有限制外，對其專有部分，得自由使用、收益、處分，並排除他人干涉，「公寓大廈管理條例」（以下簡稱本條例）第四條第一項業有明定，係區分所有權人法定權利，規約之訂定自不得排除法律明定之權利義務。

二、另有關公寓大廈、基地或附屬設施之管理使用及其他住戶間相互關係，除法令另有規定外，得以規約定之，本條例第二十三條已有明定，換言之，建築物之共用部分、約定專用部分及約定共用部分使用管理約定事項，其約定不得逾越法定之權利義務。

Q126：公寓大廈結構體內之水管管線因破裂而漏水，由何人支付修繕費用？

A：本題首應判斷者係上開水管管線破裂處究屬專有部分、約定專用部分或共用部分或約定共用部分或共同壁、樓地板，始得決定何人有修繕之義務。按專有部分、約定專用部分之修繕、管理、維護，由各該區分所有權人或約定專用部分之使用人為之，並負擔其費用。共用部分、約定共用部分之修繕、管理、維護，由管理負責人或管理委員會為之。其費用由公共基金支付或由區分所有權人按其共有之應有部分比例分擔之。但修繕費係因可歸責於區分所有權人之事由所致者，由該區分所有權人負擔。其費用若區分所有權人會議或規約另有規定者，從其規定。「公寓大廈管理條例」第十條定有明文。故如果上開水管管線破裂處係在共用部分、約定共用部分，且破裂原因不可歸責於區分所有權人時，參諸「公寓大廈管理條例」第十條規定，自屬管理負責人或管理委員會始

有修繕義務，故管理負責人或管理委員會修繕完畢後，該修理水管之費用應由公共基金支付或由區分所有權人按其共有之應有部分比例分擔之。但如果區分所有權人會議或規約就共用部分、約定共用部分之管理、維護費用，另有規定負擔方式時，則依區分所有權人會議或規約之規定辦理。

Q127：公寓大廈專有部分建造夾層屋，是否以「公寓大廈管理條例」第八條規定或其他相關規定執行？

A：關於公寓大廈專有部分之使用規範及限制乙節，按區分所有權人除法律另有限制外，對其專有部分，得自由使用、收益、處分，並排除他人干涉。又住戶應依使用執照所載用途及規約使用專有部分、約定專用部分，不得擅自變更，「公寓大廈管理條例」第四條第一項及第十五條第一項業有明定，公寓大廈專有部分之使用自應照前揭規定辦理。另依前開條例第三條第十二款規定，規約係指公寓大廈區分所有權人為增進共同利益，確保良好生活環境，經區分所有權人會議決議之共同遵守事項，其內容不得牴觸都市計畫法及建築法等法令規定，牴觸者無效，公寓大廈專有部分建造夾層屋，自應依前揭規定辦理，無涉同條例第八條規定。至所謂夾層係指夾於樓地板與天花板間之樓層；同一樓層內夾面積之和，超過該層面積三分之一或一百平方公尺者，視為另一樓層，其建造夾層屋自應依照建築法令有關規定辦理。

Q129：公寓大廈管理委員會可否於緊急用昇降機設置刷卡機或類似管制設備？

A：按有關公寓大廈管理委員會可否於緊急用昇降機間設置刷卡機或類似管制設備，「公寓大廈管理條例」並無明文限制，惟緊急用昇降機如設置刷卡機，將影響緊急救難之時

效及增加逃生之阻礙，是為避免影響建築物之救災及逃生功能，緊急用昇降機不宜設置刷卡機；其設置仍依建築技術規則建築設計施工編第五十五條、第一〇六條及第一〇七條規定辦理。

Q130：一個停車位停放車輛數量有無限制？

A：每車位可停放汽車之數量，查中央建築法規及「公寓大廈管理條例」尚無規定。

Q132：公寓大廈管理維護使用空間依建築法有關規定申請建築許可之相關事宜？

A：一、有關管理維護使用空間之設置，如為建築法所稱之建築物，仍須依建築法之相關規定申請許可。惟依建築法第十六條規定，建築物及雜項工作物造價在一定金額以下或規模在一定標準以下者，得免由建築師設計，或監造或營造業承造，該造價金額或規模標準，由直轄市、縣（市）政府於建築管理規則中定之。

二、「建築技術規則建築設計施工編第一百六十二條第一項第二款規定得不計入總樓地板面積之「管理委員會使用空間」，應位於公寓大廈共用部分且不得約定專用」為九十二年七月十五日內授營建管字第〇九二〇〇八七九四四號函所釋示。上開函釋尚無限制「管理委員會使用空間」是否需集中一處設置，至其設置面積依建築設計施工編第一百六十二條第二款規定「機電設備空間、安全梯之梯間、緊急昇降機之機道、特別安全梯與緊急昇降機之排煙室及管理委員會使用空間面積之和，不得超過都市計畫法規或非都市土地使用管制規則規定該基地容積之百分之十五」。

三、另依「公寓大廈管理條例」第五十六條第五項規定,「本
條例中華民國九十二年十二月九日修正施行前,領得
使用執照之公寓大廈,得設置一定規模、高度之管理
維護使用空間,並不計入建築面積及總樓地板面積;
其免計入建築面積及總樓地板面積之一定規模、高度
之管理維護使用空間及設置條件等事項之辦法,由直
轄市、縣(市)主管機關定之。」故如涉上開規定之
公寓大廈管理維護使用空間,應否集中一處設置及面
積有無上限,請逕向當地主管建築機關洽詢。

【住戶權利】

Q133:第二十四條區分所有權之繼受人,應於繼受前向管理負責人
或管理委員會請求閱覽或影印第三十五條所定文件,並應於
繼受後遵守原區分所有權人依……之一切權利義務事項。其
意旨是否指繼受人曾經向管理負責人或管理委員會請求閱
覽或影印者,始有遵守之義務,否則就沒有負擔遵守之義務。

A:繼受前之應作為義務與繼受後之應作為義務並無因果關
係,此可從「應……『並』應……」看出,二者均併為義
務,不因未履行繼受前義務而得免除繼受後義務。

Q134:第二十三條第二項列舉事項非經載明於規約者不生效力之
規定,而第三條第五款及第六款分別規定,約定專用部份係
公寓大廈共用部分經約定供……使用者;約定共用部分係公
寓大廈專有部分經約定供……使用者。第九條第一項及第二
項分別規定,各區分所有權人……有使用收益之權。但另有約
定者從其約定;住戶對共用部分之使用應依……為之。但另有
約定者從其約定。前述條文所稱之約定依第二十三條第二項

敘文之旨意是否專指規約，易言之，其他之約定不生效力或
該約定雖經區分所有權人會議通過但未載入規約之前不生
效力？

A：是。

Q135：第二十四條第二項所定之無權占有人，形式上其與本條例所
稱之住戶均為專有部分之使用者，在實質上有何差異？如何
認定？

A： 第三條第八款以外之專有部分使用者，即任何未經區分所
有權人同意而使用專有部分者，均屬無權占有人。

Q136：樓上排水管漏水，樓下的住戶有什麼救濟方式？

A： 「公寓大廈管理條例」第十二條之規定，「專有部分之共同
壁及樓地板或其內之管線，其維修費用由該共同壁雙方或
樓地板上下方之區分所有權人共同負擔。但修繕費係因可
歸責於區分所有權人之事由所致者，由該區分所有權人負
擔。」例如，樓上排水管漏水，若屬於樓板年久龜裂及管
線失修以致造成漏水現象，則由樓地板上下方區分所有權
人共同平均負擔維修費用。但若該管線破損現象係因樓上
住戶在其住宅內施工不慎所造成者，則維修費用應由樓板
上方區分所有權人負擔。同時，進行修護作業時，無論費
用係雙方負擔或僅有一方負擔，如有必要進入任一方之專
有部分或約定專用部分時，該住戶不得拒絕。此為第六條
第一項第二款所明定。

Q137：大樓外牆常有住戶架設廣告看版，如有危險之虞，或妨礙觀
瞻，有什麼辦法可以改善？

A： 「公寓大廈周圍上下、外牆面、樓頂平臺及不屬專有部分
之防空避難設備，其變更構造、顏色、設置廣告物、鐵鋁

窗或其他類似之行為，除應依法令規定辦理外，該公寓大廈規約另有規定或區分所有權人會議已有決議，經向直轄市、縣（市）主管機關完成報備有案者，應受該規約或區分所有權人會議決議之限制。」為「公寓大廈管理條例」第八條第一項之規定。按外牆或樓頂平台無論納入專有部分範圍，抑劃歸公寓大廈共同部分，可經約定為特定區分所有權人使用。惟因上開部分係公寓大廈之外圍，為維護建築物整體觀瞻，故再明文限制其使用。另從外牆之設置目的及通常使用方法而論，外牆係建築物外圍的牆壁其設置目的在區劃建築物內外，具防阻風雨作用，而不在設置廣告物之用。同時區分所有權人亦無經常使用外牆面之必要；故設置廣告物應認係外牆之特別用法，應依法令規定並經區分所有權人會議之決議，始得為之。「住戶違反前項規定，管理負責人或管理委員會應予制止，經制止而不遵從者，報請主管機關依第四十九條第一項規定處理，該住戶並應於一個月內回復原狀。屆期未回復原狀者，得由管理負責人或管理委員會回復原狀，其費用由該住戶負擔。」同條第二項之規定。

Q138：在法律上是否有規定規約原本的保管責任，由誰來擔任？如果未成立管理委員會或指定管理負責人時，又由誰來擔任之？

A：依照「公寓大廈管理條例」第三十六條第八款之規定，管理委員會之職務包括有「規約、會議紀錄、使用執照謄本、竣工圖說、水電、消防、機械設施、管線圖說、會計憑證、會計帳簿、財務報表、公共安全檢查及消防安全設備檢修之申報文件、印鑑及有關文件之保管。」，同時依第四十條之規定，管理負責人亦準用之。但公寓大廈未組成管理委員會且未選任管理負責人時，依第二十九條第五項之規定

以區分所有權人會議之召集人為管理負責人，職是之故，由於規約之製訂，應經區分所有權人會議之決議後生效，故規約保管之義務人應為管理委員會；未組成管理委員會時是管理負責人；管理負責人亦未推舉時，則會議召集人應保管該規約。

Q139：我們現行約定的住戶公約，當時是經過全部承買戶簽字承認的，是否可以視為已經合於「公寓大廈管理條例」第三十一條要件，不必另再召會追認？

A：按公寓大廈施行前，住戶間約定之住戶公約，如不違反法律強制及禁止規定，仍應有效，但為明確其權利義務關係，宜依「公寓大廈管理條例」之規定訂定規約，以資適法。

Q140：公寓大廈訂定規約時之當事人已將專有部分過戶與他人，該受讓人可否以「契約效力不及於第三人」為藉口逃避規約義務？

A：規約由區分所有權人會議之決議通過才發生拘束全體區分所有權人及住戶之效力，但「公寓大廈管理條例」第二十四條之規定，「區分所有權之繼受人，應於繼受前向管理負責人或管理委員會請求閱覽或影印第三十五條所定文件，並應於繼受後遵守原區分所有權人依本條例或規約所定之一切權利義務事項。」故規約之效力，不僅對當事人有拘束力外，繼受人亦應遵守，有別於一般之契約。

Q141：何謂利害關係人？

A：「公寓大廈管理條例」（以下簡稱條例）第三十五條規定「利害關係人於必要時，得請求閱覽或影印規約、公共基金餘額、會計憑證、會計帳簿、財務報表、欠繳公共基金與應分攤或其他應負擔費用情形、管理委員會會議紀錄及前條會議紀錄，管理負責人或管理委員會不得拒絕。」

　　所謂利害關係人係指有法律上利害關係之人（參閱民事訴訟法第二章第三節訴訟參加及行政程序法第一百七十四條），條例雖未對利害關係人予以定義，然區分所有權人及住戶均應屬利害關係人（參閱附件）。來函所述區分所有權人之配偶依條例第三條之定義，其應為住戶，依前開說明其亦屬利害關係人，故得依前揭條例第三十五條規定請求閱覽或影印。

Q143：公寓大廈裡可以飼養寵物嗎？

A：「公寓大廈管理條例」第十六條對住戶之居住行為加以規範，所規定的事項，在其他法律中幾乎皆已有所規範，現今將之再歸納於本法中，對於生活品質的提昇，有其積極的意義，同時作為違反時的處罰依據，在管理及改善上亦有相當的助益。

　　依本條第四項之規定：「住戶飼養動物，不得妨礙公共衛生、公共安寧及公共安全。」，從本項反面來看，是允許在公寓大廈中飼養動物的，但仍有規定，因為適合公寓大廈飼養的動物不多，多會影響公共安寧。條文中規定不得妨礙公共衛生、公共安寧及公共安全，對於身處於同一公寓大廈的各區分所有權人而言，此項之規定或有不同意見，因而其中規定可由規約約定禁止飼養之動物，則視住戶之間的意見而定。

Q144：在公寓大廈內設立的公司行號負責人或員工是否為「住戶」？

A：設立於公寓大廈內的公司行號，係向區分所有權人承租使用該專有部分，該公司行號的負責人或員工，應屬經區分所有權人同意而為專有部分之使用者，應為住戶，其住戶之權利義務當依本條例相關規定辦理。

【違規處理】

Q148：第八條第二項、第十五條第二項及第十六條第五項之規定，本次修正時，增列需經制止而不遵從者之程序後，得報請主管機關處理，該制止而不遵從者之事實如何來認定？又主管機關是否需管理負責人或管理委員會有制止而不遵從之行為後始得受理該案件，若未經制止之程序而報請主管機關處理時，主管機關應否代行制止？

　A：制止得以書面或口頭為之，但應舉證證明業已制止而不遵從之事實，主管機關需查明管理負責人或管理委員會曾有制止之行為，而住戶不遵從後，始得處理該案件。若未經管理負責人或管理委員會制止之程序而報請主管機關處理時，主管機關宜函請應先履行制止程序，不得逕行代為制止。

Q149：大樓的住戶常常在夜間敲打樑柱及牆壁等，造成噪音的污染，如何處理？

　A：「公寓大廈管理條例」第十六條第一項之規定「住戶不得任意棄置垃圾、排放各種污染物、惡臭物質或發生喧囂、振動及其他與此相類之行為。」按住戶在夜間敲打樑柱及牆壁造成噪音，影響居住安寧，自可依據噪音防治或相關法規取締處罰。本項禁止之規定，在授予管理負責人或管理委員會出面制止處理之依憑，同時作為勸阻無效時，在改善居住品質而言，當有幫助。得依本條例第四十七條規定處罰。

Q150：住戶在公共樓梯間，堆放雜物，甚至封閉樓梯的安全門，不讓人進出，萬一發生火災，後果不堪設想，如何得以維持公共之安全？

A：按「住戶不得於防火間隔、防火巷弄、樓梯間、共同走廊、防空避難設備等處所堆置雜物、設置柵欄、門扇或營業使用，或違規設置廣告物或私設路障及停車位侵佔巷道妨礙出入。」「公寓大廈管理條例」第十六條第二項已有規定。住戶違反規定時，「管理負責人或管理委員會應予制止或按規約處理，經制止而不遵從者，得報請直轄市、縣（市）主管機關處理。」同條第五項已有規定。

又「違反第十六條第二項之規定者，由直轄市、縣（市）主管機關處新台幣四萬元以上二十萬以下罰鍰。」為第四十九條第一項第四款之規定。另同條第二項又規定，「有供營業使用事實之住戶有違反第十六條第二項行為，因而致人於死者，處一年以上七年以下有期徒刑，得併科新台幣一百萬元以上五百萬元以下罰金；致重傷者，處六月以上五年以下有期徒刑，得併科新台幣五十萬元以上二百五十萬元以下罰金。」

至對於屢勸不改或續犯者，第二十二條規定得「由管理負責人或管理委員會促請其改善，於三個月內仍未改善者，管理負責人或管理委員會得依區分所有權人會議之決議，訴請法院強制其遷離。前項之住戶如為區分所有權人時，管理負責人或管理委員會得依區分所有權人會議之決議，訴請法院命區分所有權人出讓其區分所有權及其基地所有權應有部分；於判決確定後三個月內不自行出讓並完成移轉登記手續者，管理負責人或管理委員會得聲請法院拍賣之。」

Q151：同一棟大樓中若有住戶經營視聽歌唱業，在晚上大聲喧嘩，影響其他住戶之安寧，有何救濟方式？

A：按經營公司行號應申請營利事業許可，並應符合都市計畫土地使用分區管制使用項目之規定。因此大樓住戶經營視聽歌唱業如屬依法申請許可登記經營者，其營業行為過於喧嘩，影響他住戶之安寧、安全及衛生者，所稱喧嘩，是否達到噪音程度，其認定應由環保機關依其所訂標準為之。如經該管機關認定已屬違反噪音行為時，應視為同時違反「公寓大廈管理條例」第五條規定「區分所有權人對專有部分之利用，不得有妨害建築物之正常使用及違反區分所有權人共同利益之行為。」應依第四十九條第一項第一款規定，「由直轄市、縣（市）主管機關處新台幣四萬元以上二十萬元以下罰鍰。」住戶經處以罰鍰後，仍不改善或續犯者，應依第二十二條規定，由管理負責人或管理委員會促請改善，於三個月內仍未改善者，得依區分所有權人會議之決議，訴請法院強制其遷離。如其經營未獲許可，為違規營業者，則屬違反第十五條第一項規定「住戶應依使用執照所載用途及規約使用專有部分，約定專用部分，不得擅自變更。」並應依第四十九條第一項第三款處罰之。

Q152：住戶將房屋違法使用，其他住戶有什麼方法可以遏止？

A：按公寓大廈專有部分之利用應在正常使用及不違反區分所有權人共同利益之原則下為之。所謂「正常使用」係指在符合法令規定之使用方法使用之。所謂「違反區分所有權人共同利益之行為」，大致可分為三類，第一類是違反允許使用規定。例如土地使用分區管制建築物原核准用途。第二類是對於建築物構造實體之損害。例如任意破壞或更改建築物樑、柱、承重牆壁、基礎等主要構造者，或超載使

用建築物,影響建築物構造安全。第三類是妨害建築物環境品質。例如,製造儲存危險品或經營公害性行業以及其他法令禁止之行為。以上違法使用行為都可以引據「公寓大廈管理條例」第四章罰則之有關規定處分。至於住戶販賣毒品、開設賭場係屬違害治安行為,「公寓大廈管理條例」雖未有制裁處分之規定,但適用其他法令,人人均得向治安機關檢舉,予以取締。

Q153:對嚴重違反住戶應遵守義務者,致無法維護共同關係者,在何種情形得強制其遷離或出讓?

A:住戶對於公寓大廈之公共安全、公共安寧及公共衛生有維護之義務,為「公寓大廈管理條例」第十六條所明文,為保障絕大多數住戶之應有權益,對嚴重違反住戶應遵守義務,致無法維持共同關係者,本條例訂有強制遷離及強制出讓其區分所有權之規定。綜觀先進國家如日本及德國皆有相同規定,此種嚴屬強制遷離及出讓區分所有權之制度,對制裁違反義務之住戶及區分所有權人甚為有效,故有此一規定。

強制遷離是對住戶所採行之方法,如住戶又是區分所有權人時則可訴請法院強制出讓區分所有權,由於對該住戶及區分所有權人利益影響甚鉅,依「公寓大廈管理條例」第二十二條規定,其事由要件有三:

1. 積欠依本條例規定應分擔之費用,經強制執行後再度積欠金額達其區分所有權總價百分之一者。
2. 違反本條例規定經依第四十九條第一項第一款至第四款規定處以罰鍰後,仍不改善或續犯者。
3. 其他違反法令或規約情節重大者。

　　若住戶有發生前述重大違規情事者，其處理程序是由管理委員會、管理負責人或其他住戶視其違反程度及惡劣情形，採行下列二階段之處置：第一階段為勸解。管理委員會或管理負責人應促請當事人於三個月內改善。第二階段為強制遷離或強制出讓區分所有權。當事人經勸解無效，由區分所有權人會議召集人召開區分所有權人會議，訴請法院強制其遷離；其為區分所有權人時，訴請法院命該區分所有權人出讓其區分所有權及其基地所有權之應有部分；於判決確定後三個月內不自行出讓並完成移轉登記手續者，管理負責人或管理委員會得聲請法院拍賣之。

　　此外，公寓大廈有第十三條第二款或第三款情形之一，即嚴重毀損、傾頹或朽壞，有危害公共安全之虞者。或因地震、水災、風災、火災或其他重大事變，肇致危害公共安全者。經區分所有權人會議進行重建。但其中不同意決議之區分所有權人以及同意後不依決議履行其義務者，管理負責人或管理委員會得訴請法院命區分所有權人出讓其區分所有權及其基地所有權應有部分。

Q154：公寓大廈之違章建築應如何處理？

A：一、本部八十八年八月二十日（八十八）台內營字第八八七四二五八號函對於公寓大廈之違章建築處理方式亦有明示，有關公寓大廈住戶之違章建築處理請依照辦理。

　　二、另「違章建築之拆除，由直轄市、縣（市）主管建築機關執行之。」、「直轄市、縣（市）主管建築機關，應於接到違章建築查報人員報告之日起五日內實施勘查，認定必須拆除者，應即拆除之。認定尚未構成拆除要件者，通知違建人於收到通知之後三十日內，依

建築法第三十條之規定補行申請執照。違建人之申請
執照不合規定或逾期未補辦申領手續者，直轄市、縣
（市）主管建築機關應拆除之。」分別為違章建築處
理辦法第三條第一項及第五條之規定，有關違章建築
之勘查、認定、拆除執行係直轄市、縣（市）主管建
築機關之權責。

Q155：住戶違規停車佔用地下室公共空間如何處理？

A：依「公寓大廈管理條例」（以下簡稱條例）第九條第二項規
定「住戶對共用部分之使用應依其設置目的及通常使用方
法為之。但另有約定者從其約定。」，同條第四項規定「住
戶違反第二項規定，管理負責人或管理委員會應予制止，
並得按其性質請求各該主管機關或訴請法院為必要之處
置。如有損害並得請求損害賠償。」；第十五條規定「住戶
應依使用執照所載用途及規約使用專有部分、約定專用部
分，不得擅自變更。住戶違反前項規定，管理負責人或管
理委員會應予制止，經制止而不遵從者，報請直轄市、縣
（市）主管機關處理，並要求其回復原狀。」；第十六條第
二項規定「住戶不得於防火間隔、防火巷弄、樓梯間、共
同走廊、防空避難設備等處所堆置雜物、設置柵欄、門扇
或營業使用，或違規設置廣告物或私設路障及停車位侵佔
巷道妨礙出入。」，同條第五項規定「住戶違反前四項規定
時，管理負責人或管理委員會應予制止，或按規約處理，
經制止而不遵從者，必要時得報請地方主管機關處理。」。

停車位一般狀況應屬約定專用部分之情形（亦有屬共
用而非約定專用），如有前揭條例第十五條之情事自得依其
規定處理；如屬共用部分之情形，有前揭條例第九條、第
十六條之情事，則應依第九條、第十六條之規定處理。然

是否涉及刑法第三百二十條第二項竊佔罪，仍應視其實際情事是否符合竊佔罪之構成要件而定。

Q156：住戶違反「公寓大廈管理條例」第十六條第二項規定，區分所有權人是否有權制止住戶違規情事？

A：依「公寓大廈管理條例」（以下簡稱條例）第四十九條第一項第四款規定「有下列行為之一者，由直轄市、縣（市）主管機關處新台幣四萬元以上二十萬元以下罰鍰：……四、住戶違反第十六條第二項或第三項之規定者。……。」條例第五十九條規定「區分所有權人會議召集人、臨時召集人、起造人、建築業者、區分所有權人、住戶、管理負責人、主任委員或管理委員會有第四十七條、第四十八條或第四十九條各款情事之一時，他區分所有權人、利害關係人、管理負責人或管理委員會得列舉事實及提出証據，報請直轄市、縣（市）主管機關處理。」。

　　來函所述情事，依條例之規定區分所有權人並無制止住戶違規情事之權，但依條例第五十九條規定台端得以他區分所有權人之身分列舉事實及提出証據，報請主管機關依條例第四十九條第一項第四款之規定處以罰鍰。另如規約或區分所有權人會議之決議已規定管理委員會應制止此類行為時，則台端亦可報請主管機關依條例第四十八條第五款之規定對管理負責人、主任委員或管理委員處以罰鍰。

Q157：公寓大廈違建是否列入優先處理？

A：公寓大廈違建，經管理負責人或管理委員會報請處理時，應優先適用本條例第八條及第四十九條第一項第二款之規定立即執行，不宜仍將之列入分類分期分區執行拆除違建之期程。

Q158：規約規定社區停車場違規停車執行問題。

A：有關貴大廈地下室停車場之使用管理自得訂定於規約中或於規約約定另行訂定「地下室停車場使用管理辦法」。

如大廈之「地下室停車場使用管理辦法」對於不依規定停車之住戶有罰款之規定者，管理委員會得依其規定執行，惟如有另得逕行予以鎖車之規定，因其涉及妨害他人行使權利，除非經其同意或有法律授權之明文規定，否則管理委員會不宜逕行為之，以免承擔法律責任。

Q159：第五十七條第一項之規定，起造人應於管理委員會成立或管理負責人推選或指定後七日內辦理共用部分之移交；第二十八條之規定尚包括向主管機關報備，因此該成立或推選期日之起算期程是否以報備日為準？又第四十九條第一項第八款所稱起造人之違反規定，倘若起造人先違反第五十七條第一項之規定怠於辦理移交，復因不能通過檢測且怠於修復改善而違反同條第二項之規定時，應認定屬同一違反事件或認為是二件事件？

A：報備與否不影響管理組織之成立，故應以實際成立日期為準，而非以報備日為準。所述起造人違反情事係同一事件，即違反第五十七條第二項，則必違反第五十二條第一項，故第四十九條未區分違反第五十七條那一項。

Q160：住戶違反「公寓大廈管理條例」第八條第二項規定，經違規住戶抗爭以致無法回覆原狀時如何處理？

A：住戶違反第八條第一項規定，屆期未回復原狀者，得由管理負責人或管理委員會依條例第八條第二項規定回復原狀，如經違規住戶抗爭以致無法回覆原狀時，管理負責人或管理委員會針對該住戶之違規行為，仍得報請直轄市、

縣（市）主管機關，依條例第四十九條第一項第二款規定，加以處罰。如尚有個案執行疑義，請檢具具體事實資料，逕洽當地直轄市、縣（市）政府辦理。

【管理服務人】

Q165：公寓大廈管理服務人員之適用疑義？

A：管理服務人員受公寓大廈管理委員會、管理負責人或區分所有權人會議，委任或僱傭而執行建築物管理維護事務時，應領有中央主管機關核發之認可證，惟由區分所有權人或住戶自行管理執行管理維護事務，且非以此為業者，並無不可，不以取得中央主管機關核發之認可證為必要。至於依區分所有權人會議決議，委任或僱傭人員，負責對於公寓大廈管理維護公司或管理服務人員進行督導，如非執行建築物管理維護事務，自無前揭條例之適用。

【管理組織報備】

Q167：公寓大廈管理委員會申請報備時，應否要求檢附建物登記謄本，以供查對所有權人名冊？

A：公寓大廈管理組織申請報備程序係採申報制度，公寓大廈管理組織係屬自主性管理組織，主管機關受理報備申請案件應依申請人所填申請書內容辦理，設若申請人有偽造文書、侵害他人權利等情事，自應由申請人依法負其責任。是故，主管機關受理管理組織之申請報備，毋需核對建物登記謄本。

Q168：已申請報備之公寓大廈管理委員會如何辦理申請更改名稱？

　A：已申請報備之公寓大廈管理委員會若欲申請更改名稱，則原受理機關應予受理，惟原申請報備之公寓大廈管理委員會，仍應提具業經區分所有權人會議決議同意更改名稱之會議紀錄，並繳回原申請報備證明始得申請變更之。

Q169：二個比鄰之公寓大廈管理委員會可否合併為一個管理組織？

　A：已報備成立之二個管理委員會，如其為二個比鄰之公寓大廈，得經區分所有權人會議決議合併為一個管理組織；另同一建築基地範圍內或依山坡地開發建築管理辦法規定，以一開發許可申請案之範圍內，雖領有數張使用執照亦然。

Q170：同一宗基地有數幢各自獨立使用之公寓大廈准予分別成立管理委員會時，是否應各自召開區分所有權人會議為之？

　A：同一宗基地有數幢各自獨立使用之公寓大廈，依管理組織報備處理原則，得分別成立管理委員會時，是否其對應之區分所有權人會議亦應召開，雖法無明文，但觀其旨意，宜先分別召開區分所有權人會議，分別訂定規約，或規約中訂有分別組設管理委員會條款，始得分別組成管理委員會。

Q171：公寓大廈於條例施行前經核准為守望相助管理組織可否據以申請報備？

　A：關於公寓大廈於條例施行前經核准為守望相助管理組織者，仍應依「公寓大廈管理條例」第二十五條至第四十條、第五十五條之規定，重新成立公寓大廈管理組織申請報備。

Q172：公寓大廈管理組織之管理負責人、主任委員如有異動時，是否需再報原核備機關備查？

　A：公寓大廈成立管理組織後管理負責人、主任委員有異動時，應向原受理機關申請報備。

Q174：經成立公寓大廈管理組織領有報備證明文件者，其管理委員會主任委員或管理負責人代為辦理建築物公共安全檢查申報時，可否以「公寓大廈管理組織報備證明」影本，代替房屋權利證明文件？

　A：按建築物公共安全檢查簽證及申報辦法第二條規定「本辦法所稱建築物公共安全檢查申報人，為建築物所有權人、使用人。前項建築物為公寓大廈者，得由其管理委員會主任委員或管理負責人代為申報。」另按公寓大廈管理組織申請報備處理原則第三點規定申請應備文件：

　　1.申請書。

　　2.訂定規約時之全體區分所有權人名冊及出席區分所有權人名冊。

　　3.訂定規約時之區分所有權人會議紀錄。

　　4.規約。

　　5.公寓大廈或社區區分所有標的基本資料，第四點規定「公寓大廈管理委員會主任委員或管理負責人檢齊第三點規定應備文件報請直轄市、縣（市）政府備查。」，第五點第一款規定「申請案件經查文件齊全者，由受理報備機關發給同意報備書。」爰此，如經成立公寓大廈管理組織領有報備證明文件者，管理委員會主任委員或管理負責人代為申報該建築物公共安全檢查時，得檢附「公寓大廈管理組織報備證明」影本，免另檢附房屋權利證明文件。

Q175：住戶得否向受理報備機關申請閱覽管理委員會報備資料？

　A：受理報備機關基於為民服務，得同意利害關係人申請閱覽管理委員會報備資料，得否影印請參酌行政程序法第四十六條第一項及第二項規定意旨辦理，即「當事人或利害關

係人得向行政機關申請閱覽、抄寫、複印或攝影有關資料或卷宗。但以主張或維護其法律上利益有必要者為限。」

Q176：公寓大廈成立管理組織後，因規約訂定或修改是否須辦理申請報備手續？

A：一、有關規約訂定或修改是否須辦理申請報備手續，本條例及報備處理原則並無明文，惟規約如係依條例第八條所為之限制規定時，則須向直轄市、縣（市）主管機關完成報備有案者始得適用，其修改時亦同。

二、同時考量各直轄市、縣（市）政府執行違反條例第八條、第九條、第十五條、第十六條等規定之處置時，亦有涉及規約之規定，為確實建立公寓大廈管理組織申請報備相關資料，俾利日後公寓大廈之管理及相關問題之處理，管理委員會或管理負責人依程序完成規約訂定或修改後，如依前揭條文及函釋辦理報備申請，直轄市、縣（市）主管機關自當受理。

Q177：公寓大廈管理組織申請報備時「規約」是否為必須檢附文件？

A：配合九十二年十二月三十一日修正之「公寓大廈管理條例」第二十八條第一項之立法意旨，即無需先行訂定規約即可成立管理委員會，並向直轄市、縣（市）主管機關報備，故有關公寓大廈管理組織申請報備時，「規約」非屬應備文件。至於該原則附件一之一申請報備檢查表內(二)檢附文件，將「最新規約內容」列入，係考量管理委員會或管理負責人於申請報備時，如將已完成訂定之規約併案檢附，直轄市、縣（市）主管機關自當受理，俾利日後公寓大廈之管理及相關問題之處理。

Q178：公寓大廈管理委員會未報備是否具有當事人能力及是否為法人？

A：一、查「公寓大廈管理條例」第三十八條第一項規定之立法原意，乃基於管理委員會依民事訴訟法第四十條可以為訴訟之當事人，且必需依公寓大廈管理組織報備處理原則完成報備。

二、另按法人係指自然人以外，由法律創設之團體。公寓大廈管理委員會雖依法有當事人能力，惟除另依法取得法人資格外，尚不得當然視為法人。

Q179：一國宅社區領有數張使用執照，政府依「公寓大廈管理條例」輔導成立管理組織時，可否成立一管理組織？

A：有關一國宅社區雖領有數張使用執照，如經直轄市、縣（市）主管機關認定其共同設施之使用與管理具有整體不可分割之地區，其管理組織之成立，自得依條例第五十三條規定辦理。

Q180：公寓大廈區分所有權人會議決議成立（或改選）管理組織後，其向主管機關申請報備有無期限之規定？

A：「公寓大廈管理條例」及處理原則並無報備期限之規定。

Q181：有關起造人與管理委員會或管理負責人已自行完成共用部分等之點交作業，是否仍需踐行「公寓大廈管理條例」第五十七條規定共用部分點交後向主管機關報備？

A：起造人與管理委員會或管理負責人已自行完成共用部分等之點交作業，仍應依「公寓大廈管理條例」第57條規定，會同政府主管機關辦理共用部分之點交。

【法規適用】

Q182：第二十六條規定非封閉式之公寓大廈集居社區可就其辦公、商場部分召開區分所有權人會議，該所稱非封閉式之公寓大廈集居社區其所定要件為何？

A：以該社區外圍無圍籬或無天然阻隔，致各幢建築物對外聯通道路或出入口不完全相同者，視為非封閉式公寓大廈。

Q183：起造人或建築業者為逃避第十八條所定繳納公共基金、第二十八條召集區分所有權人會議及第五十七條現場點交之義務，申請建造執照時刻意不照第五十六條之規定檢附圖說及規約草約，但在領得建造執照後，卻以公寓大廈之區分所有樣式辦理銷售專有部分，該行為是否有違反第五十八條第一項之規定？理由何在？

A：第五十八條第一項之建造執照，當然得解釋為係指公寓大廈之建造執照，若為再求週延，可於施行細則中明訂之。故未依本條例第五十六條申請領得公寓大廈之建造執照，自不得辦理銷售，否則便屬違反第五十八條第一項，直轄市、縣（市）主管機關得依第四十九條處罰起造人或建築業者。

　　另外所列述之行為，亦將涉及違反公平交易法第二十一條不實廣告及違反消費者保護法第二十二條之確保廣告內容真實之義務。

Q184：請問什麼是公寓大廈？我的房屋是連棟式的透天厝，是否適用「公寓大廈管理條例」之規定？

A：「公寓大廈管理條例」對於建築物構造種類與規模範圍，沒有限定適用的對象，僅從使用功能予以界定，無論是連

棟式平房以至高層鋼骨構造建築物，只要「構造上或使用
上或在建築執照設計圖樣標有明確界限，得區分為數部分
者」，其中除專有部分之外，並且存在使用上具整體不可分
性之共用部分，凡此性質之建築物及其基地均應適用「公
寓大廈管理條例」。另各自獨立使用之建築物、公寓大廈，
其共同設施之使用與管理具有整體不可分性之集居地區
者，其管理及組織亦準用本條例之規定。

Q185：本人現住的四層樓公寓因有二十幾年歷史，已近老朽毀壞，亟思重新改建，惟有部分所有權人不表同意，此時於法有何解決之道？

A：依「公寓大廈管理條例」第十三條之規定：「公寓大廈之重
建，應經全體區分所有權人及基地所有權人、地上權人或
典權人之同意。但有下列情形之一者，不在此限。一、配
合都市更新計畫而實施重建者。二、嚴重毀損、傾頹或朽壞，
有危害公共安全之虞者。三、因地震、水災、風災、火災或
其他重大事變，肇致危害公共安全者」，因此建築物如有該
條但書法定重建的情形，無須經全體區分所有權人所同意，
即得決議實施重建。另依第十四條之規定：「公寓大廈有前
條第二款或第三款所定情形之一，經區分所有權人會議決議
重建時，區分所有權人不同意決議又不出讓區分所有權或
同意後不依決議履行其義務者，管理負責人或管理委員會
得訴請法院命區分所有權人出讓其區分所有權及其基地所
有權應有部分。前項之受讓人視為同意重建。重建之建造
執照之申請，其名義以區分所有權人會議之決議為之。」。
綜上所述公寓大廈的重建，原則上應經全體區分所有權人
及基地所有權人、地上權或典權人的同意；但若有上揭「法
定重建之事由」，自可依該條例第三十一條的規定辦理。

Q186：「公寓大廈管理條例」訂有處罰的規定，由誰來舉發或必須由主管機關主動調查？執行程序如何？

A：按法律所定罰則之執行，其為行政罰者由主管機關執行，涉刑事罰者，應由檢察機關處理，另依本條例第五十九條之規定，「區分所有權人會議召集人、臨時召集人、起造人、建築業者、區分所有權人、住戶、管理負責人、主任委員或管理委員有第四十七條、第四十八條或第四十九條各款情事之一時，他區分所有權人、利害關係人、管理負責人或管理委員會得列舉事實及提出證據，報請直轄市、縣（市）主管機關處理。」由此可知，本條例處罰之舉發，凡屬關係人均得為之。

Q189：我購買預售屋時，建築商曾經拿出公寓大廈的住戶規約給我看，這是否必要？對於完工後搬入進住時，是否會有什麼影響？

A：「公寓大廈管理條例」第五十六條第一、二項之規定「公寓大廈之起造人於申請建造執照時，應檢附專有部分、共用部分、約定專用部分、約定共用部分標示之詳細圖說及規約草約。於設計變更時亦同。前項規約草約經買受人簽署同意後，於區分所有權人會議訂定規約前，視為規約。」因此預售屋在取得建造執照之後，施工期間，建築業者提示之住戶規約草約，依規定在區分所有權人會議召開前，視為規約。對住戶及其繼受人有拘束力，但另依第六十條之規定，「規約範本，由中央主管機關定之。」第五十六條規約草約，應依前項規約範本制作。購買預售屋時之規約草約仍應符合中央主管機關頒定的規約範本。

Q190：「公寓大廈管理條例」公布前之舊有公寓大廈是否受條例之規範？

A：依「公寓大廈管理條例」（以下簡稱條例）第五十五條第一項規定「本條例施行前已取得建造執照之公寓大廈，其區分所有權人應依第二十五條第四項規定，互推一人為召集人，並召開第一次區分所有權人會議，成立管理委員會或推選管理負責人，並向直轄市、縣（市）主管機關報備。」，「公寓大廈管理條例」係於民國八十四年六月二十八日公布，所陳　貴大樓雖屬前開公布日前即已取得建造執照及使用執照，但仍有本條例之適用，差別僅在於未強制規定應成立管理組織（即區分所有權人會議、管理委員會或管理負責人），如依本條例成立管理組織，始得執行條例相關規定。

Q192：「公寓大廈管理條例」第五十三條所稱「共同設施之使用與管理具有整體不可分性之集居地區者」，其範圍如何認定？

A：依「公寓大廈管理條例」第五十三規定：「多數各自獨立使用之建築物、公寓大廈，其共同設施之使用與管理具有整體不可分性之集居地區者，其管理及組織準用本條例之規定。」為明確規範其適用範圍，應以同一建築基地範圍為限，如係依山坡地開發建築管理辦法規定，申請開發許可建築者，以其申請開發許可之範圍為限。

Q196：關於「公寓大廈管理條例」九十二年十二月三十一日修正前所報備之規約有無同條例第八條第一項之適用？

A：「公寓大廈管理條例」第八條第一項，因該條文並無排除規定，故於條例九十二年十二月三十一日修正前報備之規約或區分所有權人會議決議，亦有該條文之適用，惟規約

之內容自不得牴觸本條例、區域計畫法、都市計畫法及建築法等法令規定，牴觸者無效。

Q199：「公寓大廈管理條例」公布施行前已領得使用執照之公寓大廈，惟未成立管理委員會，其住戶在公寓大廈之行為，是否有「公寓大廈管理條例」適用之執行？

A：按「公寓大廈管理條例」規定，如果未成立管理委員會或選定管理負責人時，除不能適用管理組織相關辦法外，其住戶在公寓大廈之行為，仍適用「公寓大廈管理條例」，故該公寓大廈如無管理組織之設立及規約之訂定，住戶得逕依本條例第五十九條申請地方主管機關對違法住戶予以處理。最高行政法院九十二年度判字第一三二二號之判決要旨，「住戶之違反行為及管理委員會或主管機關之制止行為，均須對「公寓大廈管理條例」施行後之行為人為限。至「公寓大廈管理條例」施行前，如有違反規定變更使用者，因屬既存之違建，僅能適用行為時之建築法或其相關法規處理，方符合法規不溯及既往之原則。」。

最高行政法院 91 年度判字
第 1644 號判決

【裁判字號】	91，判，1644
【裁判日期】	910913
【裁判案由】	「公寓大廈管理條例」
【裁判全文】	

最高行政法院判決 91 年度判字第 1644 號

上訴人丁○○

乙○○

丙○○

戊○○

己○○

甲○○

共同

訴訟代理人　詹順貴律師

被 上 訴 人　臺北縣政府

代 表 人　庚○○

　　本件上訴人等起訴主張：一、坐落台北縣蘆洲市○○路二十六巷六十七號十樓、六十九號十樓、十二樓、十三樓房屋為上訴人丁○○所有；同巷六三號一樓、七十一弄二號地下一樓房屋為上訴人乙○○所有；同巷六十九號十一樓、七十一弄四號十二樓、地下一

樓房屋為上訴人丙〇〇所有;同巷七十一弄四號一樓、六號一樓房屋為上訴人戊〇〇所有;同巷六十九號八樓房屋為上訴人己〇〇所有;同巷六十七號七樓房屋為上訴人甲〇〇所有,均屬園中天大樓社區。因上訴人等未依該社區區分所有權人會議決議繳納公共基金(管理費),案經該園中天大樓社區管理委員會函請被上訴人處理,被上訴人即函上訴人等限期繳納,而上訴人等仍未予置理,被上訴人乃據以認定上訴人等違反「公寓大廈管理條例」第十八條第一項第二款之規定,依同條例第三十九條第一項第六款規定,各裁處新台幣(下同)四萬元罰鍰。二、惟依該條例第三十九條第一項規定乃係針對區分所有人未繳公共基金所設之處罰,並不包含管理費在內。而被上訴人所屬之工務局未查,竟命上訴人等於文到二十日內儘速繳交管理費,並以上訴人等逾期不繳為由,依同條項第六款處以罰鍰,自非妥適。又上訴人等早於房屋移轉登記時繳交該條例第十八條所稱「公共基金」每戶一萬元予原建商,而於管委會成立時由建商移交於管委會,是上訴人等絕無積欠公共基金情事。且管委會對於上訴人等已繳公共基金乙節,既無異議;被上訴人復未針對此點為任何諸如命為補繳之處分,竟以前述非法限期命上訴人等補繳管理費之公函,據為上訴人等拒繳公共基金裁處罰

鍰之依憑,顯有誤會。三、依園中天大樓社區之住戶公約中管理經費收繳辦法之規定,住戶依其坪數之多寡有繳納「管理費」之義務,是住戶公約及區分所有權人會議通過住戶所應繳納者為「管理費」,而非「公共基金」;再者依管委會公告各住戶所應繳納者為「管理費」,亦非「公共基金」,故應無適用該條例第三十九條第一項第六款規定之餘地。再按該條例第二十一條規定,住戶應繳納者,除公共基金外仍有其他費用,二者實不相同。然再依同法第十條第三項規定可知,管理費與公共基金性質、目的均不同,公共基金係為區分所有權人利益而設立,其運用之方式依前揭條文規定由區分所有權人會議決議為之,有其特殊目的;而管理費目的係為維

護共用部分、約定共用部分。上訴人等所屬社區所有權人會議議決住戶應繳納「管理費」,其目的在於支付警衛、清潔人員僱傭費、電梯維護、發電機維護、水電維護、公共水電費等,即為了用來支出管理、維護共用部分、約定共用部分而生之費用,其性質並非「公共基金」。又依該條例第十條第二項規定,管理修繕費用之來源有二,一為公共基金,一為區分所有權人按比例分擔繳納之管理費。如前所述,上訴人等所欠繳之費用,公約規定按坪數繳納,即按其應有部分比例分擔修繕、管理費用,就其性質觀察應非「公共基金」。被上訴人誤將區分所有權人會議決議通過住戶應繳納之「管理費」誤為該條例第十八條之「公共基金」,據予認定上訴人等未繳納公共基金,並依同條例第三十九條第一項第六款處以罰鍰,顯有違誤。另上訴人等亦已就所積欠之管理費與管委會成立和解。四、為此求為廢棄原判決,並撤銷原處分及訴願決定或發回更審等語。

被上訴人則以:經查上訴人等所積欠之費用係依第一次區分所有權人會議決議應繳納之管理費,已該當同條例第十八條第一項第二款規定所謂之區分所有權人依區分所有權人會議決議繳納之公共基金;故上訴人等所述公共基金早於房屋移轉登記時繳交予建商乙節與前揭規定不符,被上訴人以上訴人等違反上開規定,援引同條例第三十九條第一項第六款規定各處四萬元罰鍰,並無違誤。且園中天大樓社區第一次區分所有權人會議既已決議該社區管理費之收繳以坪為計算單位,每月每坪五十元,依各住戶房屋所有權狀之坪數計算,自屬該條例第十八條所規定之公共基金收入來源之一,上訴人等積欠管理費既屬實且為上訴人等所自承,被上訴人據予裁罰自無違誤為由等語,資為抗辯。

原審斟酌全辯論意旨及調查證據結果,以:公寓大廈建物既有私人及公共設施之區分,則關於公共設施與公共安全等維護所需之費用自需由住戶分擔,為此「公寓大廈管理條例」第十八條明定公寓大廈應設置公共基金,其來源則有:一、起造人就公寓大廈領得

使用執照一年內之管理維護事項，應按工程造價一定比例或金額提列。二、區分所有權人依區分所有權人會議決議繳納。三、本基金之孳息。四、其他收入等四種。其中第一項給付義務乃屬公寓大廈之起造建商，該筆費用之金額固定，隨時日之經過而減少；而建商於將房屋交予買受人履行買賣契約完畢、成立公寓大廈管理委員會並為移交後，一般除有出賣人應負之義務外，即不再為管理義務。然只要公寓大廈存在即有管理、維護之必要，故為因應此項管理之支出，一般均於建商交屋後由區分所有權人舉行區分所有權人會議，選出管理委員會之組織成員並議決有關社區之管理與住戶關於費用之支付等原則，該項費用通常係按月繳納，一般通稱為「管理費」。因之管理費性質上應屬前述第二項所謂之「區分所有權人依區分所有權人會議決議繳納」之費用。管理費既由住戶按月給付，作為一般經常性支出之運用，因此決定其繳納之金額時，通常僅慮及公寓大廈一般性之必要支出費用；至社區內重大公共設施之修繕，所需費用金額龐大，其金額亦無法預估，住戶對上開項目之支出並非經常性，此即「公寓大廈管理條例」第二十一條所謂之「……應分擔或其他應負擔之費用……」法條文字另以此為概括規定，顯係為免掛一漏萬，而非將管理費排除於公共基金之外，否則即與立法意旨有違。故本件園中天大樓社區區分所有權人會議決議繳納之管理費，應屬該條例第十八條所定之公共基金，上訴人等以該條例第二十一條既將公共基金與住戶應繳納之其他費用並列，足見二者實不相同而主張其欠繳之管理費並非屬該條例第十八條所定之公共基金，自屬誤會。又查本件園中天社區領有被上訴人所核發之八三蘆使字第四六六號使用執照，並於八十六年五月二十六日以北縣蘆民字第八六一〇九五三九號函成立管委會在案，且該社區第一次區分所有權人會議亦決議該社區管理費之收繳以坪為計算單位，每月每坪五十元，依各住戶房屋所有權狀之坪數計算，上訴人等既為該社區之建築物所有權人，又未依該項會議決議繳納該項管理費，

被上訴人據以認定彼等違反該條例第十八條第一項第二款規定，依據同條例第三十九條第一項第六款，各裁處四萬元罰鍰，核無不合。訴願決定予以維持，亦無違誤等情為由，駁回上訴人在原審之起訴，於法核無不合。上訴論旨略謂：公共基金與管理費之性質、目的俱不相同，前者係為區分所有權人之利益而設立，乃為特殊之目的。管理費在未經區分所有權人會議決議予以「指明」作為公共基金之用途，本應用以日常維護共用部分，約定共用部分之開銷，非屬公用基金，原審判決逕認管理費即為公共基金，適用法規即有不當。又原審判決謂同條例第二十一條所謂：「應分擔或其他應負擔之費用」不僅指社區內重大公共設施之修繕等非經常性支出，亦包括管理費，不得將管理費排除於公共基金云云，其推理基礎何在？又與何項立法意旨有違？均未見說明，顯有判決不備理由之違法等語。惟查同條例第十八條係依據立法委員李顯榮等提案版本修正通過，其理由即謂：「公寓大廈之管理維護工作有一定之開支，爰明定區分所有權人有設立公共基金之義務……」。是則原審判決認定：管理費係由住戶按月給付，作為一般性支出之運用，性質上應屬同條例第十八條第一項第二款所稱之「區分所有人依區分所有權人會議議決繳納」之費用，應屬公共基金。而住戶對於非經常性支出，即同條例第二十一條所謂之「應分擔或其他分擔之費用」，法條另以此為概括規定，以免掛一漏萬，而非將管理費排除於公共基金之外，否則即與立法意旨有違乙節，經核並無適用法規不當或不備理由之違法。上訴人執此指摘原審判決違法，非有理由應予駁回。

　　據上論結，本件上訴為無理由，爰依行政訴訟法第二百五十五條第一項、第九十八條第三項前段，判決如主文。

中華民國九十一年九月十二日

最高行政法院第四庭

審判長法官廖政雄

法官趙永康

法官林清祥

法官鍾耀光

法官姜仁脩

右正本證明與原本無異

法院書記官張雅琴

中華民國九十一年九月十三日

最高行政法院 91 年度判字
第 1644 號判決白話節錄

壹、事實概要

上訴人（台北縣蘆洲市某社區欠繳管理費住戶）因未依該社區區分所有權人會議決議繳納公共基金（管理費），經該社區管理委員會函請被上訴人（台北縣政府）處理，台北縣政府即發函通知該拒繳管理費住戶限期繳納，但拒繳管理費住戶置之不理，被上訴人（台北縣政府）乃據以認定上訴人違反「公寓大廈管理條例」第十八條第一項第二款之規定，依同條例第三十九條第一項第六款規定，裁處新台幣四萬元罰鍰。欠繳管理費住戶不服，認為自己欠繳的是「管理費」，非「公寓大廈管理條例」所規範的「公共基金」因此向行政法院提出告訴。一審敗訴後，再向最高行政法院提出上訴。

貳、上訴人（欠繳管理費遭台北縣政府裁處新台幣
　　四萬元罰鍰住戶）聲明主張

一、「公寓大廈管理條例」第三十九條第一項規定乃係針對區分所有人未繳納公共基金所設之處罰，並不包含管理費在內。但台北縣政府工務局未經查明，竟命上訴人（欠繳管理費住戶）於文到二十日內繳交管理費，並以上訴人等逾期不繳為由，依同條項第六款處以罰鍰，自非妥當。

又上訴人早於房屋移轉登記時繳交「公共基金」每戶一萬元予原建商，而於管委會成立時由建商移交於管委會，因此上訴人絕無積欠公共基金情事。且管委會對於上訴人等已繳公共基金乙節，既無異議；被上訴人（台北縣政府）復未針對此點為任何諸如命為補繳之處分，竟以前述非法限期命上訴人等補繳管理費之公函，作為上訴人等拒繳公共基金裁處罰鍰之憑據，顯有誤會。

二、依該社區之規約中管理經費收繳辦法之規定，住戶依其坪數之多寡有繳納「管理費」之義務，是規約及區分所有權人會議通過住戶所應繳納者為「管理費」，不是「公共基金」；再者依管委會公告各住戶所應繳納者為「管理費」，也不是「公共基金」，故不應該適用該條例第三十九條第一項第六款規定。

再按該條例第二十一條規定，住戶應繳納者，除公共基金外仍有其他費用，二者實不相同。然再依同法第十條第三項規定可知，管理費與公共基金性質、目的均不同，公共基金係為區分所有權人利益而設立，其運用之方式依前揭條文規定由區分所有權人會議決議為之，有其特殊目的；而管理費目的係為維護共用部分、約定共用部分。

上訴人等所屬社區所有權人會議議決住戶應繳納「管理費」，其目的在於支付警衛、清潔人員僱傭費、電梯維護、發電機維護、水電維護、公共水電費等，是為了用來支出管理、維護共用部分、約定共用部分而生之費用，其性質並非「公共基金」。

又依該條例第十條第二項規定，管理修繕費用之來源有二，一為公共基金，一為區分所有權人按比例分擔繳納之管理費。如前所述，上訴人等所欠繳之費用，規約規定按坪數繳納，即按其應有部分比例分擔修繕、管理費用，就其性質觀察應非「公共基金」。台北縣政府誤將區分所有權人會議決議通過住戶應繳納之「管理費」

誤為該條例第十八條之「公共基金」，據予認定上訴人等未繳納公
共基金，並依同條例第三十九條第一項第六款處以罰鍰，顯有違誤。

參、被上訴人（台北縣政府）主張

一、上訴人（欠繳管理費住戶）等所積欠之費用係依第一次區
分所有權人會議決議應繳納之管理費，已該當同條例第十八條第一
項第二款規定所謂之區分所有權人依區分所有權人會議決議繳納
之公共基金；故上訴人等所述公共基金早於房屋移轉登記時繳交予
建商乙節與前揭規定不符，被上訴人以上訴人等違反上開規定，
援引同條例第三十九條第一項第六款規定各處四萬元罰鍰，並無
違誤。

且該社區第一次區分所有權人會議既已決議該社區管理費之
收繳以坪為計算單位，每月每坪五十元，依各住戶房屋所有權狀之
坪數計算，自屬該條例第十八條所規定之公共基金收入來源之一，
上訴人等積欠管理費既屬實且為上訴人等所自承，台北縣政府據予
裁罰自無違誤。

肆、法院駁回上訴人上訴理由

一、公寓大廈建物有私人及公共設施之區分，關於公共設施與
公共安全等維護所需之費用自需由住戶分擔，為此「公寓大廈管理
條例」第十八條明定公寓大廈應設置公共基金，其來源則有：
　　一、起造人就公寓大廈領得使用執照一年內之管理維護事
　　　　項，應按工程造價一定比例或金額提列。
　　二、區分所有權人依區分所有權人會議決議繳納。
　　三、本基金之孳息。
　　四、其他收入等四種。

　　其中第一項給付義務乃屬公寓大廈之起造建商，該筆費用之金額固定，隨時日之經過而減少；而建商於將房屋交予買受人履行買賣契約完畢、成立公寓大廈管理委員會並為移交後，一般除有出賣人應負之義務外，即不再為管理義務。

　　可是只要公寓大廈存在即有管理、維護之必要，故為因應此項管理之支出，一般均於建商交屋後由區分所有權人舉行區分所有權人會議，選出管理委員會之組織成員並議決有關社區之管理與住戶關於費用之支付等原則，該項費用通常係按月繳納，一般通稱為「管理費」。因之管理費性質上應屬前述第二項所謂之「區分所有權人依區分所有權人會議決議繳納」之費用。管理費既由住戶按月給付，作為一般經常性支出之運用，因此決定其繳納之金額時，通常僅慮及公寓大廈一般性之必要支出費用；

　　至於社區內重大公共設施之修繕，所需費用金額龐大，其金額亦無法預估，住戶對上開項目之支出並非經常性，此時住戶所繳納費用即為「公寓大廈管理條例」第二十一條所謂之「……應分擔或其他應負擔之費用……」法條文字另以此為概括規定，顯然是補充公共基金收取來源，而非將管理費排除於公共基金之外，否則即違背立法意旨。

　　故本件社區區分所有權人會議決議繳納之管理費，應屬該條例第十八條所定之公共基金，上訴人等以該條例第二十一條既將公共基金與住戶應繳納之其他費用並列，足見二者實不相同而主張其欠繳之管理費並非屬該條例第十八條所定之公共基金，自屬誤會。

　　二、「公寓大廈管理條例」第十八條係依據立法委員李顯榮等提案版本修正通過，其理由即謂：「公寓大廈之管理維護工作有一定之開支，爰明定區分所有權人有設立公共基金之義務……」。是以一審判決認定：管理費係由住戶按月給付，作為一般性支出之運用，性質上應屬同條例第十八條第一項第二款所稱之「區分所有人依區分所有權人會議議決繳納」之費用，應屬公共基金，原審判決

（原告敗訴，台北縣政府對原告（欠繳管理費住戶）依「公寓大廈管理條例」第十八條處以罰鍰並無不當）並無違法。

當「公共基金」被定義為
「修繕基金」時所產生的問題

　　以下是「公寓大廈管理條例」規範「公共基金」的各項條文，以及當「公共基金」依內政部規約範本被定義為「修繕基金」時所產生的問題：

條文內容（第十條）

　　共用部分、約定共用部分之修繕、管理、維護，由管理負責人或管理委員會為之。其費用由公共基金支付或由區分所有權人按其共有之應有部分比例分擔之。

意義解釋

　　共用部分、約定共用部分之<u>修繕</u>、<u>管理</u>、<u>維護</u>，由管理負責人或管理委員會負責，其費用由公共基金支付，公寓大廈未設置「公共基金」、已設置「公共基金」但公共基金不足以支付、發生非區分所有權人會議同意的公共基金支出項目，或僅局部區分所有權人獲益時，由區分所有權人按其共有之應有部分比例分擔。

把「公共基金」解釋成「修繕基金」發生的問題

問題1： 法律既已規定公共基金做「修繕」、「管理」、「維護」使用，
　　　　為何要重新定義，將其縮限至「修繕」單項；為何要無中

生有，創造毫無法律根據的「管理費」來支付「管理維護」
性質費用？

問題2：「修繕」、「管理」、「維護」性質如何定義？

問題3：「修繕」與「維護」如何區分？

問題4：「修繕」、「管理」、「維護」性質以外的支出如何處理？

問題5：為什麼不把性質較近似的「修繕」與「維護」歸為同
一類？

條文內容（第十一條）

共用部分及其相關設施之拆除、重大修繕或改良，應依區分所
有權人會議之決議為之。費用，由公共基金支付或由區分所有權人
按其共有之應有部分比例分擔。

意義解釋

共用部分及其相關設施之拆除、重大修繕或改良，由區分所有
權人會議決定。費用由公共基金支付，公寓大廈未設置「公共基
金」、已設置「公共基金」但公共基金不足以支付、發生非區分所有
權人會議同意的公共基金支出項目，或僅局部區分所有權人獲益
時，由區分所有權人按其共有之應有部分比例分擔。

把「公共基金」解釋成「修繕基金」發生的問題

問題6：「管理費」不可以用來支付共用部分及其相關設施之拆除
或改良？即使金額不高？

條文內容（第十八條）

公寓大廈應設置公共基金，其來源如下：

一、起造人就公寓大廈領得使用執照一年內之<u>管理維護</u>事項，應按工程造價一定比例或金額提列。

二、區分所有權人依區分所有權人會議決議繳納。

三、本基金之孳息。

四、其他收入。

公共基金應設專戶儲存，並由管理負責人或管理委員會負責管理。其運用應依區分所有權人會議之決議為之。

把「公共基金」解釋成「修繕基金」發生的問題

問題 7：「公共基金」既專做「修繕」使用，怎麼起造人提列的「公共基金」，又是因應公寓大廈領得使用執照一年內之「管理」、「維護」事項而設？

問題 8：法律沒規範要設置用於「管理」、「維護」的「管理費」，是不是可以選擇不要設置？

問題 9：「管理費」不需經過區分所有權人會議決議繳納，管理委員會決定繳多少，大家就應該繳多少？

問題 10：「管理費」要不要設專戶儲存？

問題 11：「管理費」由誰管理？

問題 12：「管理費」運用有何規範？

問題 13：「管理費」有結餘是不是就變成「公共基金」？

問題 14：「管理費」產生的銀行利息歸「管理費」？還是「公共基金」？

問題 15：大樓外牆廣告出租、公共電話投幣收入歸「管理費」？還是「公共基金」？

條文內容（第十九條）

區分所有權人對於公共基金之權利應隨區分所有權之移轉而移轉；不得因個人事由為讓與、扣押、抵銷或設定負擔。

把「公共基金」解釋成「修繕基金」發生的問題

問題 16：區分所有權人對於「管理費」結餘之權利是否也隨區分
　　　　 所有權之移轉而移轉？可不可以因個人事由讓與、扣
　　　　 押、抵銷或設定負擔？

條文內容（第二十條）

　　管理負責人或管理委員會應定期將公共基金或區分所有權
人、住戶應分擔或其他應負擔費用之收支、保管及運用情形公告，
並於解職、離職或管理委員會改組時，將公共基金收支情形、會計
憑證、會計帳簿、財務報表、印鑑及餘額移交新管理負責人或新管
理委員會。

把「公共基金」解釋成「修繕基金」發生的問題

問題 17：「管理費」不必定期公告？解職、離職或管理委員會改
　　　　 組時，要不要移交新管理負責人或新管理委員會？

條文內容（第二十一條）

　　區分所有權人或住戶積欠應繳納之公共基金或應分擔或其他
應負擔之費用已逾二期或達相當金額，經定相當期間催告仍不給付
者，管理負責人或管理委員會得訴請法院命其給付應繳之金額及遲
延利息。

把「公共基金」解釋成「修繕基金」發生的問題

問題 18：區分所有權人或住戶積欠應繳納之「管理費」已逾二期
　　　　 或達相當金額，經定相當期間催告仍不給付者，管理負

責人或管理委員會可以訴請法院命其給付應繳之金額及遲延利息嗎？

條文內容（第三十五條）

利害關係人於必要時，得請求閱覽或影印規約、公共基金餘額、會計憑證、會計帳簿、財務報表、欠繳公共基金與應分攤或其他應負擔費用情形、管理委員會會議紀錄及前條會議紀錄，管理負責人或管理委員會不得拒絕。

把「公共基金」解釋成「修繕基金」發生的問題

問題 19：利害關係人可以請求閱覽或影印「管理費」餘額、「管理費」財務報表、欠繳「管理費」嗎？

條文內容（第三十六條）

管理委員會之職務如下：

收益、公共基金及其他經費之收支、保管及運用。

把「公共基金」解釋成「修繕基金」發生的問題

問題 20：「管理費」呢？

條文內容（第四十九條）

有下列行為之一者，由直轄市、縣（市）主管機關處新臺幣四萬元以上二十萬元以下罰鍰，並得令其限期改善或履行義務；屆期不改善或不履行者，得連續處罰：

區分所有權人違反第十八條第一項第二款規定未繳納公共基金者。

把「公共基金」解釋成「修繕基金」發生的問題

問題 21：不繳「管理費」沒關係？

問題 22：「公共基金」為什麼要罰？「管理費」為什麼不罰？二者有何不同？

內政部規約範本關於「管理費」的問題

問題 23：內政部規約範本創造出來的「管理費」，指的是由區分所有權人按其共有之應有部分比例分擔之應分攤或其他應負擔費用嗎？

問題 24：「管理費」不足由「公共基金」墊支，但管理委會事後卻不歸還該怎麼辦？

問題 25：「公共基金」歸全體區分所有權人所共有，由管理委員會管理運用？那「管理費」呢？是區分所有權人「繳費」給管理委員會嗎？兩者之間是管理委員會提供「服務」，因此向區分所有權人「收費」的交易對價關係嗎？

科普新知類　PB0010

宅得安心
——公寓大廈管理原理與完整解決方案

作　　者 / 饒後樂
責任編輯 / 林泰宏
圖文排版 / 陳宛鈴
封面設計 / 陳佩蓉

發 行 人 / 宋政坤
法律顧問 / 毛國樑　律師
出版發行 / 秀威資訊科技股份有限公司
　　　　　114 台北市內湖區瑞光路 76 巷 65 號 1 樓
　　　　　電話：+886-2-2796-3638　傳真：+886-2-2796-1377
　　　　　http://www.showwe.com.tw
劃撥帳號 / 19563868　戶名：秀威資訊科技股份有限公司
　　　　　讀者服務信箱：service@showwe.com.tw
展售門市 / 國家書店（松江門市）
　　　　　104 台北市中山區松江路 209 號 1 樓
　　　　　電話：+886-2-2518-0207　傳真：+886-2-2518-0778
網路訂購 / 秀威網路書店：http://www.bodbooks.tw
　　　　　國家網路書店：http://www.govbooks.com.tw

2011 年 1 月 BOD 一版
定價：380 元
版權所有　翻印必究
本書如有缺頁、破損或裝訂錯誤，請寄回更換

國家圖書館出版品預行編目

宅得安心──公寓大廈管理原理與完整解決方案/
饒後樂著. -- 一版. -- 臺北市：秀威資訊科技,
2011. 01
　　面；　公分. -- (科普新知類；PB0010)
BOD 版
ISBN 978-986-221-537-1(平裝)

1. 營建法規　2. 營建管理　3.公寓

441.51　　　　　　　　　　　　　　99012697

讀 者 回 函 卡

感謝您購買本書，為提升服務品質，請填妥以下資料，將讀者回函卡直接寄回或傳真本公司，收到您的寶貴意見後，我們會收藏記錄及檢討，謝謝！
如您需要了解本公司最新出版書目、購書優惠或企劃活動，歡迎您上網查詢或下載相關資料：http:// www.showwe.com.tw

您購買的書名：＿＿＿＿＿＿＿＿＿＿＿＿＿＿＿＿＿＿＿＿＿＿＿＿＿

出生日期：＿＿＿＿＿年＿＿＿＿＿月＿＿＿＿＿日

學歷：□高中 (含) 以下　　□大專　　□研究所 (含) 以上

職業：□製造業　□金融業　□資訊業　□軍警　□傳播業　□自由業
　　　□服務業　□公務員　□教職　　□學生　□家管　　□其它＿＿＿

購書地點：□網路書店　□實體書店　□書展　□郵購　□贈閱　□其他

您從何得知本書的消息？

　□網路書店　□實體書店　□網路搜尋　□電子報　□書訊　□雜誌
　□傳播媒體　□親友推薦　□網站推薦　□部落格　□其他＿＿＿＿＿

您對本書的評價：（請填代號　1.非常滿意　2.滿意　3.尚可　4.再改進）

　封面設計＿＿＿　版面編排＿＿＿　內容＿＿＿　文／譯筆＿＿＿　價格＿＿＿

讀完書後您覺得：

　□很有收穫　□有收穫　□收穫不多　□沒收穫

對我們的建議：＿＿＿＿＿＿＿＿＿＿＿＿＿＿＿＿＿＿＿＿＿＿＿＿＿

＿＿＿＿＿＿＿＿＿＿＿＿＿＿＿＿＿＿＿＿＿＿＿＿＿＿＿＿＿＿＿＿＿

＿＿＿＿＿＿＿＿＿＿＿＿＿＿＿＿＿＿＿＿＿＿＿＿＿＿＿＿＿＿＿＿＿

＿＿＿＿＿＿＿＿＿＿＿＿＿＿＿＿＿＿＿＿＿＿＿＿＿＿＿＿＿＿＿＿＿

11466
台北市內湖區瑞光路 76 巷 65 號 1 樓

秀威資訊科技股份有限公司 收

BOD 數位出版事業部

....

（請沿線對折寄回，謝謝！）

姓　　名：_____　年齡：_____　性別：□女　□男

郵遞區號：□□□□□

地　　址：_____

聯絡電話：(日) _____　(夜) _____

E-mail：_____